數位邏輯設計-使用 VHDL

(附範例光碟)

劉紹漢　編著

全華圖書股份有限公司

序

隨著電子產品更新的速度愈來愈快，功能需求愈來愈大，傳統邏輯的設計方式已經無法滿足這些需求，為了要在極短的時間內設計出一個功能強大的控制電路，於邏輯電路的設計過程，我們早已跳過傳統邏輯閘階層 Gate Level 的層次，直接進入到以語言方式來實現電路的時代，也就是說工程師們可以選擇廠商所提供的晶片，並以語言方式將它們規劃成自己所需要的硬體控制電路，於市面上提供上述服務的廠商有 Xilinx、Altera…等，每一家廠商所提供的設計方式有繪圖方式 schematics、有限狀態機器 FSM、硬體描述語言方式等，其中彈性較大、功能較強且被大眾所廣泛使用的硬體描述語言 HDL 為本書的主要標的，目的是提供初學者對這種語言特性的了解，進而利用它們設計出各種電子消費產品的控制電路…等，我們將整個硬體描述語言依其特性與前後順序總共分成六個章節，每個章節主要內容分別為：

第一章　介紹整個數位邏輯電路設計的發展過程，從早期 SSI→MSI→LSI→VLSI→ULSI，從傳統的邏輯閘階層→PLD→FPGA 晶片設計的概念與原理；進而說明 FPGA 晶片的內部結構與規劃方式；最後再談論什麼是硬體描述語言以及晶片設計的流程…等。

第二章　首先說明 VHDL 語言的程式結構，並以實際範例讓讀者了解其內部每個單元的特性；進而討論在一個完整的 VHDL 程式架構中，那些單元必需存在，那些單元可以不要…等；最後介紹於 VHDL 語言系統中那些名稱為系統所使用的保留字，當我們在對資料物件、元件、函數、程序…等命名所使用的識別字時，必須遵守那些限制…等。

第三章　首先介紹系統所提供 "標準套件" 與 "標準邏輯套件" 的套件內容，使讀者了解系統提供那些資料物件與資料型態，以及使用者如何定義屬於自己的資料型態；接著討論 VHDL 語言所提供的各種運算…等；最後介紹當我們在設計電路時常看到和使用的一些符號。

第四章　介紹資料流敘述與各種組合電路的設計，其間我們討論了具有共時性的資料流敘述 "<="、"when…else…"、"with…select…when…"，並以實際的電路設計範例，說明它們的特性與用法…等。

第五章　介紹行為模式敘述與各種序向電路的設計，其間我們討論了具有順序性的行為模式敘述 "process"、"if…then…"、"case…is…when"，並以實際的電路設計範例，說明它們的特性與用法…等；最後我們設計了一些早期時常使用的 SN74XXX 系列晶片。

第六章　首先介紹階層式、模組化及參數化電路設計，並以實際電路設計的範例，使讀者熟悉 "元件 component"、"參數化元件"、"參數化重覆元件" 的特性與使用方法；再來討論函數和程序的設計方式，並以實際範例來陳述兩者的特性與使用方法；最後我們以實際範例去實現 moore 與 mealy 狀態機器的控制電路。

為了提升往後讀者從事數位邏輯控制電路設計的能力，我們在每個章節後面都有 "自我練習與評量" 供讀者練習，同時也提供單數題解答供大家參考，請善加利用。

本書後面附有光碟片，內部提供所有內文的範例與練習題的原始程式 (source progrom)，如果讀者想要在系統內進行電路的合成、模擬…等，只要在系統內將它們加入即可，不需重新 key in 非常方便，當然這些程式都是經過我們實際的合成與模擬過，其可信度不用懷疑。

劉紹漢　謹呈

編輯部序

「系統編輯」是我們的編輯方針,我們所提供給您的,絕不只是一本書,而是關於這門學問的所有知識,它們由淺入深,循序漸進。

本書住要介紹如何使用 VHDL 語言來撰寫程式,進而利用它們設計出各種電子消費產品的控制電路…等,讓初學者對程式語言有足夠的了解。我們將整個硬體描述語言依其特性與前後順序共分成六個章節:第一章介紹整個數位邏輯電路設計的發展過程,第二章說明 VHDL 語言的程式結構,並以範例讓讀者了解其內部各個單元的特性,第三章介紹"標準套件"與"標準邏輯套件"的內容,並討論 VHDL 語言所提供的各種運算…等,第四章敘述資料流敘述與各種組合電路的設計,第五章介紹行為模式敘述與各種序向電路的設計,並說明它們的特性與用法,第六章則介紹階層式、模組化及參數化電路設計。適用於科大電子、電機及資工系「數位邏輯設計」課程使用。

同時,為了使您能有系統且循序漸進研習相關方面的叢書,我們以流程圖方式,列出各有關圖書的閱讀順序,以減少您研習此門學問的摸索時間,並能對這門學問有完整的知識。若您在這方面有任何問題,歡迎來函連繫,我們將竭誠為您服務。

相關叢書介紹

書號：0528874
書名：數位邏輯設計(第五版)(精裝本)
編著：林銘波
18K/664 頁/650 元

書號：03504017
書名：Verilog 硬體描述語言
　　　(附範例光碟片)(第二版)
英譯：黃英叡、黃稚存
20K/528 頁/480 元

書號：06226007
書名：數位邏輯設計與晶片實務
　　　(VHDL)(附範例程式光碟)
編著：劉紹漢
16K/560 頁/580 元

書號：05567047
書名：FPGA/CPLD 數位電路設計入門
　　　與實務應用－使用 Quartus II
　　　(第五版)(附系統範例光碟)
編著：莊慧仁
16K/420 頁/450 元

書號：06040007
書名：Verilog 驅動晶片設計實務
　　　(附範例光碟片)
編著：劉紹漢
16K/608 頁/580 元

書號：05727047
書名：系統晶片設計－使用 quartus II
　　　(第五版)(附系統範例光碟)
編著：廖裕評、陸瑞強
16K/696 頁/720 元

書號：06160007
書名：數位追蹤技術(附超值光碟)
編著：張義和
16K/352 頁/420 元

◎上列書價若有變動，請以
　最新定價為準。

流程圖

書號：0528874
書名：數位邏輯設計
　　　(第五版)(精裝本)
編著：林銘波

書號：06177017
書名：乙級數位電子術科秘笈(使
　　　用 VHDL/Verilog-HDL)(2012
　　　第二版)(附範例程式光碟)
編著：Daniel Chia、王炳聰、
　　　林彥伯

書號：05567047
書名：FPGA/CPLD 數位電路
　　　設計入門與實務應用
　　　－使用 Quartus II (第
　　　五版)(附系統.範例光
　　　碟)
編著：莊慧仁

書號：0529202
書名：最新數位邏輯電路
　　　設計(第三版)
編著：劉紹漢

書號：06149017
書名：數位邏輯設計－使用 VHDL
　　　(第二版)(附範例程式光碟)
編著：劉紹漢

書號：06108007
書名：FPGA 數位邏輯設計－
　　　使用 Xilinx ISE 發展
　　　系統(附程式範例光碟)
編著：鄭群星

書號：04757206
書名：數位邏輯
　　　(附鍛鍊本)
編著：黃慶璋

書號：06170027
書名：Verilog 硬體描述語言實務
　　　(第三版)(附範例光碟)
編譯：鄭光欽、周靜娟、
　　　黃孝祖、顏培仁、
　　　吳明瑞

書號：10443
書名：嵌入式微控制器開發－
　　　ARM Cortex-M4F 架構
　　　及實作演練
編著：郭宗勝、曲建仲、
　　　謝瑛之

目錄

Contents

Contents

Contents

chapter

1

Digital Logic Design

數位邏輯電路設計的沿革
與實現

⊙ 1-1　數位邏輯電路設計的沿革

因應快速變遷的市場需求，數位產品的功能除了日益複雜多元之外，其研發週期也必須大幅縮短 (甚至比產品的生命週期還要短) 以確保其競爭力，因此以往單純以人工的電路設計方式已經無法滿足市場的需求，目前於數位家電、消費性產品的控制電路大都透過可程式化邏輯裝置 PLD (Programmable Logical Device)、可現場規劃的邏輯閘陣列晶片 FPGA (Field Programmable Gate Array)，系統晶片 SOC (System On Chip)……等，並以電腦為輔助工具 (CAD) 進行規劃完成。綜觀數位邏輯電路設計的發展過程，我們可以將它們區分成下面幾個階段。

1. 小型積體電路 (SSI 即 Small Scale Integrated Circuit)。
2. 中型積體電路 (MSI 即 Medium Scale Integrated Circuit)。
3. 大型積體電路 (LSI 即 Large Scale Integrated Circuit)。

4.　超大型積體電路 (VLSI 即 Very Large Scale Integrated Circuit)。

5.　極大型積體電路 (ULSI 即 Ultra Large Scale Integrated Circuit)。

底下我們就概略的談談這些發展過程的關聯性。

小型積體電路 SSI

數位邏輯電路設計的最早期,我們利用電晶體、二極體、電阻……等各種電子元件,設計成各種基本邏輯閘 (如 NOT、AND、OR、NAND、NOR、XOR、EX-NOR……等)的小型積體電路,之後再將它們設計成各種常用的邏輯 IC (如加法器、解碼器、多工器、解多工器、計數器、移位暫存器……等),而其設計步驟依序為:

1.　了解所要設計的控制電路。

2.　繪出方塊圖並決定其輸入、輸出。

3.　將輸入與輸出的對應關係轉換成真值表。

4.　以卡諾圖或列表法進行化簡。

5.　繪出最簡的控制電路。

而其實際狀況即如下面範例所示。

範例一

設計一個半加器 Half Adder 電路 (SSI)。

1.　描述:

```
   A
+  B
─────
 C S
```

2.　方塊圖:

A ── [HA] ── S
B ──   ── C

3.　真值表:

A	B	S	C
0	0	0	0
0	1	1	0
1	0	1	0
1	1	0	1

4.　卡諾圖化簡:

A\B	0	1
0	0	1
1	1	0

A\B	0	1
0	0	0
1	0	1

5.　布林代數:

$S = \bar{A}B + A\bar{B}$
$\quad = A \oplus B$
$C = AB$

6.　電路:

範例二

設計一個 2 對 4 高態動作的解碼器 (SSI)。

1. 描述：

   輸入端 AB = "00" 時，輸出端 Y0 = 1，其餘皆為 0。

   輸入端 AB = "01" 時，輸出端 Y1 = 1，其餘皆為 0。

   輸入端 AB = "10" 時，輸出端 Y2 = 1，其餘皆為 0。

   輸入端 AB = "11" 時，輸出端 Y3 = 1，其餘皆為 0。

2. 方塊圖：

3. 真值表：

A	B	Y0	Y1	Y2	Y3
0	0	1	0	0	0
0	1	0	1	0	0
1	0	0	0	1	0
1	1	0	0	0	1

4. 卡諾圖化簡 (此處不需要)：

   $Y0 = \overline{A}\,\overline{B}$　　$Y1 = \overline{A}B$

   $Y2 = A\overline{B}$　　$Y3 = AB$

5. 電路：

   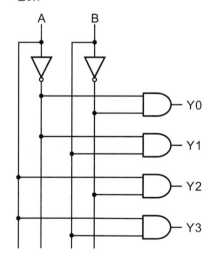

中型積體電路 MSI

從上面兩個範例可以發現到，利用 SSI 元件來實現數位邏輯電路時，它的缺點為：

1. 設計過程較為煩雜。

2. 電路的組成，體積龐大、耗電量高、穩定度低、成本高、速度慢……等。

從範例二內可以發現到，一個解碼器的每一個輸出皆為其輸入所對應的最小項 (minterm)，因此我們只要在一個解碼器的輸出端再加入一個多輸入 OR 閘即可實現我們所需要的任何組合控制電路，其狀況即如範例三所示。

範例三

利用一個 2 對 4 (高態動作) 解碼器，設計一個半加器電路。

---

1. 由範例二得知 2 對 4 高態動作解碼器的特徵為：

    $Y0 = \overline{A}\overline{B}$ (m0) $Y1 = \overline{A}B$ (m1)

    $Y2 = A\overline{B}$ (m2) $Y3 = AB$ (m3)

2. 由範例一得知半加器的布林代數為：

    $S (A, B) = \Sigma (1, 2)$

    $S = m1 + m2$

    $\quad = \overline{A}B + A\overline{B}$

    $C (A, B) = \Sigma (3)$

    $C = m3$

    $\quad = AB$

3. 合併上面兩個敘述我們可以得到如下的等效電路 (詳細的設計原理請參閱本人所著作 "最新數位邏輯電路設計" 的書籍，本書的重點並非在此，故不做詳細的敘述)：

    半加器電路

大型 LSI、超大型 VLSI、極大型 ULSI 積體電路

於上面的範例我們得到一個很重要的結論，如果一個元件其輸出端擁有輸入端所對應的全部 minterm 時，只要再加入一個多輸入的 OR 閘，即可將它規劃成任何一種組合控制電路，如果我們在 OR 閘的後面再加入正反器時就可以實現各種序向電路，居於這種理念，可程式化邏輯裝置 (Programmable Logic Device) 元件 (簡稱 PLD) 即應運而生，硬體工程師拿到這些元件時，可以透過電子設計自動化 (Electronic Design Automation, 簡稱 EDA) 平台，將它們規劃成自己所需要的控制電路，目前於市面上我們時常看到及使用的 PLD 元件，依其內部結構可以區分成：

1. AND + OR 結構。
2. FPGA 記憶體結構。

AND + OR 結構

AND + OR 結構就是我們前面所介紹的解碼器再加 OR 閘，這種 PLD 產品從早期的 PROM、PLA、PAL、GAL 到 PEEL，於結構上皆大同小異，只是在特性上隨著科技的進步，其燒錄方式、燒錄次數、動作速度、電路的複雜度……等皆獲得長足的進步，一個典型 2 個輸入、2 個輸出 AND + OR 型的 PLD 元件即如下面所示：

方塊圖：　　　　　　　　　　內部結構：

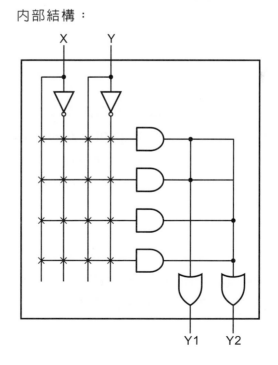

其中：

　　×：代表可以燒錄。

　　●：固定不可以燒錄。

如果我們將它規劃成：

方塊圖：　　　　　　　　　　　　內部結構：

半加器

其中：

⊗：代表保留　　　　　　　　　　$S = \overline{A}B + A\overline{B}$　(m1 + m2)

×：代表燒斷　　　　　　　　　　$C = AB$ (m3)

不管它的內部結構如何，目前它就是一個半加器電路。

因應控制電路日趨複雜，PLD 元件內部電路也就愈做愈大，從初期簡單的 PLD (Simple PLD，簡稱 SPLD) 到後期複雜的 PLD (Complex PLD，簡稱 CPLD，其內部擁有很多數量的 SPLD 元件)，不管如何，它們的基本結構都是 AND + OR，下圖為一個於市面上廣泛被使用 PLD 元件 PEEL 18CV8 的內部結構 (輸入端最多可規劃成 18 個，輸出端最多可規劃成 8 個)。

於下圖中我們不難看出，其前半部為一個 AND + OR 結構，後半部為一個具有選擇性的 *D* 型正反器 (於 MACRO CELL 的方塊內)，因此它可以被規劃成組合與序向控制電路 (非本書重點，因此不做進一步討論)。

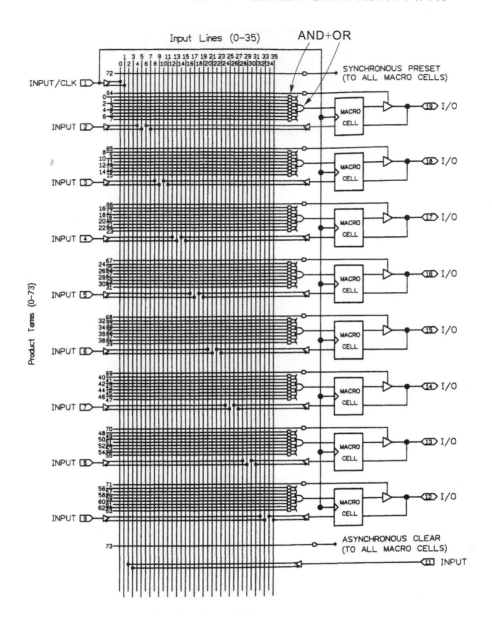

FPGA 記憶體結構

正如前面我們所討論的，只要電路所有輸入與輸出的對應關係符合半加器的要求，不管其內部電路的結構是由普通的邏輯閘或由 AND + OR 所組成，我們都可以將它當成半加器電路，除了上述兩種設計方式之外，我們也可以利用底下的方式來實現一個半加器：

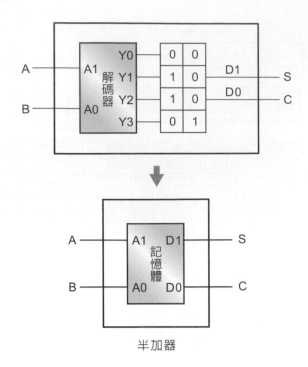

半加器

上圖前面為一個 4×2 的記憶體元件，其中：

1.　A，B 為位址線 $(2^2 = 4)$。

2.　S，C 為資料線。

3.　記憶體內部前面為解碼電路。

4.　記憶體內部後面為兩個位元的資料儲存區。

5.　儲存區內部分別儲存著半加器的真值表內容。

如果我們只觀察其輸入 A，B 與輸出 S，C 的對應電位，它就是一個半加器，換句話說只要我們有能力把所要設計電路的真值表寫入記憶體內部，再利用查表 (Look Up Table) 方式將其輸入 (記憶體的位址線) 與輸出 (記憶體的儲存內容) 的對應關係讀出來，如此記憶體也可以拿來設計我們所需要的任何組合邏輯電路，當然只要在記憶體後面再加入正反器 (Flip Flop) 時，它們就可以用來實現設計師所需要的任何序向電路了，由於記憶體的結構比前面我們所敘述的 AND + OR 結構簡單很多，因此在需要功能很強大的電子產品時一定會用到這種結構，利用此原理所設計出來的元件就是眾所皆知的現場可規劃邏輯陣列 (Field Programmable Gate Array 簡稱 FPGA)，工程師們在 FPGA 內部配置了相當數量的可程式化邏輯元件 (帶有正反器的記憶體)，這些元件我們簡稱為 CLB (Configurable Logic Block)，於 IC 內這些 CLB 是經由可程式化的垂直通道 (Vertical Channel) 及水平通道 (Horizontal Channel) 的連線所包圍，其架構即如下圖所示 (陣列型結構)：

基本 FPGA 的內部方塊結構圖

於上圖中廠商將為數不少的 CLB (數量由 IC 的編號及規模決定) 以陣列型結構 (如 Xilinx, Quick Logic 公司的產品) 或列向量型結構 (將 CLB 模組緊密的排成一列,而列與列中間為繞線通道,如 Actel 公司的產品) 排列,並在其四周製造了無數的輸入／輸出緩衝器 (Input Output Buffer 簡稱為 IOB),以便和外部控制電路連接,介於每個 CLB 中間的連線皆為可以規劃的接線,以便我們規劃連接,而其詳細的接線狀況即如下圖所示:

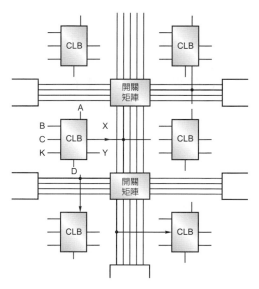

硬體設計師可以將每一個 CLB 規劃成自己所需要的控制電路,再利用每個 CLB 的水平及垂直接線將每個控制電路連接起來，如此即可完成一個功能龐大的數位控制電路。居於上面的描述,我們可以將一個 FPGA 的 IC 元件視為一個插滿電子元件的麵包板,設計師可以在麵包板上以導線連接它們所要的控制電路 (藉由軟體完成),下圖為每個 CLB 的內部結構方塊:

FPGA 內部每個 CLB 的方塊圖

於上面的方塊圖中,最左邊有兩個 $2^4 \times 1$ 的記憶體 F、G,我們可以利用建表的方式將它們規劃成兩組 4 個輸入、1 個輸出的組合邏輯電路,當然我們也可以將它們與後面一組 $2^3 \times 1$ 的記憶體 H 合併使用,成為一組 5 個輸入、1 個輸出的組合電路,其電路方塊如下圖 (輸入數量的擴展) 所示。

最後,我們在每個記憶體後面加入一個可以預置 PRESET 或清除 RESET 的 D 型正反器,如此一來即可完成任何動作的序向電路。

隨著晶片製程的快速精進,在一片矽晶圓上可以容納的電晶體數量及運作速度不斷的上升 (幾乎是每兩年提升一倍),因此不管是 PLD 或 FPGA 的 IC 已經從 LSI、VLSI 進入到 ULSI 的領域，這就是為什麼系統晶片 SOC (**S**ystem **O**n a **C**hip) 能快速崛起的重要因素。

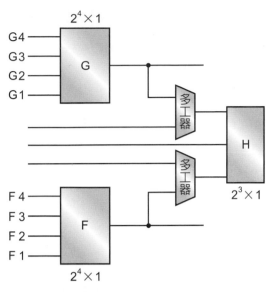

輸入數量的擴展

➡ 1-2　數位邏輯控制電路的實現方式

當我們使用 VLSI 或 ULSI 元件來實現數位邏輯控制系統時，基本上可以分成下面三大類：

1. 全訂製 IC
2. 半訂製 IC
3. 現場規劃 IC

全訂製 Full Customize IC

全訂製 IC 之設計是完全以顧客所要求的功能去設計，由於大部分的電路模組及邏輯閘元件都是以人工方式調校設計出來，因此它們需要的設計時間很長，但電路的性能較佳 (如晶片面積較小、速度較快……等)，這種設計方式並不適合功能必須快速更新的電子產品。

半訂製 Semi Customize IC

半訂製 IC 之設計是由廠商事先製作大部分的電路結構,只留下電路連接線以便往後顧客自行燒錄,依連接線的製作方式我們又將它們分成:

1. 標準雛型電路 Standard Cells。
2. 邏輯閘陣列 Gate Array。

雖然上述兩種皆可以依使用者自己的需求確定 IC 規格,但其最後的雛型 IC 還是要由 IC 製程工廠完成,所以在控制系統設計完成之後還必須等上 2~3 個月的時間才可以拿到雛型 IC,並做最後的測試與修改,因此它也不適合功能必須不斷更新,具有較短生命週期的電子產品。

現場規劃 IC

現場規劃 IC,顧名思義它就是一種可以讓我們透過廠商所提供的硬體 IC 與電子設計自動化平台 (EDA),將它規劃成任何一種數位邏輯控制電路,此類 IC 就如同前面我們所討論的:

1. PLD (AND + OR 結構)
2. FPGA (記憶體結構)

當我們拿到上述兩種 IC 時即可借由硬體 IC 廠商所提供的軟體 (如 Xilinx 公司的 ISE 系統,Altera 公司的 MAXPLUS II 與 QUARTUS II 系統……等),以電腦為輔助工具將它們規劃成自己所要的數位邏輯控制電路,如此可以縮短電子產品的雛型系統製作時間,進而達到 "快速雛型化"(Fast Prototyping) 的目的,居於這種優勢,在現今電子消費產品更新速度極快的環境中,上述兩種元件備受大家的喜愛與歡迎,當然如果為了控制電路的執行速度,或晶片面積的節省,我們也可以將其雛型電路改成全訂製 (Full Customize) IC 電路的方式,進而大量的生產以達到降低成本的目的。

➡ 1-3 晶片規劃方式

一般而言由廠商所提供,用來規劃晶片 IC 的 EDA 平台都會提供多種以上的規劃方式,於市面上最常見到的有:

1.　電路圖 (Schematics) 設計方式。

2.　有限狀態機器 (Finite State Machine) 設計方式。

3.　訊號波形 (Waveform) 輸入方式。

4.　硬體描述語言 HDL 設計方式。

電路圖設計方式

電路圖設計方式為最早且最直接的設計方式，硬體設計師只要透過系統所提供的繪圖軟體及電子元件資料庫，將所需要的邏輯控制圖繪出來即可 (系統的軟體會將其轉換成實際的硬體電路)，電路圖設計方式的缺點為設計進度緩慢、維修困難且不適合使用在大型的硬體電路上，因為在我們要得到控制的電路圖之前，必須透過前面所提過繁雜的設計步驟來取得 (先畫出方塊圖、決定輸入及輸出、將輸入與輸出的關係轉換成真值表、以卡諾圖化簡後得到布林代數，最後再將其轉換成邏輯控制圖)，因此以這種方式設計出來的控制電路除了進度慢之外，它也比較適合小型的控制電路。

有限狀態機器 FSM

使用有限狀態機器 FSM (Finite State Machine) 的設計方式較為單純，我們只要將所要設計電路的工作狀態圖繪入系統即可，系統會將此狀態圖轉換成邏輯控制圖，再將其發展成實際的控制電路，通常使用 FSM 設計的步驟為：

1.　找出所要設計電路的狀態圖 (state graphic)。

2.　將找出的狀態圖繪入系統。

3.　轉換成實際控制電路。

當然我們也可以利用硬體描述語言 HDL 直接設計完成，其詳細的敘述請參閱後面範例說明。

訊號波形輸入方式

訊號波形輸入方式是將輸入的波形及希望得到的輸出波形在系統內繪出來，系統會依據輸入及輸出的波形關係合成出所需要的邏輯函數或布林代數，並將其發展成實際的電路，當我們於系統中繪入下面的輸入及輸出波形時，系統就會將其合成為一個 OR Gate。

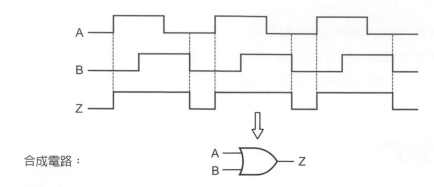

合成電路：

於上述中我們可以體會到，此種輸入方式只能適合於某一小型的控制電路，對於較複雜的控制電路則有可能無法合成出來。

硬體描述語言 HDL

硬體描述語言 HDL 是一種以指令敘述方式來描述電路的工作行為，並進一步將其轉換成實際硬體控制電路的高階語言，硬體工程師可以利用此種語言的特性，很快速的將所需要的硬體控制電路設計出來。目前於市面上我們常看到的硬體描述語言有 VHDL 與 verilog 兩種，本書的討論以初階的 VHDL 語言為主，此兩種語言的進階書籍請參閱本人所著作的 ＂數位邏輯設計與晶片實務 VHDL＂ 與 ＂數位邏輯設計與晶片實務 verilog"。

▶ 1-4　什麼是 VHDL

於 IC 設計領域中我們時常看到 VHDL 語言，其英文的全名為 Very High Speed Integrated Circuit Hardware Description Language，此種語言原先是由美國國防部 DOD (Department of Defence) 所支持的研究計劃，其目的是希望能夠將電子電路設計的意涵以文件方式保存起來，後來經過 IBM、Texas Instrument 及 Intermetrics 三家公司的不斷發展，終於在 1987 年獲得 IEEE (Institute of Electrical And Electronics Engineering) 認證為工業標準，此即所謂的 IEEE Std 1076-1987，之後又在 1993 年將 IEEE 1076 的標準加以修改，規範出 IEEE 1164 (此種標準往後於程式中時常可以看到)。通常一套完整的晶片設計系統，其內部皆包含有電路描述 (Description)、電路合成 (Synthesis)、電路模擬 (Simulation) (分成功能模擬 (Function Simulation) 及時間模擬 (Timing Simulation) 兩種)、電路實現 (Implementation) 和載入與燒錄等五大部分，設計師們可以利用這些部門以及它們所提供的語言、程式館 library……等，把自己所需要的數位邏輯控制電路在極短的時間內發展出來,尤其我們可以利用此種語言所具有的結構化及模組化特性,將一個很複雜而龐大的電路以分工方式來完成,其發展速度之快更是超越一般人的想像。

1-5 晶片設計流程

當我們使用硬體描述語言進行電路的設計時,它的基本流程即如下面所示:

程式編輯與儲存 edit and save

將所設計的硬體描述語言程式進行編輯、修改後再加以儲存,以便產生來源程式 (source program),由於是用 VHDL 語言所撰寫,因此系統通常會在檔案名稱後面自動加入 ".vhd" 的附加檔名,譬如檔名為 test 時,它的檔案名稱為 test.vhd。

電路合成 synthesis

將設計師所設計完成的 VHDL 來源程式轉換成由邏輯閘、正反器……等各種邏輯元件所組成的邏輯電路 (即 RTL 電路圖),並將它們作最佳化 (optimize) 的處理,以期得到最簡化的電路,當合成器在進行電路的合成工作時,首先必須對 VHDL 來源程式作語法檢查 (syntax check),如果發現錯誤則會發出錯誤訊息以方便設計師回到編輯器修改,如果語法正確則進一步進行電路的合成工作,並產生合成後的報告 (synthesis report) 與邏輯電路圖……等檔案。

功能模擬 function simulation

將合成器所合成出來的邏輯電路進行功能測試,以便了解電路功能是否符合我們的要求。注意!此處只測試功能是否正確,並不考慮電路內部的時間延遲,而其測試流程通常是以檔案方式儲存所要測試電路的輸入電位 (直接以繪圖方式或以 VHDL 語言來描述),模擬器會將它們依順序輸入到所要測試的電路內部,同時將其輸出結果建立檔案並直接顯示在螢幕上,其狀況如下:

電路實現 implementation

配合晶片接腳的指定,將合成器所合成出來的邏輯電路圖轉換成我們所指定 SPLD、CPLD 或 FPGA 晶片內部的元件,並將它們連接成完整的控制電路,而其過程可以分成三大步驟:

1.　translate:將合成器所合成的相關邏輯電路圖……等進行轉換與合併。

2.　map:將 translate 所產生的檔案轉換成實際對應到我們所指定 SPLD、CPLD 或 FPGA 晶片的內部元件。

3.　place and route:將 map 所產生檔案內部的元件放置到我們所指定的晶片上,並進行繞線 (連線) 以便得到一個完整控制電路的檔案。

時間驗證 verification

對已經完成控制電路進行時間驗證，以確保電路動作能夠滿足我們所預期的時脈要求，必竟電路的放置地點、接腳位置的指定、繞線的長短……等都與電路的延遲時間有關。

載入與燒錄

將功能符合要求且時間驗證完畢的電路直接載入到我們所指定的 SPLD、CPLD 或 FPGA 晶片內進行燒錄，一旦燒錄完成我們就可以得到一顆立即可以使用的雛型 IC。

第一章　自我練習與評量

1-1　　數位邏輯電路的發展過程為何？

1-2　　晶片規劃可經由那四種方式完成。

1-3　　用來規劃電路的可程式化邏輯裝置(PLD)，依內部結構可分成那兩大類？

1-4　　目前最常用的兩種硬體描述語言是什麼？

1-5　　晶片設計的流程為何？

1-6　　何謂電路合成？

1-7　　何謂功能模擬？

1-8　　何謂電路圖設計方式？

第一章　自我練習與評量解答

1-1　數位邏輯電路設計的發展過程可以分成下面五個階段：

    1. 小型積體電路 SSI。

    2. 中型積體電路 MSI。

    3. 大型積體電路 LSI。

    4. 超大型積體電路 VLSI。

    5. 極大型積體電路 ULSI。

1-3　用來規劃電路的可程式化邏輯裝置 (PLD)，依內部結構可以分成下面兩大類：

    1. AND＋OR 結構。

    2. FPGA 記憶體結構。

1-5　晶片設計的流程如下：

1-7　　所謂的功能模擬就是將合成器所合成出來的邏輯控制電路進行功能測試,以便了解
　　　　電路的功能是否符合我們的要求 (注意!此處並不考慮電路內部的延遲時間),而其
　　　　測試流程是以檔案方式儲存所要測試電路的輸入電位,模擬器會依順序將它們加入
　　　　邏輯控制電路,同時將其輸出結果建立檔案儲存並顯示在螢幕上供設計師判別,其
　　　　狀況如下:

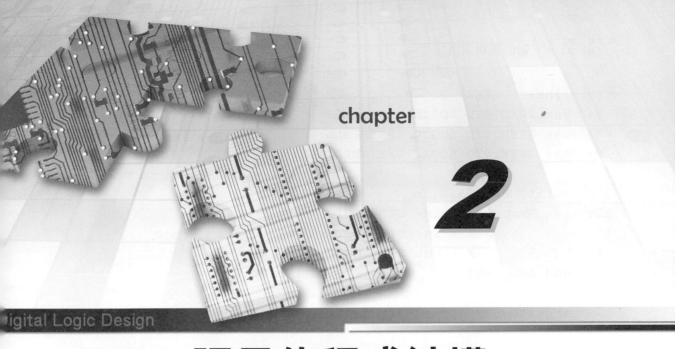

VHDL 語言的程式結構、
識別字與保留字

◎ 2-1 VHDL 語言的程式結構

正如前面所討論,當我們在設計一個硬體控制電路時,事先我們會將其控制電路的方塊圖繪出,並定出它們的輸入及輸出接腳 (相當於 VHDL 程式的單體 entity),緊接著再依其輸入及輸出的對應關係進行電路的設計 (相當於 VHDL 程式的架構 architecture 部分)。硬體描述語言 VHDL 的程式結構也是如此,底下我們就舉一個結構最為簡單的 VHDL 程式範例來說明:

```
1:  ---------------------------
2:  --  Two inputs and gate  --
3:  --  Filename : AND_GATE  --      } 註解
4:  ---------------------------
5:
```

```
 6:  library IEEE;
 7:  use IEEE.STD_LOGIC_1164.ALL;              ⎫
 8:  use IEEE.STD_LOGIC_ARITH.ALL;            ⎬  所使用的套件程式庫
 9:  use IEEE.STD_LOGIC_UNSIGNED.ALL;         ⎭
10:
11:  entity AND_GATE is                        ⎫
12:      Port  (A : in  STD_LOGIC;            ⎪
13:             B : in  STD_LOGIC;            ⎬  電路方塊圖
14:             F : out STD_LOGIC);           ⎪
15:  end AND_GATE;                             ⎭
16:
17:  architecture Combinatorial of AND_GATE is ⎫
18:                                            ⎪
19:  begin                                     ⎬  電路規劃
20:    F <= A and B;                          ⎪
21:  end Combinatorial;                        ⎭
```

上面為一個我們用來實現及閘 (AND gate) 的 VHDL 程式，整個程式總共分成 4 個部門，而其每個部門所代表的意義分別為：

1. 行號 1～4 為註解欄 Comment (其目的在說明程式的功能以及儲存在硬碟的檔案名稱，以方便我們閱讀)，因此它們都可以省略。

2. 行號 6～9 用來宣告本程式所需要的套件程式庫，以及我們真正使用到的套件內容。

3. 行號 11～15 用來宣告本電路的控制方塊圖，以及它們對外部的輸入及輸出接腳，其中：

    (1) A 為輸入端接腳。

    (2) B 為輸入端接腳。

    (3) F 為輸出端接腳。

4. 行號 17～21 用來描述我們所要規劃的硬體電路，其中行號 20 就是用來告訴合成器，輸出端 F 的訊號永遠為輸入端 A 與 B 作 AND 運算後所得到的結果，其所代表的硬體意義為：

上述的程式結構中每一個部分皆十分重要，因此底下我們就將每一個部門提出來討論。

註解欄 Comment

就像普通的語言一樣，註解欄的目的在於提高程式的可讀性 (Readable)，以方便將來程式的維護，因為它只是用來提醒人類目前的程式到底在做什麼，或者目前應該注意什麼，實際上此欄未必要存在。於 VHDL 語言中註解欄必須以 "——" 為開頭，直到該行結束，而且每一行的開頭都必須要有，它可以出現在程式的任何一個地方 (未必是程式的開頭)。於上述的範例程式中，註解欄的內容為：

```
 1:  --------------------------
 2:  --   Two inputs and gate   --
 3:  --   Filename : AND_GATE   --
 4:  --------------------------
```

它是用來告訴程式的維護者或閱讀者：

1. 此程式的目的在規劃一個具有兩個輸入的 and gate。
2. 此程式儲存在硬碟內的檔案名稱為 AND_GATE。

通常於系統提供的語言輔助系統 (language assistance) 中，為了要對使用者說明指令所代表的意義或使用時必須注意那些事項，常常我們會看到一些註解，這些說明就必須以 "——" 為開頭，其狀況如下所示：

```
 1:  -- The following logical operators are used
 2:  -- in conditional TRUE/FALSE statements
 3:  -- such as an if statement in order to
 4:  -- specify the condition for the operation.
 5:
 6:     NOT ---- Not True
 7:     AND ---- Both Inputs True
 8:     OR  ---- Either Input True
 9:     =   ---- Inputs Equal
10:     /=  ---- Inputs Not Equal
11:     <   ---- Less-than
12:     <=  ---- Less-than or Equal
13:     >   ---- Greater-than
14:     >=  ---- Greater-than or Equal
```

於上面的敘述中：

1. 行號 1～4 為註解，其目的在告訴設計師底下的邏輯運算子是使用在條件真／假的敘述中，諸如一個 if 敘述…。

2. 行號 6～14 為系統所提供邏輯運算子 (logical operators) 與關係運算子 (relational operators) 的符號以及這些符號所代表的意義。

套件程式庫 library

當我們在設計一個數位邏輯控制電路時，往往會用到系統所定義的常數 (constant)、元件 (component)、函數 (function)、程序 (procedure)、物件……等，因此系統會事先將一些特性與屬性相類似的定義，分門別類的包裝在各自的檔案內 (我們稱之為套件 package)，並以不同檔案名稱儲存在某一特定的目錄之下 (系統的目錄名稱通常為 "IEEE")，一旦將來需要使用它們時，只要事先以保留字 "library" 宣告目錄名稱 (如 library IEEE)，接著再以保留字 use 後面加入目錄名稱以及目前所要使用的套件名稱與指定項目即可，如果我們需要使用整個套件的內容時，則以保留字 ".all" 代替指定項目，而其宣告語法如下：

```
library <套件程式庫目錄名稱>;
use <套件程式庫目錄名稱>.<套件名稱>.all;
```

於上面的敘述中：

1. 首先以保留字 library 宣告，底下程式所要使用到套件所儲存套件程式庫的目錄名稱。

2. 再以保留字 use 宣告目前所要使用的套件目錄及套件名稱和項目，如果需要使用整個套件的內容時，則以 "all" 來代替指定項目 (此處就是如此)。

於上述的 VHDL 範例程式中，行號 6～9 為系統所提供套件程式庫的宣告方式，其狀況如下：

```
6:  library IEEE;
7:  use IEEE.STD_LOGIC_1164.ALL;
8:  use IEEE.STD_LOGIC_ARITH.ALL;
9:  use IEEE.STD_LOGIC_UNSIGNED.ALL;
```

它所代表的意義為：

1. 行號 6 宣告底下程式會用到目錄為 IEEE 的套件程式庫。

2. 行號 7～9 宣告底下程式會用到套件程式庫目錄 IEEE 底下三個套件的全部內容。

通常晶片設計的軟體系統都會將系統所建立的各種套件 (package) 檔案儲存在名稱為 IEEE 的目錄內，如果我們以樹狀的檔案結構來表示時，其狀況如下：

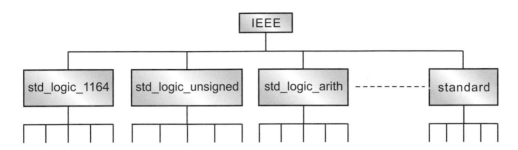

於上面的檔案結構中我們發現到，系統在套件程式庫目錄 "IEEE" 的底下，依資料的特性與屬性分門別類建立出很多的套件 (package)，當設計師需要使用時，可以依前面所敘述的語法去叫用它們，雖然每個套件內都包含了很多項目，設計師可以選擇性的去叫用它們，由於叫用項目的多少並不會增加程式所要設計硬體電路的複雜度，為了能充分使用系統所提供的資源，於指定項目部分我們不妨皆以 ".all" 來宣告。為了讓讀者能充分的了解上述套件的內容與用途，我們選擇性的將 std_logic_1164 與 standard 兩個套件內容列印在附錄 A 內，從它們的內文可以發現到，系統在裡面定義了數位邏輯電路的各種電位、基本邏輯運算函數、正反器的正負緣觸發電位……等，如果您是初學者，到目前為止只要知道套件程式庫的宣告方式即可，至於使用者必須知道的套件內容，後面我們還會討論。

單體 entity

單體 (entity) 為設計程式時必須具備的一個部分，它就像我們所要設計硬體電路的方塊圖，也就是一個硬體電路的外部包裝 (對外接線)，它的基本語法如下：

```
entity 單體名稱 is
    port (port名稱：工作模式  資料型態；
          port名稱：工作模式  資料型態；
                    ⋮
          port名稱：工作模式  資料型態)；
end 單體名稱；
```

上述由 "entity 單體名稱 is" 與 "end 單體名稱" 所包圍起來的敘述就是一個完整
的單體結構，其中：

1. 接在保留字 entity 與 end 後面的單體名稱必須一致，同時它們也必須與檔案名
   稱一致，設計師可以依目前所要設計電路的功能自行命名。

2. 接在保留字 port 後面，由括號所包圍的敘述為用來宣告目前所要設計電路方塊
   圖對外的輸入與輸出接腳。

如果我們以硬體結構去看它，於上述的 VHDL 範例程式中：

```
11:  entity AND_GATE is
12:     Port (A : in  STD_LOGIC;
13:           B : in  STD_LOGIC;
14:           F : out STD_LOGIC);
15:  end AND_GATE;
```

所代表的電路意義為：

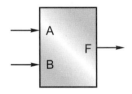

其中 A，B，F 皆為方塊圖的接腳名稱，A，B 為輸入接腳 (in)，F 為輸出接腳 (out)，
這些接腳的資料型態都為 STD_LOGIC (參閱後面的敘述)。

於 VHDL 語言中，所要設計電路方塊圖的每一隻對外接腳之工作模式可以區分為下面
五大類 (最後一類於電路上很少使用，因此我們不討論)：

- 輸入 in
- 輸出 out
- 輸入輸出 inout
- 緩衝器 buffer
- 連結 linkage

輸入 in

代表所宣告接腳的工作模式為輸入 (in)，也就是說此接腳只接受單體以外的電路訊號來觸發與驅動，於 VHDL 語言中，如果我們沒有宣告接腳的工作模式時，其機定值 (default) 為輸入。

輸出 out

代表所宣告接腳的工作模式為輸出 (out)，也就是說此接腳只能輸出訊號去驅動單體外部的電路，注意！它不可以回授到單體內部來 (因為它只是單純的輸出接腳)，如果設計師一定要將訊號回授到單體內部電路時，我們可以 "使用定義為內部訊號 (signal) 或變數 (variable) 的方式" 來解決 (參閱後面的敘述)。

輸入輸出 inout

代表所宣告接腳的工作模式為雙向 (inout)，也就是說此接腳的訊號可以驅動單體以外的電路，同時它也可以回授到單體內部使用，當接腳被宣告成 inout 時，它同時具有 in，out，buffer 的工作模式。

緩衝器 buffer

代表所宣告接腳的工作模式為一種可以回授到單體內部的輸出模式，乍聽之下其工作模式很像前面所討論的 inout 模式，但經仔細研究後它們之間還是有下面的差別：

1. buffer 模式的訊號不能有多重驅動。
2. buffer 模式的訊號只能回授到單體內部或其它同為 buffer 的單體，它不可以接到其它單體電路的輸出 out 或雙向 inout 的接腳上。

架構 architecture

架構 (architecture) 部分就是用來供設計師描述硬體電路的地方，我們可以在此區域利用 VHDL 語言所提供的資料流 (data flow)、行為模式 (behavior) 或結構 (structure) 等敘述來實現所要設計的數位邏輯控制電路，而其基本語法如下：

```
     architecture 架構名稱 of 單體名稱 is
            宣告項目 (訊號宣告……) ;
            宣告項目 (訊號宣告……) ;
            宣告項目 (元件宣告……) ;
                     ⋮
     begin
                     ⋮
            電路主體敘述;
                     ⋮
            電路主體敘述;
     end 架構名稱;
```

於上面的敘述中:

1. 保留字 architecture 與 end 後面的架構名稱必須一致。

2. 保留字 of 後面的單體名稱必須與前面的單體名稱一致。

3. 保留字 architecture 與 begin 中間的宣告項目可以有,也可以沒有,我們可以依本架構內所需要用到的訊號 (signal)、元件 (component)、常數 (constant)……等逐一的在此宣告 (參閱後面的程式)。

4. 保留字 begin 與 end 中間的電路主體敘述區,提供我們以 VHDL 語言的資料流 (data flow)、行為模式 (behavior) 或結構 (structure) 等敘述進行邏輯電路的描述。

5. 於程式的結構中,一個單體 (entity) 的敘述底下可以同時擁有數個不同的架構 (architecture),因此每一個架構都必須要有屬於自己特性且隸屬於上述單體的名稱,譬如要實現一個同樣功能的硬體電路,我們可以透過不同的架構方式來描述,因此它就會在一個同樣單體名稱之下擁有不同的架構,往後我們可以視狀況選擇其中一個架構來合成出我們所要的硬體。

於前面 VHDL 的範例程式中,關於架構 (architecture) 部分的敘述為:

```
17:  architecture Combinatorial of AND_GATE is
18:
19:  begin
20:    F <= A and B;
21:  end Combinatorial;
```

1. 第 17 行告訴我們此電路是在單體 AND_GATE 內的一個名稱為 Combinatorial 的架構。

2. 由 begin 與 end 這兩個保留字所圍起來的部分為電路的敘述區，其內部只有 "F <= A and B;" 的敘述，意思是所要合成的電路特性為一個輸出端 F 的訊號永遠等於兩個輸入訊號 A 與 B 作 and 運算的結果，因此 VHDL 語言的合成器會將它合成出一個具有兩個輸入的 AND gate，亦即：

2-2　一個完整的 VHDL 程式

VHDL 的程式可以區分成好幾個部分，有些部分是否存在則視實際狀況，有些部分則一定要存在，一個完整 VHDL 程式的結構即如下面所示：

1.　library 宣告：宣告程式內所需要用到的套件程式庫目錄。

2.　use 宣告：宣告程式內所需要用到的套件名稱 (通常為系統所提供)。

3.　套件宣告：宣告程式內所需要用到的套件名稱，與第 2 點不同之處在於此處的套件並非系統所提供，而是由自己或工作伙伴所提供 (通常儲存在目前的工作目錄 work 底下)。

4.　entity 宣告：宣告所要設計電路的方塊圖與它和外界溝通的輸入輸出接線。

5.　architecture：用來描述所要設計數位邏輯電路的區域。

6.　資料物件宣告區：宣告於本架構內所需要用到的所有資料物件，如訊號 (signal)、常數 (constant)、元件 (component)……等。

7.　begin…end：所要設計數位邏輯電路的描述區域，設計師可以使用 VHDL 語言所提供的資料流 (data flow)、行為模式 (behavior)、結構 (structure)……等敘述來描述。

8.　configuration 宣告：組態宣告，正如前面所討論的，在一個單體 (entity) 內可以擁有數個不同架構 (architecture)，設計師可以利用組態 (configuration) 敘述來選擇採用那一個架構來實現實際的控制電路。

● 2-3　識別字與保留字

在 VHDL 語言中不論是單體 (entity)、架構 (architecture) 或是程式中所使用的資料物件 (object)、元件 (component)、函數 (function)、程序 (procedure)……等都有自己的名稱，這些由設計師所命名的名稱我們稱之為識別字 (identifier)，反之凡是由系統所使用的名稱 (如資料流、行為模式、結構描述……等指令敘述) 我們稱它為保留字 (reversed word)，由於保留字 (又稱為關鍵字) 系統已經使用過，因此設計師所命名的識別字絕對不可以跟它們完全相同，於 VHDL 語言中一個識別字的命名必須要有下面幾點的限制：

1.　只能是英文 (A～Z)、數字 (0～9) 與底線 (_)。

2.　第一個字必須為英文。

3.　最後一個字不可以為底線。

4.　不可以連續兩個底線。

5.　不可以為保留字，但保留字可以是名稱的一部分。

6.　選用有意義的名稱 (提高可讀性)。

7.　英文大小寫皆相同。

在 VHDL 語言內，我們常見到的保留字以英文字母由 A～Z 排列，依次如下：

ABS	ACCESS	AFTER	ALIAS
ALL	AND	ARCHITECTURE	ARRAY
ASSERT	ATTRIBUTE	BEGIN	BLOCK
BODY	BUFFER	BUS	CASE
COMPONENT	CONFIGURATION	CONSTANT	DISCONNECT
DOWNTO	ELSE	ELSIF	END
ENTITY	EXIT	FILE	FOR
FUNCTION	GENERATE	GENERIC	GROUP
GUARDED	IF	IMPURE	IN
INERTIAL	INOUT	IS	LABEL
LIBRARY	LINKAGE	LITERAL	LOOP
MAP	MOD	NAND	NEW
NEXT	NOR	NOT	NULL
OF	ON	OPEN	OR
OTHERS	OUT	PACKAGE	PORT
POSTPONED	PROCEDURE	PROCESS	PURE
RANGE	RECORD	REGISTER	REJECT
REM	REPORT	RETURN	ROL
ROR	SELECT	SEVERITY	SIGNAL
SHARED	SLA	SLL	SRA
SRL	SUBTYPE	THEN	TO
TRANSPORT	TYPE	UNAFFECTED	UNITS
UNTIL	USE	VARIABLE	WAIT
WHEN	WHILE	WITH	XNOR
XOR			

底下我們就舉幾個識別字，並判定它們是否合法：

識別字	註解
RAM_DATA	合法。
FAST_	不合法，最後面不可以為底線 "_"。
REG	合法。
SEL	合法。
REG_ _DATA	不合法，不可以連續兩個底線 "_ _"。
2DIG	不合法，第一個字必須為英文。
DIG_1	合法。
AND	不合法，AND 為保留字。
IN	不合法，IN 為保留字。
IN_1	合法。

第二章　自我練習與評量

2-1 VHDL 註解欄位的目的與符號為何？

2-2 何謂套件程式庫？

2-3 VHDL 語言的單體 (entity) 代表何種意義？

2-4 VHDL 語言的架構 (architecture) 代表何種意義？

2-5 何謂保留字 (reversed word)？

2-6 何謂識別字 (identifier)？

2-7 於 VHDL 語言中識別字有何限制？

2-8 一個完整的 VHDL 程式為何？

2-9 以單體 (entity) 的語法宣告如下，其代表意義為何？

```
entity test is
    port (X : in  STD_LOGIC;
          Y : in  STD_LOGIC;
          S : in  STD_LOGIC;
          Z : out STD_LOGIC);
end test;
```

2-10 某一電路的方塊圖如下：

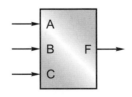

　請以 VHDL 語言中，單體 (entity) 的語法進行宣告 (假設名稱為 test)。

第二章　自我練習與評量解答

2-1　VHDL 註解欄位 (comment field) 的目的為增加程式的可讀性 (Readable)，以方便將來程式的維護與發展，它所代表的符號為 "－－"，也就是註解欄位必須以 "－－" 為開頭，直到該行結束。

2-3　於 VHDL 語言的單體 (entity) 部門是用來宣告目前所要設計控制電路的方塊圖，其中包含控制電路對外的輸入與輸出接腳，以及控制電路的名稱。

2-5　所謂保留字 (reversed word) 就是系統所定義或使用的名稱，由於這些名稱系統已經使用過，因此設計師於程式設計時就必須避開它們，以免造成混淆。

2-7　於 VHDL 語言中，識別字 (identifier) 必須受到下面幾點的限制：
1. 只能是英文、數字與底線。
2. 第一個字必須為英文。
3. 最後一個字不可以為底線。
4. 不可以連續兩個底線。
5. 不可以為保留字，但保留字可以是名稱的一部分。
6. 英文大小寫皆相同。
7. 最好選用有意義的名稱 (提高可讀性)。

2-9　它所代表的意義為所要設計電路的方塊圖，其狀況如下：

chapter

3

igital Logic Design

資料物件與資料型態

➡ 3-1 標準套件與資料型態

與一般的電腦語言相同,程式內使用的每一筆資料都有屬於它們自己的資料型態,在
VHDL 語言內也是如此,當我們在程式內描述所要設計的硬體電路時,每一個資料物
件 (data object) 也都具有屬於它們自己的資料型態 (data type),這些基本的資料型
態都被定義在系統內部檔案名稱為 "STANDARD" 的套件 (package) 內 (詳細內容
請參閱後面附錄 A),這些資料型態經我們整理後大約可以區分成下面十大類型:

1. 布林 BOOLEAN
2. 位元 BIT
3. 字元 CHARACTER
4. 整數 INTEGER
5. 實數 REAL

6. 時間 TIME

7. 自然數 NATURAL

8. 正數 POSITIVE

9. 字串 STRING

10 位元向量 BIT_VECTOR

從附錄 A 的內容可以發現到，要定義一種資料型態皆以 "type" 為開頭，型態上又以下面四大類型為主軸：

- 列舉 ENUMERATE
- 陣列 ARRAY
- 記錄 RECORD
- 物理量 PHYSICAL

在沒有正式討論它們之前，我們先來介紹於套件 (package) 內，時常用來定義資料型態的兩個敘述。

定義資料型態 type

於硬體描述語言中我們皆以 type 敘述來定義一種新的資料型態，其基本語法為：

> type 名稱 is 定義內容;

範例	
說明下面 type 敘述：	
type BYTE is (0 to 7) of bit;	

定義 BYTE 為一個用來儲存 8 bit 的資料型態，其狀況如下：

BYTE： 0 1 2 3 4 5 6 7 ：儲存 '0' 或 '1'。

詳細內容請參閱後面的敘述。

定義子資料型態 subtype

用來定義一個比原先定義資料型態範圍還小的資料型態，其基本語法為：

```
subtype 名稱 is 定義內容;
```

範例

說明下面 subtype 敘述：

type INTEGER is range -32767 to 32767;

subtype data is INTEGER range 0 to INTEGER'RIGHT

以 type 定義 INTEGER 的內容為 −32767〜+32767，再以 subtype 定義 data 的內容為 0〜32767 (INTEGER 的右邊值)，詳細內容請參閱後面的敘述。

底下我們就來談談上述這四種資料型態的基本語法與特性。

列舉 ENUMERATE

與 C 語言相似，列舉式資料型態就是一種集合式的宣告，也就是我們將一些具有某種意義的名稱列舉出來，並將它們定義成一個集合，其目的為提高程式的閱讀性，它的宣告方式如下：

```
type 名稱 is (列舉元素);
```

1. type，is：列舉的保留字。
2. 名稱：所列舉資料型態的名稱 (符合識別字的規則即可)。
3. (列舉元素)：所列舉的資料元素。

範例一

說明下面的列舉敘述：

type state is (S0, S1, S2, S3, S4, S5, S6);

variable present_state : state;

　　　　present_state := S0;

1. 定義 state 為 S0，S1，S2，S3，S4，S5，S6，7 種狀態元素的集合。
2. 宣告變數 present_state 的資料型態為 state。
3. 設定 present_state 目前的狀態為 S0。

範例二

說明下面的列舉敘述：

type color is (red, green, yellow, blue, white);

variable present_color : color;

　　　present_color := red;

---

1. 定義 color 為 red，green，yellow，blue，white，5 個元素的集合。
2. 宣告變數 present_color 的資料型態為 color。
3. 設定 present_color 目前的顏色為 red。

陣列 ARRAY

陣列是由一群相同資料型態的元素所組成的集合，如果我們以陣列方式宣告資料物件的資料型態時，其內部所有的資料型態必須一致，與一般的高階語言相同，我們可以利用指標 (index) 來存取陣列的內部元素，它的宣告方式如下：

type 名稱 is array (範圍) of 資料型態；

1 . type，is，array，of：陣列的保留字。
2 . 名稱：所宣告的陣列名稱 (符合識別字的規則即可)。
3 . (範圍)：所要宣告陣列的範圍。
4 . 資料型態：陣列內部元素的資料型態。

範例一

說明下面的陣列敘述：

type RAM is array (0 to 3) of bit;

signal pattern : RAM;

signal data : bit;

　　data <= pattern (0);

---

1. 定義 RAM 的資料型態為用來儲存 bit (0 或 1) 的資料，其狀況如下：

RAM ： 　　　　　：內部儲存 0 或 1

2. 宣告訊號 pattern 的資料型態與 RAM 相同。

3. 宣告訊號 data 的資料型態為 bit。

4. 將儲存在陣列 pattern (0) 的內部資料讀回 data。

範例二

說明下面的陣列敘述：

```
type ROM is array (0 to 7) of bit_vector (7 downto 0);
signal ROM_CONTENT : ROM :=
      (x"00", x"11", x"22", x"33",
       x"44", x"55", x"66", x"77");
```

---

1. 定義 ROM 的資料型態為一個 8 x 8 Byte 的儲存元件，其狀況如下：

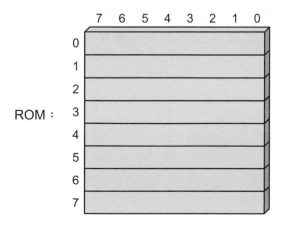

ROM： 　　　　　：內部儲存 0 或 1

2. 宣告訊號 ROM_CONTENT 的資料型態與 ROM 相同，並設定它的內容，其狀況如下：

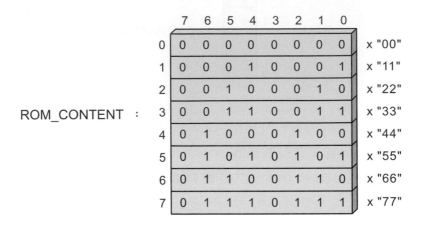

ROM_CONTENT :

	7	6	5	4	3	2	1	0	
0	0	0	0	0	0	0	0	0	x "00"
1	0	0	0	1	0	0	0	1	x "11"
2	0	0	1	0	0	0	1	0	x "22"
3	0	0	1	1	0	0	1	1	x "33"
4	0	1	0	0	0	1	0	0	x "44"
5	0	1	0	1	0	1	0	1	x "55"
6	0	1	1	0	0	1	1	0	x "66"
7	0	1	1	1	0	1	1	1	x "77"

記錄 RECORD

記錄是由一群不同資料物件與資料型態所組成的集合，它與前面我們所討論的陣列 (array) 都屬於合成 (composite) 的資料型態，也就是在同一個時間點上它們可以擁有很多的值 (譬如在同一個時間點上，8 bits 的資料匯流排上就可以同時擁有 8 種電位)，兩者最大的不同點為陣列 (array) 內部每個元素的資料型態都相同，因此它比較適合硬體匯流排、記憶體 RAM、ROM 等線性的資料結構，而記錄 (record) 內部不但可以擁有不同的資料物件，同時也可以擁有不同的資料型態，於架構上它與 C 語言內的 struct 十分相似 (不同之處為 record 用於硬體電路的描述)，它的宣告語法如下：

```
type 名稱 is record
     物件 1 宣告;
     物件 2 宣告;
        ⋮
end record;
```

範例一

說明下面的記錄敘述：

```
type operator is (ADD, SUB, MUL, DIV);
type instruction is record;
      op_code : operator;
      source : real;
      destination : real;
end record;
variable INST1, INST2 : instruction;
    INST1.op_code := MUL;
    INST1.source := 3.0;
    INST1.destination := 12.5;
    INST2 (SUB, 43.0, 52.8);
```

---

1. 宣告 operator 為元素 ADD，SUB，MUL，DIV 的集合。
2. 宣告 instruction 為一個記錄，它的物件包括：
   資料型態為 operator 的 op_code。
   資料型態為實數 (real) 的 source。
   資料型態為實數 (real) 的 destination。
3. 宣告變數 INST1、INST2 的資料型態與記錄 instruction 相同。
4. 分別設定變數 INST1 的內容：
   INST1.op_code 的內容為 MUL。
   INST1.source 的內容為 3.0。
   INST1.destination 的內容為 12.5。
5. 一次設定變數 INST2 的內容：
   INST2.op_code 的內容為 SUB。
   INST2.source 的內容為 43.0。
   INST2.destination 的內容為 52.8。

物理量 PHYSICAL

物理量資料型態是用來定義時間、距離、重量、電壓……等物理特性的參數，其宣告語法如下：

```
type 名稱 is range 開始 to|downto 結束
  units
      基本單位名稱;
      擴展單位名稱1 = 數個基本單位名稱;
      擴展單位名稱2 = 數個擴展單位名稱1;
      擴展單位名稱3 = 數個擴展單位名稱2;
                   ⋮
  end units;
```

範例一

說明下面物理量的敘述：

```
type voltage is range 0 to 1E9
  units
      PV;
      μV  = 1000 PV;
      mV  = 1000 μV;
      V   = 1000 mV;
      kV  = 1000 V;
      MV  = 1000 kV;
  end units;
variable present_voltage : voltage;
      present_voltage := 25V;
```

1. 定義電壓 voltage 的範圍在 $0 \sim 1 \times 10^9$

2. 定義：

    基本電壓單位為 PV。

    1 μV = 1000 PV。

    1 mV = 1000 μV。

    1 V   = 1000 mV。

    1 kV = 1000 V。

    1 MV = 1000 kV。

3. 宣告變數 present_voltage 的資料型態與 voltage 相同。

4. 設定 present_voltage 目前的內容為 25V。

討論完上述四大類型的資料型態之後，接著我們再來談談 "STANDARD" 套件內所定義十大類型資料型態的特性。

布林 BOOLEAN

```
type BOOLEAN is (FALSE, TRUE);
```

以列舉方式定義布林 (BOOLEAN) 的內容為 FALSE 與 TRUE 兩種狀況，其中：

FALSE：'0' 代表假。

TRUE ：'1' 代表真。

與一般的高階語言相同，當我們宣告某個資料物件的資料型態為布林時，其結果只有真 (TRUE) 與假 (FALSE) 兩種，設計師可以利用選擇敘述 if，配合關係運算 (如>，<，=，/=…等) 與邏輯運算 (如 not，and，or…等)，以便達到選擇所要完成的電路。

位元 BIT

```
type BIT is ('0', '1');
```

以列舉方式定義位元 (BIT) 的內容為 '0' 或 '1' 兩種狀況，它是數位邏輯電路內最基本的兩種電位。

字元 CHARACTER

以列舉方式定義字元 (CHARACTER) 的內容為：

```
type CHARACTER is (
  NUL,   SOH,   STX,   ETX,   EOT,   ENQ,   ACK,   BEL,
  BS ,   HT ,   LF ,   VT ,   FF ,   CR ,   SO ,   SI ,
  DLE,   DC1,   DC2,   DC3,   DC4,   NAK,   SYN,   ETB,
  CAN,   EM ,   SUB,   ESC,   FSP,   GSP,   RSP,   USP

  ' ',   '!',   '"',   '#',   '$',   '%',   '&',   ''',
  '(',   ')',   '*',   '+',   ',',   '-',   '.',   '/',
  '0',   '1',   '2',   '3',   '4',   '5',   '6',   '7',
  '8',   '9',   ':',   ';',   '<',   '=',   '>',   '?',
```

```
'@',     'A',     'B',     'C',     'D',     'E',     'F',     'G',
'H',     'I',     'J',     'K',     'L',     'M',     'N',     'O',
'P',     'Q',     'R',     'S',     'T',     'U',     'V',     'W',
'X',     'Y',     'Z',     '[',     '\',     ']',     '^',     '_',

'`',     'a',     'b',     'c',     'd',     'e',     'f',     'g',
'h',     'i',     'j',     'k',     'l',     'm',     'n',     'o',
'p',     'q',     'r',     's',     't',     'u',     'v',     'w',
'x',     'y',     'z',     '{',     '|',     '}',     '~',     DEL,

C128,    C129,    C130,    C131,    C132,    C133,    C134,    C135,
C136,    C137,    C138,    C139,    C140,    C141,    C142,    C143,
C144,    C145,    C146,    C147,    C148,    C149,    C150,    C151,
C152,    C153,    C154,    C155,    C156,    C157,    C158,    C159,
'?,      '?,      '?,      '?,      '?,      '?,      '?,      '?,
'?,      '?,      '?,      '?,      '?,      '?,      '?,      '?,
'?,      '?,      '?,      '?,      '?,      '?,      '?,      '?,
'?,      '?,      '?,      '?,      '?,      '?,      '?,      '?,
'?,      '?,      '?,      '?,      '?,      '?,      '?,      '?,
'?,      '?,      '?,      '?,      '?,      '?,      '?,      '?,
'?,      '',      '?,      '?,      '?,      '?,      '?,      '?,
'',      '?,      '?,      '?,      '?,      '?,      '?,      '?,
'?,      '?,      '?,      '?,      '?,      '?,      '?,      '?,
'?,      '?,      '?,      '?,      '?,      '?,      '?,      '?,
'?,      '?,      '?,      '?,      '?,      '?,      '?,      '?,
'?,      '?,      '?,      '?,      '?,      '?,      '?,      ' ' );
```

它是由 8 BIT 所構成，因此總共有 256 種數碼，系統只定義前面 128 種，它們包括（與 ASCII 相同）：

1. 控制碼。
2. 數字 '0' ～ '9'。
3. 英文大寫 'A' ～ 'Z'。
4. 英文小寫 'a' ～ 'z'。
5. 各種符號。

整數 INTEGER

```
type INTEGER is range -2147483647 to 2147483647;
```

以 type 定義整數 (INTEGER) 的範圍在 -2147483647～2147483647 中間，它是以 32 bits 帶符號的整數方式來表示，其狀況如下：

因此它所能表達的範圍為 $-(2^{31}-1)$～$+(2^{31}-1)$，注意！由於系統的機定值 (default) 是以 32 bits 來表達，如果我們所需要的整數值不需太大時，可以在宣告時加以限縮，譬如當我們所需要的整數範圍只有 0～15 時，其宣告方式如下：

```
signal index : integer range 0 to 15;
```

此時系統會以 4 bits 來表達；如果我們的宣告方式為：

```
signal index : integer;
```

則系統會以 32 bits 來表達。

實數 REAL

```
type REAL is range -1.7014111e+308 to 1.7014111e+308;
```

以 type 定義實數 (REAL) 的範圍在 -1.7014111e+308～1.7014111e+308 中間，它是以 64 bits 浮點數的方式來表示，其狀況如下：

時間 TIME

```
-- predefined type TIME:
  type TIME is range -2147483647 to 2147483647
-- this declaration is for the convenience of the parser. Internally
-- the parser treats it as if the range were:
-- range -9223372036854775807 to 9223372036854775807
  units
    fs;                -- femtosecond
    ps   = 1000 fs; -- picosecond
    ns   = 1000 ps; -- nanosecond
    us   = 1000 ns; -- microsecond
    ms   = 1000 us; -- millisecond
    sec  = 1000 ms; -- second
    min  = 60 sec;  -- minute
    hr   = 60 min;  -- hour
  end units;
```

以記錄 (RECORD) 方式定義時間 (TIME) 的參數範圍為 -2147483647 ～ 2147483647 中間，並以 fs 為基本單位，供我們往後當硬體完成時，訊號經過電路產生時間延遲時使用。

自然數 NATURAL

```
    subtype NATURAL is INTEGER range 0 to INTEGER'HIGH;
```

以 subtype 定義自然數 (NATURAL) 的範圍為 0～2147483647 之間。

正數 POSITIVE

```
    subtype POSITIVE is INTEGER range 1 to INTEGER'HIGH;
```

以 subtype 定義正數 (POSITIVE) 的範圍為 1～2147483647 之間。

字串 STRING

```
    type STRING is array (POSITIVE range <>) of CHARACTER;
```

以陣列方式定義字串 (STRING) 為字元資料的集合，而其字元數量從 1 開始，長度沒有限制。

位元向量 BIT_VECTOR

```
type BIT_VECTOR is array (NATURAL range <>) of BIT;
```

以陣列方式定義位元向量 (BIT_VECTOR) 為位元 BIT 資料的集合，而其位元數量從 0 開始，長度沒有限制。設定位元數量時可以使用由小到大 (小 to 大) 或由大到小 (大 downto 小) 兩種方式，譬如 8 位元資料匯流排 data_bus 的宣告方式為：

```
signal data_bus : bit_vector (0 to 7);
signal data_bus : bit_vector (7 downto 0);
```

兩種宣告所代表的意義分別為：

3-2　標準邏輯套件 std_logic_1164

於實際的數位邏輯控制電路中，依電子電路的特性，它們的電位絕對不會只有 '0' 與 '1' (位元)，因此在系統內又依 IEEE 的標準，在 std_logic_1164 套件檔案內定義了一套標準邏輯電位 (詳細內容請參閱後面附錄 A)，這些內容的功能我們可以將它們歸納如下：

1. 定義各種標準的邏輯電位。
2. 定義各種基本的邏輯運算。
3. 定義各種控制電位資料型態的互換。
4. 定義正反器的正、負緣觸發訊號。

標準邏輯電位的定義

```
PACKAGE std_logic_1164 IS
--logic state system (unresolved)
 TYPE std_ulogic IS ('U',  -- Uninitialized
                     'X',  -- Forcing  Unknown
                     '0',  -- Forcing  0
                     '1',  -- Forcing  1
                     'Z',  -- High Impedance
                     'W',  -- Weak  Unknown
                     'L',  -- Weak   0
                     'H',  -- Weak   1
                     '-'   -- Don't care
                     );
```

以列舉方式定義 std_logic 的內容，其中 (它們皆為大寫字元)：

'U'　：初值未定。	'X'　：不確定電位。
'0'　：0 電位。	'1'　：1 電位。
'Z'　：高阻抗。	'W'：不確定的較弱電位。
'L'　：較弱低電位。	'H'　：較弱高電位。
'—'　：隨意電位。	

有經驗的硬體工程師一定會發現到，於實際的數位控制電路內，常見到的電位只有 '0'，'1'，'Z' 三種，上述的九種電位中怎麼會出現不確定電位 (unknown)，想看看如果我們在一個 and 閘的輸入端加入一個高阻抗的控制電位時，它的輸出電位不就會出現不確定電位了嗎，至於較弱電位只是在反映，因為元件內部阻值 R 太大所產生的弱勢電位而已。

於實際的控制電路中，當兩個輸出電位同時驅動一個輸入電路時，如果這兩個輸出電位的準位強度不同時就會產生衝突，因此系統以 subtype 方式配合函數 resolved 定義出另外一種工業標準邏輯的資料型態 "std_logic"，並以 type 方式定義 "std_logic_vector"，其狀況如下：

```
-------------------------------------------------------------------------
-- unconstrained array of std_ulogic for use with the resolution function
-------------------------------------------------------------------------
TYPE std_ulogic_vector IS ARRAY ( NATURAL RANGE <> ) OF std_ulogic;


-------------------------------------------------------------------------
-- resolution function
-------------------------------------------------------------------------
FUNCTION resolved ( s : std_ulogic_vector ) RETURN std_ulogic;


-------------------------------------------------------------------------
-- *** industry standard logic type ***
-------------------------------------------------------------------------
SUBTYPE std_logic IS resolved std_ulogic;


-------------------------------------------------------------------------
-- unconstrained array of std_logic for use in declaring signal arrays
-------------------------------------------------------------------------
TYPE std_logic_vector IS ARRAY ( NATURAL RANGE <>) OF std_logic;
```

其中函數 resolved 是以查表方式進行不同強度驅動電位的處理，而其處理方式即如下面所示：

```
-------------------------------------------------------------------------
resolution function
-------------------------------------------------------------------------
CONSTANT resolution_table : stdlogic_table := (
--      -------------------------------------------------------------------
--     |  U    X    0    1    Z    W    L    H    -          |  |
--      -------------------------------------------------------------------
      ( 'U', 'U', 'U', 'U', 'U', 'U', 'U', 'U', 'U' ), -- | U |
      ( 'U', 'X', 'X', 'X', 'X', 'X', 'X', 'X', 'X' ), -- | X |
      ( 'U', 'X', '0', 'X', '0', '0', '0', '0', 'X' ), -- | 0 |
      ( 'U', 'X', 'X', '1', '1', '1', '1', '1', 'X' ), -- | 1 |
      ( 'U', 'X', '0', '1', 'Z', 'W', 'L', 'H', 'X' ), -- | Z |
      ( 'U', 'X', '0', '1', 'W', 'W', 'W', 'W', 'X' ), -- | W |
      ( 'U', 'X', '0', '1', 'L', 'W', 'L', 'W', 'X' ), -- | L |
      ( 'U', 'X', '0', '1', 'H', 'W', 'W', 'H', 'X' ), -- | H |
      ( 'U', 'X', 'X', 'X', 'X', 'X', 'X', 'X', 'X' )  -- | - |
      );
```

```
FUNCTION resolved ( s : std_ulogic_vector ) RETURN std_ulogic IS
  VARIABLE result : std_ulogic := 'Z';  -- weakest state default
BEGIN
  --the test for a single driver is essential otherwise the
  --loop would return 'X' for a single driver of '-' and that
  --would conflict with the value of a single driver unresolved
  --signal.
  IF    (s'LENGTH = 1) THEN    RETURN s(s'LOW);
  ELSE
    FOR i IN s'RANGE LOOP
      result := resolution_table(result, s(i));
    END LOOP;
  END IF;
  RETURN result;
END resolved;
```

於上表中可以看出，當兩個驅動電位：

1. 較強訊號 ('X'，'0'，'1') 與較弱訊號 ('W'，'L'，'H')，則以較強訊號為主。

2. 電位不同但強度相同時，則以不確定電位 ('X'，'W') 為主。

3. 其中有一高阻抗電位 ('Z') 時，則以另一個驅動電位為主。

4. 其中有一隨意值 ('一') 時，則以不確定電位 ('X') 為主。

5. 其中有一初值未定 ('U') 時，則以初值未定 ('U') 為主。

從上面的敘述可以知道，在實際數位控制電路的規劃上，我們還是使用經過函數 resolved 處理過的 std_logic 或 std_logic_vector 較為妥當。

各種基本邏輯運算的定義

```
FUNCTION "and"   ( l, r : std_logic_vector  ) RETURN std_logic_vector;
FUNCTION "and"   ( l, r : std_ulogic_vector ) RETURN std_ulogic_vector;

FUNCTION "nand"  ( l, r : std_logic_vector  ) RETURN std_logic_vector;
FUNCTION "nand"  ( l, r : std_ulogic_vector ) RETURN std_ulogic_vector;

FUNCTION "or"    ( l, r : std_logic_vector  ) RETURN std_logic_vector;
FUNCTION "or"    ( l, r : std_ulogic_vector ) RETURN std_ulogic_vector;
```

```
FUNCTION "nor"  ( l, r : std_logic_vector  ) RETURN std_logic_vector;
FUNCTION "nor"  ( l, r : std_ulogic_vector ) RETURN std_ulogic_vector;

FUNCTION "xor"  ( l, r : std_logic_vector  ) RETURN std_logic_vector;
FUNCTION "xor"  ( l, r : std_ulogic_vector ) RETURN std_ulogic_vector;

FUNCTION "xnor" ( l, r : std_logic_vector  ) RETURN std_logic_vector;
FUNCTION "xnor" ( l, r : std_ulogic_vector ) RETURN std_ulogic_vector;

FUNCTION "not"  ( l     : std_logic_vector  ) RETURN std_logic_vector;
FUNCTION "not"  ( l     : std_ulogic_vector ) RETURN std_ulogic_vector;
```

於上表中可以發現到，系統提供了標準電位 std_ulogic_vector 與 std_logic_vector (經過 resloved 函數處理) 的各種邏輯運算，它們包括 and、nand、or、nor、xor、xnor、not 等運算，這些運算可以使用在電位運算，也可以使用在布林 (真 TRUE、假 FALSE) 運算，其狀況如下：

電位 bit、std_logic 運算 (輸入電位為 A 與 B)：

A	B	and	or	xor	nand	nor	xnor	not A
0	0	0	0	0	1	1	1	1
0	1	0	1	1	1	0	0	1
1	0	0	1	1	1	0	0	0
1	1	1	1	0	0	0	1	0

布林真 TRUE、假 FALSE 運算 (輸入事件為 A 與 B)：

A	B	and	or	xor	nand	nor	xnor	not A
F	F	F	F	F	T	T	T	T
F	T	F	T	T	T	F	F	T
T	F	F	T	T	T	F	F	F
T	T	T	T	F	F	F	T	F

(T：TRUE 真，F：FALSE 假)

當系統在定義上述的邏輯運算時，它是以建立真值表，並以函數查詢這些真值表方式來實現上述的邏輯運算，由於內容很長會佔用極大的篇幅，此處我們只列印 and 運算供讀者參考 (它們的運算方式都一樣)：

```
--truth table for "and" function
CONSTANT and_table : stdlogic_table := (
--     ---------------------------------------------------------------
--    | U     X     0     1     Z     W     L     H     -       |  |
--     ---------------------------------------------------------------
      ( 'U',  'U',  '0',  'U',  'U',  'U',  '0',  'U',  'U' ),  -- | U |
      ( 'U',  'X',  '0',  'X',  'X',  'X',  '0',  'X',  'X' ),  -- | X |
      ( '0',  '0',  '0',  '0',  '0',  '0',  '0',  '0',  '0' ),  -- | 0 |
      ( 'U',  'X',  '0',  '1',  'X',  'X',  '0',  '1',  'X' ),  -- | 1 |
      ( 'U',  'X',  '0',  'X',  'X',  'X',  '0',  'X',  'X' ),  -- | Z |
      ( 'U',  'X',  '0',  'X',  'X',  'X',  '0',  'X',  'X' ),  -- | W |
      ( '0',  '0',  '0',  '0',  '0',  '0',  '0',  '0',  '0' ),  -- | L |
      ( 'U',  'X',  '0',  '1',  'X',  'X',  '0',  '1',  'X' ),  -- | H |
      ( 'U',  'X',  '0',  'X',  'X',  'X',  '0',  'X',  'X' )   -- | - |
    );
------------------------------------------------------------------------
--and
------------------------------------------------------------------------
FUNCTION "and"  ( l,r : std_logic_vector ) RETURN std_logic_vector IS
  ALIAS lv : std_logic_vector ( 1 TO l'LENGTH ) IS l;
  ALIAS rv : std_logic_vector ( 1 TO r'LENGTH ) IS r;
  VARIABLE result : std_logic_vector ( 1 TO l'LENGTH );
BEGIN
  IF ( l'LENGTH /= r'LENGTH ) THEN
    ASSERT FALSE
    REPORT "arguments of overloaded 'and' operator are not of the same
    length"
    SEVERITY FAILURE;
  ELSE
    FOR i IN result'RANGE LOOP
      result(i) := and_table (lv(i), rv(i));
    END LOOP;
  END IF;
  RETURN result;
END "and";
------------------------------------------------------------------------
FUNCTION "and"  ( l,r : std_ulogic_vector ) RETURN std_ulogic_vector IS
  ALIAS lv : std_ulogic_vector ( 1 TO l'LENGTH ) IS l;
  ALIAS rv : std_ulogic_vector ( 1 TO r'LENGTH ) IS r;
```

```
  VARIABLE result : std_ulogic_vector ( 1 TO l'LENGTH );
BEGIN
  IF ( l'LENGTH /= r'LENGTH ) THEN
    ASSERT FALSE
    REPORT "arguments of overloaded 'and' operator are not of the same
    length"
    SEVERITY FAILURE;
  ELSE
    FOR i IN result'RANGE LOOP
      result(i) := and_table (lv(i), rv(i));
    END LOOP;
  END IF;
  RETURN result;
END "and";
```

上面的敘述中，最上層為 and 邏輯運算的真值表，下層為以函數方式進行兩組運算電
位的真值表查尋工作，這兩組資料的型態可以同樣皆為 std_logic_vector (中間) 或者
為 std_ulogic_vector (下面)，除此之外它們也可以是 std_logic、std_ulogic、bit、
bit_vector、boolean 等，這些邏輯運算的優先順序 not 最高，其餘皆相等 (同時出現
時，它們的運算順序為由左邊向右邊依次執行)。

正反器的正、負緣觸發電位定義

```
---------------------------------------------------------------------
-- edge detection
---------------------------------------------------------------------
FUNCTION rising_edge (SIGNAL s : std_ulogic) RETURN BOOLEAN;
FUNCTION falling_edge (SIGNAL s : std_ulogic) RETURN BOOLEAN;
---------------------------------------------------------------------
--edge detection
---------------------------------------------------------------------
FUNCTION rising_edge (SIGNAL s : std_ulogic) RETURN BOOLEAN IS
BEGIN
  RETURN (s'EVENT AND (To_X01(s) = '1') AND
          (To_X01(s'LAST_VALUE) = '0'));
END;
```

```
FUNCTION falling_edge (SIGNAL s : std_ulogic) RETURN BOOLEAN IS
 BEGIN
   RETURN (s'EVENT AND (To_X01(s) = '0') AND
          (To_X01(s'LAST_VALUE) = '1'));
END;
```

以函數方式定義各種正反器的正、負緣觸發訊號，其中：

> rising_edge：正緣觸發。
>
> falling_edge：負緣觸發。

由其函數的敘述中我們也可以將其觸發訊號寫成 (如果時序訊號為 CK)：

> CK'event and CK = '1'：正緣觸發。
>
> CK'event and CK = '0'：負緣觸發。

◉ 3-3　資料物件的種類

於 VHDL 語言中，資料物件依其特性可以分成下面四大類：

> 常數 constant。
>
> 訊號 signal。
>
> 變數 variable。
>
> 檔案 file。

常數 constant

與一般的高階語言相同，為了增加程式的可讀性與維護性，我們都會在程式內定義一些常數 (如 C 語言的 #define，verilog 的 parameter 敘述)，所謂的常數就是內容為固定值，不會隨著時間而改變，於 VHDL 語言內定義常數的基本語法如下：

> constant 名稱 1 [,名稱 2]…… :資料型態 := 常數值;

1. constant：為常數的保留字。
2. 名稱：所定義常數物件的名稱 (符合識別字的規則即可)。

3. 資料型態：常數物件所屬的資料型態。

4. :=：用來設定常數內容的符號。

5. 常數值：所要設定常數的內容。

範例一

說明下面有關常數的敘述：

constant LENGTH : integer := 8;

宣告一個名稱為 LENGTH 的常數物件，其資料型態為整數，並將其內容設定成 8。

範例二

說明下面有關常數的敘述：

constant DATA : bit_vector (7 downto 0) := "10001001";

宣告一個名稱為 DATA 的常數物件，其資料型態為 bit_vector，長度為 8 (7～0)，並將其內容設定為 "10001001"，其狀況如下：

DATA：

範例三

說明下面有關常數的敘述：

constant REG : std_logic_vector (0 to 3) := "0101";

宣告一個名稱為 REG 的常數物件，其資料型態為 std_logic_vector，長度為 4 (0～3)，並將其內容設定成 "0101"，其狀況如下：

REG：

訊號 signal

設計師所描述硬體電路的內部接線，我們都可以將它們定義成訊號 (signal)，其狀況如下：

在上面的硬體電路中 X，Y 為電路內部的接線，於特性上它可以當成前一級的輸出，也可以當成下一級的輸入，其宣告語法如下：

> **signal 名稱1 [,名稱2]…… : 資料型態 [:= 設定值];**

1. signal：為訊號的保留字。
2. 名稱：所定義訊號物件的名稱 (符合識別字的規則即可)。
3. 資料型態：訊號物件所屬的資料型態。
4. 設定值：訊號內容的預設值 (只供給功能模擬時使用)。

從它們的宣告語法中可以看出，由於訊號 (signal) 兼具輸入與輸出的角色，因此不需宣告它的方向，除此之外它的語法與硬體電路外部接腳 port (必須宣告方向) 的宣告方式完全相同，至於其詳細內容的討論與組合和序向電路的特性有關，後面我們再來說明。

範例一

說明下面有關訊號的敘述：

signal INDEX : integer range 0 to 31;

宣告一個名稱為 INDEX 的訊號物件，它的資料型態為整數，範圍在 0～31 中間 (佔 5bit)。

說明下面有關訊號的敘述：

signal REG : std_logic_vector (0 to 3) := "0101";

宣告一個名稱為 REG 的訊號物件，它的資料型態為 std_logic_vector 且佔用 4 個位元，並設定其初值為 "0101"，注意！以 ":=" 所設定的初值只是提供系統作功能模擬時使用，當系統在做硬體合成時，它是不具任何意義的，於實際的數位電路中，這些電位我們還是要藉由 power on 時的 preset 或 reset 來產生。

說明下面有關訊號的敘述：

signal LED, DOT : bit_vector (7 downto 0);

宣告二個訊號的物件，它們的名稱分別為 LED 與 DOT，資料型態皆為 bit_vector，長度為 8，其狀況如下：

```
        7  6  5  4  3  2  1  0
LED : ┌──┬──┬──┬──┬──┬──┬──┬──┐   :儲存 0 或 1
      └──┴──┴──┴──┴──┴──┴──┴──┘

        7  6  5  4  3  2  1  0
DOT : ┌──┬──┬──┬──┬──┬──┬──┬──┐   :儲存 0 或 1
      └──┴──┴──┴──┴──┴──┴──┴──┘
```

變數 variable

與一般高階語言相同，在硬體描述語言 VHDL 的資料物件內也提供變數 (variable) 供我們使用，其宣告語法如下：

variable 名稱1 [,名稱2]…… : 資料型態 [:= 設定值];

1. variable：為變數的保留字。
2. 名稱：所定義變數物件的名稱 (符合識別字的規則即可)。
3. 資料型態：變數物件所屬的資料型態。
4. 設定值：變數內容的預設值 (只供給功能模擬時使用)。

從上面的敘述可以發現到，變數 (variable) 的宣告方式與訊號 (signal) 幾乎完全相同，它也可以同時充當輸入與輸出的角色，而兩者不同之處因為涉及組合與序向電路的特性，後面我們會有詳細的敘述。

範例一

說明下面有關變數的敘述：

variable COUNTER : integer range 0 to 255;

宣告一個名稱為 COUNTER 的變數物件，它的資料型態為整數，範圍為 0～255 中間 (佔 8bit)。

範例二

說明下面有關變數的敘述：

variable RESULT, CONCLUSION : boolean;

宣告二個變數物件，名稱分別為 RESULT 與 CONCLUSION，它們的資料型態皆為布林 (boolean)。

檔案 file

當我們以 VHDL 語言規劃並合成出硬體電路後，在還沒有實現 (Implement) 對應到所選用的晶片電路之前，都必需進行功能測試 (function test)，設計師可以利用 VHDL 語言在測試平台 (test bench) 撰寫一個測試程式的檔案，以便產生所要測試的輸入訊號，同時循序的載入到電路的輸入接腳，並將電路輸出端所產生的輸出訊號，依順序的寫入檔案內，藉以達到偵錯 (debug) 的目的，本書的內容是針對 VHDL 語言的初學者，有關檔案 (file) 內容的敘述並非十分迫切，我們將它留在進階書籍內再來敘述。

🅐 3-4 VHDL 的各種運算

與一般的高階語言相同，硬體描述語言 VHDL 也會擁有各種運算的能力，限於硬體結構的複雜度，它所提供的運算方式會比一般的語言少一些 (因為這些運算都可以經由合成器合成出硬體控制電路)，到目前為止我們只討論了 not、and、or、nand、nor、xor、xnor 等邏輯運算，緊接著我們再來討論其它的算術運算，這些運算大都定義在系統內部的 std_logic_arith、std_logic_unsigned、std_logic_signed……等套件檔案內，它們的內容十分相似，最大的差別為所運算的資料型態不同，限於篇幅我們只將部分的內容提出來討論。

符號與算術運算

於系統內部，整個套件檔案是以函數方式 (其定義及呼叫格式後面章節會有詳細介紹) 去實現各種算術運算，而其符號與算術運算包括：

+：取正號，如 +data。

−：取負號，如 −data。

ABS：取絕對值，如 ABS data。

+：相加，如 data1 + data2。

−：相減，如 data1 − data2。

*：相乘，如 data1 * data2。

限於篇幅，上面相關的運算我們只列印各種資料型態相乘 "*" 的部分供讀者參考：

```
function "*"(L: UNSIGNED; R: UNSIGNED) return UNSIGNED;
function "*"(L: SIGNED;   R: SIGNED)   return SIGNED;
function "*"(L: SIGNED;   R: UNSIGNED) return SIGNED;
function "*"(L: UNSIGNED; R: SIGNED)   return SIGNED;
function "*"(L: UNSIGNED; R: UNSIGNED) return STD_LOGIC_VECTOR;
function "*"(L: SIGNED;   R: SIGNED)   return STD_LOGIC_VECTOR;
function "*"(L: SIGNED;   R: UNSIGNED) return STD_LOGIC_VECTOR;
function "*"(L: UNSIGNED; R: SIGNED)   return STD_LOGIC_VECTOR;
```

當兩筆資料相乘時，積的位元數必須是被乘數與乘數位元數的和再加 1；當兩筆資料進行相加時，系統並不會處理進位 (carry) 問題，也就是說如果兩筆 8 位元的資料相加時，其輸出也是 8 位元，如果產生進位時，我們必須以串接 (concatenation) "&" 的方式來處理 (後面會有實際範例)，上述運算的優先順序依次為取正號 "+"、取負號 "−"、取絕對值 "ABS"；相乘 "*"；相加 "+"、相減 "−"。

關係運算

與算術運算相同，系統也是以函數方式去實現各種關係運算，它們包括：

>：大於，如 data1 > data2。

<：小於，如 data1 < data2。

=：等於，如 data1 = data2。

/=：不相等，如 data1 /= data2。

>=：大於等於，如 data1 >= data2。

<=：小於等於，如 data1 <= data2。

與算術運算相同，我們只列印各種資料型態比較相等 "=" 的部分供讀者參考：

```
function "="(L: UNSIGNED; R: UNSIGNED) return BOOLEAN;
function "="(L: SIGNED;   R: SIGNED ) return BOOLEAN;
function "="(L: UNSIGNED; R: SIGNED ) return BOOLEAN;
function "="(L: SIGNED;   R: UNSIGNED) return BOOLEAN;
function "="(L: UNSIGNED; R: INTEGER ) return BOOLEAN;
function "="(L: INTEGER;  R: UNSIGNED) return BOOLEAN;
function "="(L: SIGNED;   R: INTEGER ) return BOOLEAN;
function "="(L: INTEGER;  R: SIGNED ) return BOOLEAN;
```

當兩筆資料在進行比較時，它們的資料型態必須一致，經過上述函數比較後的結果，其資料型態為布林 (BOOLEAN)，也就是只有真 (TRUE) 或假 (FALSE) 兩種，設計師可以配合前面的邏輯運算與後面我們所要介紹的 if…… 等條件判斷式，如此即可合成出較複雜的硬體電路。上述六種關係運算的優先順序皆相同 (同時出現時則由左邊向右邊)。

運算子的優先順序

綜合前面硬體描述語言 VHDL 所提供的各種運算中，它們之間的優先順序與一般的高階語言相同，依序為算術運算、關係運算，最後為邏輯運算 (not 除外)，其狀況如下：

1. 括號 ( )。

2. 取正號 +、取負號 -、取絕對值 ABS、not。

3. 相乘 *。

4. 相加 +、相減 -。

5. 大於 >、小於 <、等於 =、不相等 /=、大於等於 >=、小於等於 <=。
6. and、or、nand、nor、xor、xnor。

於上述的運算中，優先順序依次為 1～6，同一個編號代表優先順序相同，為了避免不必要的錯誤發生，我們可以善用 "( )"，把自己認為應該先做的運算括起來 (因為括號的優先順序最高)。

3-5　常見的符號

於硬體描述語言 VHDL 中，除了上述的運算子之外，我們在程式中也時常會用到一些符號，譬如訊號設定符號 "<="、變數或初始值設定符號 ":="、物件串接符號 "&"……等，底下我們就來介紹它們的特性與用法。

訊號設定 <=

前面我們討論過，於控制電路內部的所有接線都可以稱之為訊號 (signal)，而這些接線內部的訊號流向我們可以用符號 "<=" 來指定，當我們使用訊號設定符號時，必須注意的是在符號 "<=" 兩邊的物件資料型態與資料長度 (位元數量) 必須一致；所宣告向量 (vector) 大小的順序也要留意。

範例一

說明下面有關訊號設定的電路意義：

signal A : bit_vector (3 downto 0);
singal B : bit_vector (3 downto 0);
　　　A <= B;

它所代表的電路意義為：

範例二

說明下面有關訊號設定的電路意義：

signal X : std_logic_vector (3 downto 0);

signal Y : std_logic_vector (0 to 3);

        X <= Y;

它所代表的電路意義為：

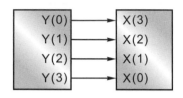

範例三

說明下面有關訊號設定的電路意義：

signal A : bit_vector (0 to 1);

signal F : bit;

        F <= A(0) and A(1);

它所代表的電路意義為 (一個大型電路內部的一部分)：

```
A(0) ──┐‾‾╲
       │    )── F
A(1) ──┘__╱
```

範例四

說明下面有關訊號設定的電路意義：

signal A, B, F : bit;

      F <= (A and B) or (not A and B);

它所代表的電路意義為 (一個大型電路內部的一部分):

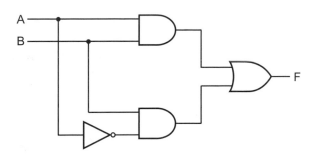

變數或初值內容設定 :=

於 VHDL 程式中,當設計師宣告某個物件之後 (如變數、常數、訊號……等),我們即可使用符號 ":=" 去設定它們的初始值或內容。

範例一

說明下面有關常數設定的意義:

constant number_of_byte : integer := 4;

constant number_of_bit　 : integer := 8 * number_of_byte;

1.　宣告整數常數 number_of_byte,並設定其內容為 4。
2.　宣告整數常數 number_of_bit,並設定其內容為 32。

範例二

說明下面有關變數設定的意義:

variable INDEX : integer range 0 to 63;

　　　　INDEX := INDEX + 1;

1.　宣告整數變數 INDEX 的範圍在 0~63 中間 (佔 6 位元)。
2.　將整數變數 INDEX 的內容加 1。

範例三

說明下面有關常數設定的電路意義：

type MEMORY is array (0 to 3) of std_logic_vector (7 downto 0);

constant sound : MEMORY := (x"88", x"AF", x"B3", x"98");

它所代表的電路意義為：

記憶體 sound：

	7	6	5	4	3	2	1	0
0	1	0	0	0	1	0	0	0
1	1	0	1	0	1	1	1	1
2	1	0	1	1	0	0	1	1
3	1	0	0	1	1	0	0	0

物件連接 &

所謂物件連接 (concatenation) 就是把兩組資料型態相同的物件相互連接在一起，我們也可以將它們叫做串接，於 VHDL 語言中它的符號為 "&"，其目的是方便我們做物件合併串接的工作，譬如將兩組資料型態為 bit、bit_vector 的物件串接成 bit_vector；或者將兩組資料型態為 std_logic、std_logic_vector 的物件串接成 std_logic_vector；甚至是字元與字串的串接……等。

範例一

說明下面有關物件串接的電路意義：

signal A : bit_vector (0 to 3);

signal B : bit_vector (1 downto 0);

signal F : bit_vector (7 downto 0);

    F <= "10" & A & B;

它所代表的電路意義為：

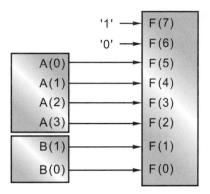

範例二

說明下面有關物件串接的電路意義：

signal X : std_logic_vector (0 to 3);

signal Y : std_logic;

signal F : std_logic_vector (7 downto 0);

　　F <= '1' & X & "ZZ" & Y;

它所代表的電路意義為：

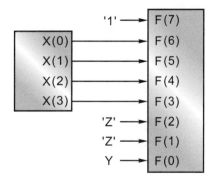

電位表示法

於 VHDL 語言中用來表達某一位元的電位時，我們必須以單引號將電位括起來，其狀況如 '0'、'1'、'Z' ……等；用來表達某些位元（向量）的電位時，則必須以雙引號將它們括起來，其狀況如下 "1001"、x"3FA"、o"256"……等，當我們於程式中所使用的資料型態為向量 (vector) 時，它的表達方式可以為：

1. 二進制 (Binary)，代號為 B 或 b。

2. 八進制 (Octal)，代號為 O 或 o。

3. 十六進制 (Hex)，代號為 X 或 x。

而其機定值 (default) 為二進制，因此 B 或 b 可以省略。

範例一

說明下面有關電位表示法的意義：

1. "1011"

2. o"56"

3. x"3FF"

---

1. "1011" 代表 4 位元電位 "1011"。

2. o"56" 代表 6 位元電位 "101110"。

3. x"3FF" 代表 12 位元電位 "001111111111"。

範例二

說明下面有關電位表示法的意義：

1. A <= "01101001";

2. B <= o"235";

3. C <= x"7A";

---

1. 將 8 位元向量物件 A 的內容設定成 "01101001"。

2. 將 9 位元向量物件 B 的內容設定成 "010011101"。

3. 將 8 位元向量物件 C 的內容設定成 "01111010"。

第三章自我練習與評量

3 1　於 VHDL 語言內，標準套件 (standard) 內定義那些資料型態？

3-2　何謂位元 (bit)？

3-3　何謂位元向量 (bit_vector)？

3-4　用來定義資料型態與子資料型態的保留字為何？

3-5　於 VHDL 語言中，整數資料型態的機定值 (default) 佔用幾個位元組 (byte)？如果使用範圍為 0～15 的整數時應該如何宣告 (假設名稱為 counter)？

3-6　當我們在程式內宣告：

```
signal data : bit;
```

其代表意義為何？

3-7　當我們在程式內宣告：

```
signal data : std_logic;
```

其代表意義為何？

3-8　當我們在程式內宣告：

```
signal data : std_logic_vector (7 downto 0);
```

其代表意義為何？

3-9　於 VHDL 語言中，用來表達正反器正緣變化的語法如何？

3-10　於 VHDL 語言中，用來表達正反器負緣變化的語法如何？

3-11　於 VHDL 語言中，關係運算的符號有那些？它們之間的優先順序為何？

3-12　於 VHDL 語言中，邏輯運算的符號有那些？它們之間的優先順序為何？

3-13　於 VHDL 語言中，訊號 (signal) 與變數 (variable) 的內容設定符號為何？

3-14　於 VHDL 語言中，物件連接的符號為何？

3-15　於 VHDL 語言中，電位的表示可以用二進制 (binary)、八進制 (octal) 與十六進制 (hex)，其基本語法為何？

3-16　於 VHDL 語言中，常用的邏輯運算、關係運算、算術運算的優先順序為何？

3-17　於 VHDL 語言中，資料物件的種類可以分成那四種？

3-18　說明下面敘述所代表的意義，

```
type ROM is array (0 to 7) of std_logic_vector (0 to 3);
signal pattern : ROM :=
      (x"0", x"1", x"2", x"3"
       x"4", x"5", x"6", x"7");
```

第三章　自我練習與評量解答

3-1　　於 VHDL 語言內，標準套件內定義了下面十大類型的資料型態：

　　　　1.　布林 BOOLEAN。

　　　　2.　位元 BIT。

　　　　3.　字元 CHARACTER。

　　　　4.　整數 INTEGER。

　　　　5.　實數 REAL。

　　　　6.　時間 TIME。

　　　　7.　自然數 NATURAL。

　　　　8.　正數 POSITIVE。

　　　　9.　字串 STRING。

　　　　10.　位元向量 BIT_VECTOR。

3-3　　所謂位元向量 (bit_vector) 代表資料物件的電位含有兩個以上的位元 (bit)。

3-5　　於 VHDL 語言中，整數資料型態的機定值為 4Byte (32bit)，如果我們所使用的範圍
　　　　為 0～15 時 (佔用 4bit)，其宣告語法為 (假設名稱為 counter 的訊號)：
　　　　　　　signal counter : integer range 0 to 15;

3-7　　其代表意義為，資料物件的種類為訊號 (signal)，名稱為 data，而其資料型態為標
　　　　準邏輯 (std_logic)，也就是它的內部電位可以有下面 9 種：

　　　　1.　'U'　：初值未定。

　　　　2.　'X'　：不確定電位。

　　　　3.　'0'　：0 電位。

　　　　4.　'1'　：1 電位。

　　　　5.　'Z'　：高阻抗。

　　　　6.　'W'　：不確定的較弱電位。

　　　　7.　'L'　：較弱低電位。

8. 'H'：較弱高電位。

9. '—'：隨意電位。

3-9　用來表達正反器正緣變化的語法為 (假設時脈名稱為 CK)：

1. CK'event and CK = '1'

2. rising_edge (CK)

3-11　關係運算的符號有下面六種：

1. >　：大於

2. <　：小於

3. =　：等於

4. /=　：不等於

5. >=　：大於等於

6. <=　：小於等於

它們之間的優先順序皆相等，如果同時出現時則由左邊向右邊執行。

3-13　訊號 (signal) 的內容設定符號為 "<="；變數 (variable) 的內容設定符號為 ":="。

3-15　於 VHDL 語言中，表示二、八、十六進制的語法分別如下：

二進制：代表為 B 或 b，可以省略，如 "100" 或 '1'。

八進制：代表為 O 或 o，如 o"56" 或 O"7"。

十六進制：代表為 X 或 x，如 x"7A" 或 X"F"。

3-17　於 VHDL 語言中，資料物件的種類可以分成下面四種：

1. 常數 (constant)。

2. 訊號 (signal)。

3. 變數 (variable)。

4. 檔案 (file)。

chapter

4

Digital Logic Design

資料流敘述與組合電路

4-1 共時性與順序性

當電腦在執行高階語言時，它是由程式的最上面依順序 (sequential) 往下執行；用來合成出邏輯控制電路的 VHDL 程式就未必如此，那是因為邏輯電路依其特性可以分成：

1. 組合邏輯：共時性 (concurrent)。
2. 序向邏輯：順序性 (sequential)。

於組合邏輯電路中，訊號從輸入端加入時，此訊號就會以平行方式傳送到輸出端，在傳送過程並沒有順序產生，這種特性我們稱之為共時性 (concurrent)；因此用來描述組合邏輯電路的 VHDL 語言敘述就必須具備共時性描述的特性，也就是 "在程式中敘述放置的位置 (先後順序) 並不會影響到以後它們所合成的硬體電路"，其狀況請參閱下面兩組敘述：

敘述 A:　　　　　　　　　敘述 B:

```
X <= not A;              Y <= B and C;
Y <= B and C;            Z <= C xor D;
Z <= C xor D;            X <= not A;
```

於上面兩組敘述中可以發現到，程式的敘述內容皆相同，而其不同之處在於每個敘述的順序，兩組敘述經合成之後的硬體電路皆如下面所示：

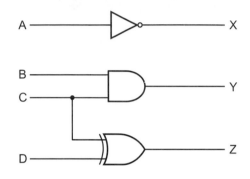

像這種具有 "敘述所放置的順序不會影響到合成之後的硬體架構" 的特性，我們稱之為共時性 (concurrent)，於 VHDL 語言中，用來描述組合邏輯電路的敘述大都具備這種特性，這些敘述我們稱之為資料流 (data flow) 的敘述。

於序向邏輯電路內，正反器 (flip flop) 的輸入訊號、重置訊號 (RESET)、預置訊號 (PRESET)、時脈訊號 (CLOCK) …等，它們彼此之間就存在著優先順序；輸入與輸出之間訊號的變化又與時脈控制有關，因此用來描述序向電路的 VHDL 語言敘述，除了必須具備順序性的特性之外，它還必須具有處理時脈控制的能力，具有上述這些特性的敘述我們稱之為行為模式 (behavior) 的敘述，它們的語法與特性我們會在第五章內詳細說明。

◉ 4-2　資料流 data flow 敘述

正如前面我們所討論的，用來描述組合邏輯的 VHDL 敘述大都具備共時性的特性，這些敘述我們稱之為資料流敘述，所謂的資料流敘述就是利用訊號指定 (assignment) 的方式來描述訊號在電路內的流動狀況，於 VHDL 語言中，用來指定訊號在控制電路內部流動的敘述可以區分成下面三大類：

1.　直接訊號指定　"<="。

2.　條件訊號指定　"when……else"。

3.　選擇訊號指定　"with……select……when"。

底下我們就詳細的來討論上述三種敘述的特性與用法。

🢒 4-3　直接訊號指定<=

所謂直接訊號指定就是將一個表示式處理後的結果指定給某一資料物件,其基本語法
如下:

> 資料物件 <= 表示式;

以硬體電路的觀點來講,表示式為輸入端,資料物件為輸出端,訊號的流向為從輸入
端經過電路後流向輸出端,底下我們就利用前面所討論有關 VHDL 語言套件 (package)
內所提供的各種邏輯運算,以布林代數的敘述方式來實現在數位電路內時常看到的邏
輯元件。

範例一	檔名:ORGATE_ACTIVE_HIGH_BOOLEAN
以布林代數指定方式,設計一個兩個輸入的 OR 閘 (以高態輸出為主)。	

1.　方塊圖:

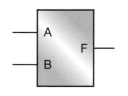

2.　真值表:

A	B	F
0	0	0
0	1	1
1	0	1
1	1	1

3.　布林代數 (直接取 1):

$$F = \overline{A}B + A\overline{B} + AB$$

原始程式 (source program):

```
1: -------------------------------
2: --　OR gate (high) boolean　--
3: -- Filename : ORGATE_HIGH.vhd --
4: -------------------------------
```

```
 5:
 6:  library IEEE;
 7:  use IEEE.STD_LOGIC_1164.ALL;
 8:  use IEEE.STD_LOGIC_ARITH.ALL;
 9:  use IEEE.STD_LOGIC_UNSIGNED.ALL;
10:
11:  entity ORGATE_HIGH is
12:      Port (A : in  STD_LOGIC;
13:            B : in  STD_LOGIC;
14:            F : out STD_LOGIC);
15:  end ORGATE_HIGH;
16:
17:  architecture Data_flow of ORGATE_HIGH is
18:
19:  begin
20:    F <= (not A and B) or
21:         (A and not B) or
22:         (A and B);
23:  end Data_flow;
```

重點說明：

1. 行號 1～4 為註解。

2. 行號 6～9 為程式所使用的套件程式庫 (詳細內容請參閱前面的敘述)。

3. 行號 11～15 為電路的外部接腳，它所代表的意義為：

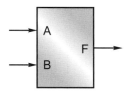

4. 行號 17～23 為程式架構的敘述區，其中行號 20～22 為將上述 OR 閘布林代數 (取 1) 轉換成 VHDL 語言的語法。

5. 於邏輯設計中我們學過，布林代數的陳述可以直接取 1，也可以取 0 再反相，本範例是以直接取 1 的方式來完成，當然我們也可以取 0 再反相來實現，其狀況如下：

$$F = \overline{\overline{A}\,\overline{B}}$$
$$= A + B$$

而其 VHDL 敘述方式請參閱本章後面自我練習與評量的練習題。此處要特別強調，由於系統是以建表及查表方式來實現控制電路，因此直接取 1 或取 0 再反相所對應布林代數的複雜度與電路在晶片的面積無關 (詳細討論請參閱前面的敘述)。

功能模擬 (function simulation)：

於上面功能模擬的波形中可以看出，兩個輸入接腳 a，b 中只要有一個為高電位 '1'，輸出端 f 就為高電位 '1'，其輸入與輸出電位之間的對應關係與 OR 閘的真值表完全相同，因此可以確定系統所合成的電路是正確的。

範例二	檔名：HALF_ADDER_BOOLEAN

以布林代數指定方式，設計一個 1 位元的半加器。

1. 動作狀況：　　　　　2. 方塊圖：　　　　　3. 真值表：

X	Y	S	C
0	0	0	0
0	1	1	0
1	0	1	0
1	1	0	1

4. 布林代數：

$$S = \overline{X}Y + X\overline{Y}$$

$$= X \oplus Y$$

$$C = XY$$

原始程式 (source program)：

```
 1: ------------------------------
 2: --   Half adder using boolean   --
 3: --   Filename : HALF_ADDER.vhd --
 4: ------------------------------
 5:
 6: library IEEE;
 7: use IEEE.STD_LOGIC_1164.ALL;
 8: use IEEE.STD_LOGIC_ARITH.ALL;
 9: use IEEE.STD_LOGIC_UNSIGNED.ALL;
10:
11: entity HALF_ADDER is
12:     Port (X : in  STD_LOGIC;
13:            Y : in  STD_LOGIC;
14:            S : out STD_LOGIC;
15:            C : out STD_LOGIC);
16: end HALF_ADDER;
17:
18: architecture Data_flow of HALF_ADDER is
19:
20: begin
21:   S <= X xor Y;
22:   C <= X and Y;
23: end Data_flow;
```

重點說明：

1. 行號 1～9 與前面相同。

2. 行號 11～16 為電路的外部接腳，它所代表的意義為：

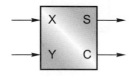

3. 行號 18～23 為程式架構的敘述區，其中行號 21～22 為將上述半加器布林代數
   轉換成 VHDL 語言的語法。

功能模擬 (function simulation)：

1 位元半加器相加電位

從上面功能模擬的輸入與輸出波形可以看出，它們的對應關係與半加器的真值表完全
相同，因此可以確定系統所合成的電路是正確的。

範例三　　檔名：COMPARACTOR_BOOLEAN

以布林代數指定方式，設計一個 1 位元的兩輸入比較器。

1. 方塊圖：　　　　　　2. 真值表：　　　　　　　　　　　　3. 布林代數：

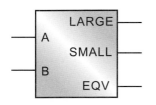

A	B	LARGE	SMALL	EQV
0	0	0	0	1
0	1	0	1	0
1	0	1	0	0
1	1	0	0	1

$$LARGE = A\overline{B}$$
$$SMALL = \overline{A}B$$
$$EQV = \overline{A}\,\overline{B} + AB$$

原始程式（source program）：

```
 1:  --------------------------------
 2:  --  Comparactor using boolean  --
 3:  -- Filename : COMPARACTOR.vhd --
 4:  --------------------------------
 5:
 6:  library IEEE;
 7:  use IEEE.STD_LOGIC_1164.ALL;
 8:  use IEEE.STD_LOGIC_ARITH.ALL;
 9:  use IEEE.STD_LOGIC_UNSIGNED.ALL;
10:
11:  entity COMPARACTOR is
12:      Port (A     : in  STD_LOGIC;
13:            B     : in  STD_LOGIC;
14:            LARGE : out STD_LOGIC;
15:            SMALL : out STD_LOGIC;
16:            EQV   : out STD_LOGIC);
17:  end COMPARACTOR;
18:
19:  architecture Data_flow of COMPARACTOR is
20:
21:  begin
22:    LARGE <= A and not B;
23:    SMALL <= not A and B;
24:    EQV   <= (not A and not B) or (A and B);
25:  end Data_flow;
```

重點說明：

程式結構與前面範例相似，請自行參閱。

功能模擬 (function simulation)：

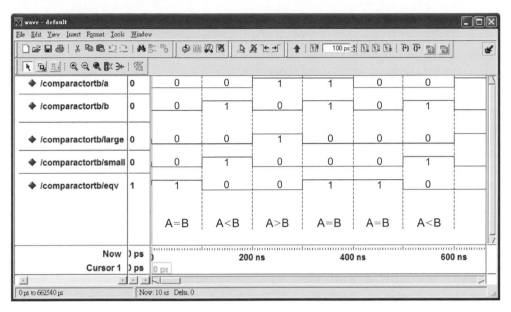

從上面功能模擬的輸入與輸出波形可以看出，它們的對應關係與比較器的真值表完全相同，因此可以確定系統所合成的電路是正確的。

範例四	檔名：DECODER2_4_ACTIVE_HIGH_BOOLEAN

以布林代數指定方式，設計一個 2 對 4 高態動作解碼器。

1. 方塊圖：

2. 真值表：

A	B	Y(0)	Y(1)	Y(2)	Y(3)
0	0	1	0	0	0
0	1	0	1	0	0
1	0	0	0	1	0
1	1	0	0	0	1

3. 布林代數：

$Y(0) = \overline{A}\,\overline{B}$

$Y(1) = \overline{A}B$

$Y(2) = A\overline{B}$

$Y(3) = AB$

原始程式 (source program)：

```
1: ---------------------------------------
2: --    2 to 4 decoder (active high)   --
3: --        using boolean algebra      --
4: --      Filename : DECODER_2_4.vhd   --
5: ---------------------------------------
```

```
 6:
 7: library IEEE;
 8: use IEEE.STD_LOGIC_1164.ALL;
 9: use IEEE.STD_LOGIC_ARITH.ALL;
10: use IEEE.STD_LOGIC_UNSIGNED.ALL;
11:
12: entity DECODER_2_4 is
13:     Port (A : in  STD_LOGIC;
14:            B : in  STD_LOGIC;
15:            Y : out STD_LOGIC_VECTOR(3 downto 0));
16: end DECODER_2_4;
17:
18: architecture Data_flow of DECODER_2_4 is
19:
20: begin
21:   Y(0) <= not A and not B;
22:   Y(1) <= not A and B;
23:   Y(2) <= A and not B;
24:   Y(3) <= A and B;
25: end Data_flow;
```

重點說明：

程式結構與前面範例相似，請自行參閱。

功能模擬 (function simulation)：

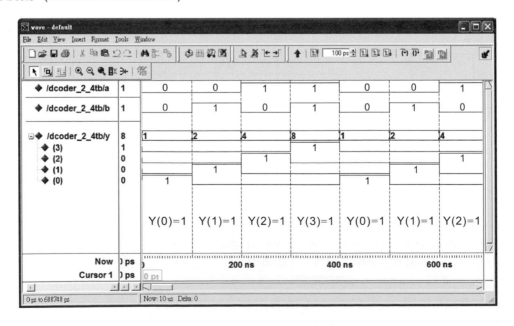

從上面功能模擬的輸入與輸出波形可以看出，它們的對應關係與 2 對 4 解碼器的真值表完全相同，因此可以確定系統所合成的電路是正確的。

綜合前面四個範例可以看出，當我們得知所要設計電路的真值表時，設計師可以用直接取 1 或取 0 再反相的方式找出他們對應的布林代數 (不須要化簡)，再以直接訊號指定符號 "<="，將布林代數轉換成 VHDL 的語法即可。

4-4　條件訊號指定 when…else…

條件訊號指定顧名思義，它是先判斷所設定的條件是否符合再來決定訊號是否要被指定，當所判斷的條件符合時，訊號才會被指定，不符合時就不會被指定，於 VHDL 語言中，條件訊號指定的方式可以分成下面兩種：

1. 單行敘述條件訊號指定。
2. 多行敘述條件訊號指定。

底下我們就詳細的來討論這兩種訊號指定方式的特性與用法。

單行敘述條件訊號指定

單行敘述條件訊號指定就是一種 2 選 1 的條件式訊號選擇方式，此種指定的基本語法如下：

> 訊號 Y <= 訊號 A when 條件 else 訊號 B;

它所代表的意義為，當 when 後面的條件敘述成立時，則將訊號 A 指定給訊號 Y，不成立則將訊號 B 指定給訊號 Y，如果我們以流程圖來表示時，其狀況如下：

當我們所要設計的控制電路具有 2 選 1 的特性時就可以使用本敘述來實現。

範例一	檔名：ANDGATE_BUS_WHEN_ELSE_SINGLE

以單行敘述條件訊號指定方式，設計一個 3 輸入的 AND 閘
(以輸入 A，B，C 串接 "&" 方式)。

---

1. 方塊圖：

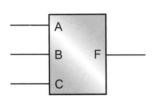

2. 真值表：

A	B	C	F
0	0	0	0
0	0	1	0
0	1	0	0
0	1	1	0
1	0	0	0
1	0	1	0
1	1	0	0
1	1	1	1

原始程式 (source program)：

```
 1: ----------------------------------------
 2: --    3 input and gate (BUS) using    --
 3: --      when else single statement    --
 4: --       Filename : ANDGATE_BUS.vhd    --
 5: ----------------------------------------
 6:
 7: library IEEE;
 8: use IEEE.STD_LOGIC_1164.ALL;
 9: use IEEE.STD_LOGIC_ARITH.ALL;
10: use IEEE.STD_LOGIC_UNSIGNED.ALL;
11:
12: entity ANDGATE_BUS is
13:     Port (A : in  STD_LOGIC;
14:            B : in  STD_LOGIC;
15:            C : in  STD_LOGIC;
16:            F : out STD_LOGIC);
17: end ANDGATE_BUS;
18:
```

```
19:   architecture Data_flow of ANDGATE_BUS is
20:     signal ABC : STD_LOGIC_VECTOR(2 downto 0);
21:   begin
22:     ABC <= A & B & C;
23:     F   <= '1' when ABC = "111" else '0';
24:   end Data_flow;
```

重點說明：

1.　行號 1～10 的功能與前面範例相同。

2.　行號 12～17 為電路的外部接腳，它所代表的意義為：

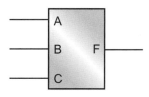

3.　行號 19～24 為程式架構的敘述區，為了方便行號 23 的敘述，我們在行號 22 內
　　將 AND 閘的三個輸入端串接起來，並以行號 20 所宣告的訊號 ABC 來代替 (如
　　果不想串接，請參閱本章後面自我練習與評量的練習題)，由於 AND 閘的特性為
　　當所有輸入端的電位皆為 '1' 時，其輸出端電位才為 '1'，否則輸出端為 '0'，
　　因此我們以單行敘述的條件設定來實現。

功能模擬 (function simulation)：

從上面功能模擬的輸入與輸出波形可以看出，它們的對應關係與 3 個輸入 AND 閘的真
值表完全相同，因此可以確定系統所合成的電路是正確的。

範例二	檔名：COMPARACTOR_WHEN_ELSE_SINGLE

以單行敘述條件訊號指定方式，設計一個 1 位元的兩輸入比較器。

1. 方塊圖：

2. 真值表：

A	B	LARGE	SMALL	EQV
0	0	0	0	1
0	1	0	1	0
1	0	1	0	0
1	1	0	0	1

原始程式 (source program)：

```
 1: ---------------------------------------
 2: --      2 bits comparactor using      --
 3: --    when else single statement      --
 4: --      Filename : COMPARACTOR.vhd     --
 5: ---------------------------------------
 6:
 7: library IEEE;
 8: use IEEE.STD_LOGIC_1164.ALL;
 9: use IEEE.STD_LOGIC_ARITH.ALL;
10: use IEEE.STD_LOGIC_UNSIGNED.ALL;
11:
12: entity COMPARACTOR is
13:     Port (A     : in  STD_LOGIC;
14:           B     : in  STD_LOGIC;
15:           LARGE : out STD_LOGIC;
16:           SMALL : out STD_LOGIC;
17:           EQV   : out STD_LOGIC);
18: end COMPARACTOR;
19:
20: architecture Data_flow of COMPARACTOR is
```

```
21:
22:  begin
23:     LARGE <= '1' when A > B else '0';
24:     SMALL <= '1' when A < B else '0';
25:     EQV   <= '1' when A = B else '0';
26:  end Data_flow;
```

重點說明：

程式結構十分簡單且容易閱讀，在此不作說明。

功能模擬 (function simulation)：

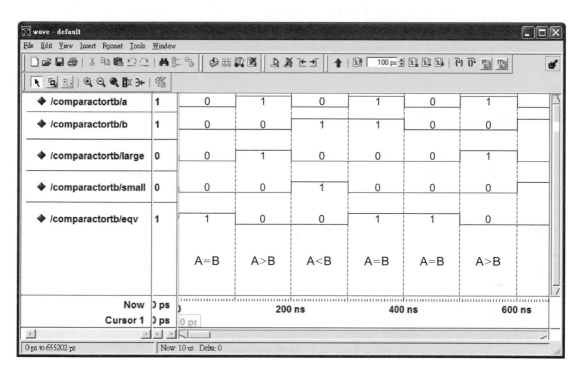

從上面功能模擬的輸入與輸出波形可以看出，它們的對應關係與兩個輸入比較器的真值表完全相同，因此可以確定系統所合成的電路是正確的。

範例三	檔名：MULTIPLEXER2_1_WHEN_ELSE_SINGLE
以單行敘述條件訊號指定方式，設計一個兩組 4 位元的 2 對 1 多工器。	

1. 方塊圖：

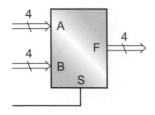

2. 真值表：

S	F
0	A
1	B

原始程式 (source program)：

```
 1: ---------------------------------------
 2: --     2 to 1 multiplexer using     --
 3: --     when else single statement   --
 4: -- Filename : MULTIPLEXER2_1.vhd     --
 5: ---------------------------------------
 6:
 7: library IEEE;
 8: use IEEE.STD_LOGIC_1164.ALL;
 9: use IEEE.STD_LOGIC_ARITH.ALL;
10: use IEEE.STD_LOGIC_UNSIGNED.ALL;
11:
12: entity MULTIPLEXER2_1 is
13:     Port (A : in  STD_LOGIC_VECTOR(3 downto 0);
14:            B : in  STD_LOGIC_VECTOR(3 downto 0);
15:            S : in  STD_LOGIC;
16:            F : out STD_LOGIC_VECTOR(3 downto 0));
17: end MULTIPLEXER2_1;
18:
19: architecture Data_flow of MULTIPLEXER2_1 is
20:
21: begin
22:   F <= A when S = '0' else B;
23: end Data_flow;
```

重點說明：

程式架構與前面範例相似，請自行參閱。

功能模擬 (function simulation)：

從上面功能模擬的輸入與輸出波形可以看出，它們的對應關係與兩組 4 位元 2 對 1 多工器的真值表完全相同，因此可以確定系統所合成的電路是正確的。

範例四	檔名：DEMULTIPLEXER1_2_WHEN_ELSE_SINGLE_1
以單行敘述條件訊號指定方式，設計一個 1 對 2 解多工器。	

1. 方塊圖：

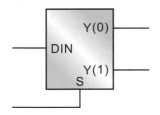

2. 真值表：

S	DIN	Y(0)	Y(1)
0	0	0	1
0	1	1	1
1	0	1	0
1	1	1	1

原始程式 (source program)：

```
1:  --------------------------------------
2:  --    1 to 2 demultiplexer using    --
3:  --    when else single statement    --
4:  -- Filename : DEMULTIPLEXER1_2.vhd --
5:  --------------------------------------
```

```
 6:
 7:   library IEEE;
 8:   use IEEE.STD_LOGIC_1164.ALL;
 9:   use IEEE.STD_LOGIC_ARITH.ALL;
10:   use IEEE.STD_LOGIC_UNSIGNED.ALL;
11:
12:   entity DEMULTIPLEXER1_2 is
13:       Port (DIN : in  STD_LOGIC;
14:             S   : in  STD_LOGIC;
15:             Y   : out STD_LOGIC_VECTOR(1 downto 0));
16:   end DEMULTIPLEXER1_2;
17:
18:   architecture Data_flow of DEMULTIPLEXER1_2 is
19:
20:   begin
21:     Y(0) <= DIN when S = '0' else '1';
22:     Y(1) <= DIN when S = '1' else '1';
23:   end Data_flow;
```

重點說明：

程式架構簡單且容易閱讀，在此不作說明。

功能模擬 (function simulation)：

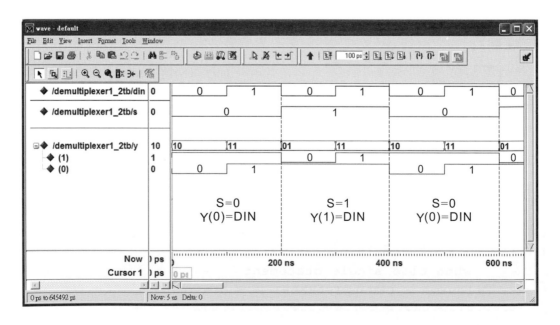

從上面功能模擬的輸入與輸出波形可以看出，它們的對應關係與 1 對 2 解多工器的真值表完全相同，因此可以確定系統所合成的電路是正確的。

多行敘述條件訊號指定

多行敘述條件訊號指定就是一種多重條件訊號選擇方式，也就是我們可以依照各種特定條件由上而下逐一的判斷，直到條件符合時才進行訊號的指定，其基本語法如下：

```
訊號 Y <= 訊號 A when 條件 1 else
          訊號 B when 條件 2 else
                    ⋮
          訊號 L when 條件 n else
          訊號 M;
```

它所代表的意義為：

　　當條件 1 成立時，將訊號 A 指定給訊號 Y，否則

　　當條件 2 成立時，將訊號 B 指定給訊號 Y，否則

　　　　　　　　　　　⋮

　　當條件 n 成立時，將訊號 L 指定給訊號 Y，否則

　　當上述條件皆不成立時，則將訊號 M 指定給訊號 Y。

如果我們以流程圖來表示時，其狀況如下：

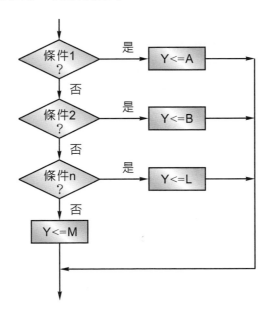

從上面的敘述可以知道，由於系統的判斷是由上而下，只要條件成立就執行指定的工作，一旦訊號指定完畢後就結束敘述的執行，因此它具有優先順序 (priority) 的特性，而其優先順序依次為條件 1、條件 2、……等，底下我們就列舉幾個範例來說明本敘述的特性與用法。

。範例一	檔名：PRIORITY_WHEN_ELSE_MULTIPLE

討論下面 VHDL 程式與合成後的電路，並進一步了解 "多行敘述條件訊號指定" 的優先順序特性。

原始程式 (source program)：

```
 1: --------------------------------------
 2: --           Priority test using      --
 3: --    when else multiple statement    --
 4: --          Filename : PRIORITY.vhd    --
 5: --------------------------------------
 6:
 7: library IEEE;
 8: use IEEE.STD_LOGIC_1164.ALL;
 9: use IEEE.STD_LOGIC_ARITH.ALL;
10: use IEEE.STD_LOGIC_UNSIGNED.ALL;
11:
12: entity PRIORITY is
13:     Port (A : in  STD_LOGIC;
14:           B : in  STD_LOGIC;
15:           C : in  STD_LOGIC;
16:           X : in  STD_LOGIC;
17:           Y : in  STD_LOGIC;
18:           F : out STD_LOGIC);
19: end PRIORITY;
20:
21: architecture Data_flow of PRIORITY is
22:
23: begin
24:   F <= A when X ='1' else
25:        B when Y ='1' else
26:        C;
27: end Data_flow;
```

功能模擬 (function simulation)：

合成電路：

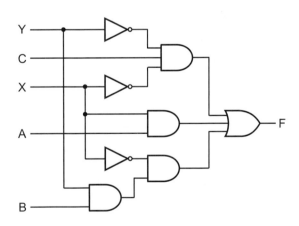

重點說明：

1. 行號 1～10 的功能與前面範例相同。

2. 行號 12～19 為電路的外部接腳，它所代表的意義為：

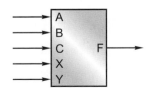

3. 行號 21～27 為程式架構的敘述，行號 24～26 為主要敘述。

4. 行號 24 所代表的意義為當 X 的輸入電位：

   (1) 為高電位 '1' 時，則將訊號 A 指定給訊號 F，合成後的硬體電路為 (優先順序最高)。

   (2) 不為高電位 '1' 時則往下判斷。

5. 行號 25 代表的意義為當 X 輸入電位不為 '1' 且 Y 輸入電位 (優先順序比 X 低)：

   (1) 為高電位 '1' 時，則將訊號 B 指定給 F，合成後的硬體電路為：

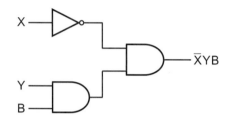

   (2) 不為高電位 '1' 時則往下判斷。

6. 行號 26 所代表的意義為當 X 與 Y 的輸入電位皆不為 '1' 時 (優先順序比 X，Y 還低)，則將訊號 C 指定給訊號 F，合成後的硬體電路為：

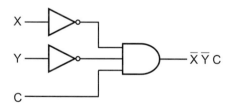

7. 於輸出端 F 的訊號為上述三種訊號的全部 (將它們以 OR 閘連接)，它們所對應的布林代數為：

$$F = XA + \overline{X}YB + \overline{X}\overline{Y}C$$

   因此整個電路即如前面合成電路所示。

8. 從前面功能模擬的輸入與輸出波形可以看出：

   (1) 只要 X 輸入電位為 '1' 時，輸出端 F = A。

   (2) 只要 X 輸入電位為 '0' 且 Y 輸入電位為 '1' 時，輸出端 F = B。

   (3) 只要 X 輸入電位為 '1' 且 Y 輸入電位為 '0' 時，輸出端 F = C。

控制電位的優先順序依次為 X，Y。

範例二	檔名：FULL_ADDER_WHEN_ELSE_MULTIPLE

以多行敘述條件訊號指定方式，設計一個 1 位元全加器 (以輸入 C0，X0，Y0 串接 "&" 方式)。

1.　動作狀況：　　　　2.　方塊圖：　　　　3.　真值表：

C0	X0	Y0	S0	C1
0	0	0	0	0
0	0	1	1	0
0	1	0	1	0
0	1	1	0	1
1	0	0	1	0
1	0	1	0	1
1	1	0	0	1
1	1	1	1	1

原始程式 (source program)：

```
 1: --------------------------------------
 2: --           Full adder using        --
 3: --      when else multiple statement  --
 4: --           Filename : FULL_ADDER.vhd  --
 5: --------------------------------------
 6:
 7: library IEEE;
 8: use IEEE.STD_LOGIC_1164.ALL;
 9: use IEEE.STD_LOGIC_ARITH.ALL;
10: use IEEE.STD_LOGIC_UNSIGNED.ALL;
11:
12: entity FULL_ADDER is
13:     Port (C0 : in  STD_LOGIC;
14:           X0 : in  STD_LOGIC;
15:           Y0 : in  STD_LOGIC;
16:           C1 : out STD_LOGIC;
17:           S0 : out STD_LOGIC);
18: end FULL_ADDER;
19:
20: architecture Data_flow of FULL_ADDER is
```

```
21:    signal C0X0Y0 : STD_LOGIC_VECTOR(2 downto 0);
22: begin
23:    C0X0Y0 <= C0 & X0 & Y0;
24:    S0 <= '1' when C0X0Y0 = "001" else
25:          '1' when C0X0Y0 = "010" else
26:          '1' when C0X0Y0 = "100" else
27:          '1' when C0X0Y0 = "111" else
28:          '0';
29:    C1 <= '1' when C0X0Y0 = "011" else
30:          '1' when C0X0Y0 = "101" else
31:          '1' when C0X0Y0 = "110" else
32:          '1' when C0X0Y0 = "111" else
33:          '0';
34: end Data_flow;
```

重點說明：

從全加器的真值表中可以發現到：

1. 當前面一級的進位 C0、被加數 X0，加數 Y0 的輸入電位分別為 "001"、"010"、
    "100"、"111" 時，和 S0 為高電位 '1'，其餘皆為 '0' (行號 24～28)。

2. 當前面一級的進位 C0、被加數 X0，加數 Y0 的輸入電位分別為 "011"、"101"、
    "110"、"111" 時，進位 C1 為高電位 '1'，其餘皆為 '0' (行號 29～33)。

功能模擬 (function simulation)：

從上面功能模擬的輸入與輸出波形可以看出，它們的對應關係與 1 位全加器的真值表完全相同，因此可以確定系統所合成的電路是正確的。

範例三	檔名：MULTIPLEXER4_1_WHEN_ELSE_MULTIPLE

以多行敘述條件訊號指定方式，設計一個 1 位元的 4 對 1 多工器。

1. 方塊圖：

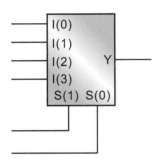

2. 真值表：

S(1)	S(0)	F
0	0	I(0)
0	1	I(1)
1	0	I(2)
1	1	I(3)

原始程式 (source program)：

```
 1: -------------------------------------
 2: --      4 to 1 multiplexer using     --
 3: --    when else multiple statement  --
 4: --    Filename : MULTIPLEXER4_1.vhd --
 5: -------------------------------------
 6:
 7: library IEEE;
 8: use IEEE.STD_LOGIC_1164.ALL;
 9: use IEEE.STD_LOGIC_ARITH.ALL;
10: use IEEE.STD_LOGIC_UNSIGNED.ALL;
11:
12: entity MULTIPLEXER4_1 is
13:     Port (S : in  STD_LOGIC_VECTOR(1 downto 0);
14:            I : in  STD_LOGIC_VECTOR(3 downto 0);
15:            Y : out STD_LOGIC);
16: end MULTIPLEXER4_1;
17:
18: architecture Data_flow of MULTIPLEXER4_1 is
19:
```

```
20:  begin
21:    Y <= I(0) when S = "00" else
22:         I(1) when S = "01" else
23:         I(2) when S = "10" else
24:         I(3);
25:  end Data_flow;
```

重點說明：

從 4 對 1 多工器的真值表中可以發現到：

1. 當選擇線 S = "00" 時，輸入端 Y 的電位為 I(0) (行號 21)。

2. 當選擇線 S = "01" 時，輸入端 Y 的電位為 I(1) (行號 22)。

3. 當選擇線 S = "10" 時，輸入端 Y 的電位為 I(2) (行號 23)。

4. 當選擇線 S = "11" 時，輸入端 Y 的電位為 I(3) (行號 24)。

功能模擬 (function simulation)：

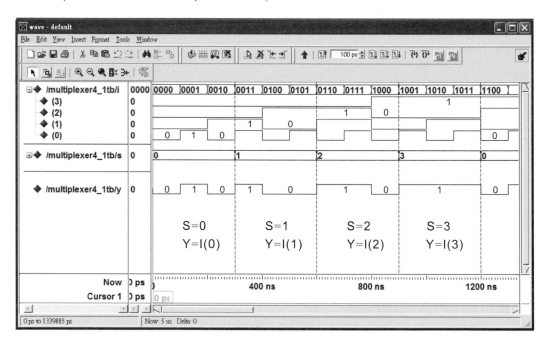

從上面功能模擬的輸入與輸出波形可以看出，它們的對應關係與 4 對 1 多工器的真值表完全相同，因此可以確定系統所合成的電路是正確的。

範例四	檔名：MULTIPLE_DECODER3_5_WHEN_ELSE_MULTIPLE

以多行敘述條件訊號指定方式，設計一個 3 對 5 低態動作多重解碼器
(以輸入 A，B，C 串接 "&" 方式)。

1. 方塊圖：

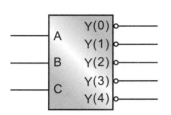

2. 真值表：

A	B	C	Y(4)	Y(3)	Y(2)	Y(1)	Y(0)
0	0	0	1	1	1	1	0
0	0	1	1	1	1	1	0
0	1	0	1	1	1	0	1
0	1	1	1	1	0	1	1
1	0	0	1	1	0	1	1
1	0	1	1	1	0	1	1
1	1	0	1	0	1	1	1
1	1	1	0	1	1	1	1

原始程式 (source program)：

```
 1: ------------------------------------------
 2: --   3 to 5 multiple address decoder    --
 3: -- using when else multiple statement   --
 4: -- Filename : MULTIPLE_DECODER_3_5.vhd   --
 5: ------------------------------------------
 6:
 7: library IEEE;
 8: use IEEE.STD_LOGIC_1164.ALL;
 9: use IEEE.STD_LOGIC_ARITH.ALL;
10: use IEEE.STD_LOGIC_UNSIGNED.ALL;
11:
12: entity MULTIPLE_DECODER_3_5 is
13:     Port (A : in  STD_LOGIC;
14:            B : in  STD_LOGIC;
15:            C : in  STD_LOGIC;
16:            Y : out STD_LOGIC_VECTOR(4 downto 0));
17: end MULTIPLE_DECODER_3_5;
18:
19: architecture Data_flow of MULTIPLE_DECODER_3_5 is
20:   signal ABC : STD_LOGIC_VECTOR(2 downto 0);
21: begin
```

```
22:    ABC <= A & B & C;
23:    Y    <= "11110" when ABC = o"0" or ABC = o"1" else
24:            "11101" when ABC = o"2" else
25:            "11011" when ABC = o"3" or ABC = o"4" or ABC = o"5" else
26:            "10111" when ABC = o"6" else
27:            "01111";
28:  end Data_flow;
```

重點說明：

從 3 對 5 低態動作多重解碼器的真值表中可以發現到：

1. 輸入解碼位址為 0 與 1 時，對應輸出 Y 的電位依次為 "11110" (行號 23)。

2. 輸入解碼位址為 2 時，對應輸出 Y 的電位依次為 "11101" (行號 24)。

3. 輸入解碼位址為 3、4、5 時，對應輸出 Y 的電位依次為 "11011" (行號 25)。

4. 輸入解碼位址為 6 時，對應輸出 Y 的電位依次為 "10111" (行號 26)。

5. 輸入解碼位址為 7 時，對應輸出 Y 的電位依次為 "01111" (行號 27)。

功能模擬 (function simulation)：

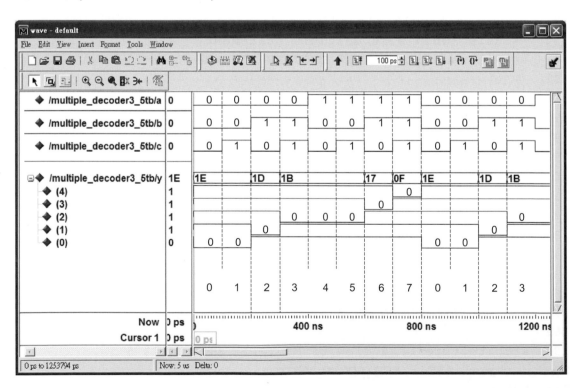

從上面功能模擬的輸入與輸出波形可以看出，它們的對應關係與 3 對 5 多重低態解碼器的真值表完全相同，因此可以確定系統所合成的電路是正確的。

範例五　檔名：BCD_SEVEN_SEGMENT_DECODER_WHEN_ELSE_MULTIPLE_CA

以多行敍述條件訊號指定方式，設計一個 BCD 碼對共陽極七段顯示（低態動作）解碼器。

1.　方塊圖：

2.　七段顯示器：

3.　真值表：

BCD(3)	BCD(2)	BCD(1)	BCD(0)	g	f	e	d	c	b	a	字型
0	0	0	0	1	0	0	0	0	0	0	0
0	0	0	1	1	1	1	1	0	0	1	1
0	0	1	0	0	1	0	0	1	0	0	2
0	0	1	1	0	1	1	0	0	0	0	3
0	1	0	0	0	0	1	1	0	0	1	4
0	1	0	1	0	0	1	0	0	1	0	5
0	1	1	0	0	0	0	0	0	1	0	6
0	1	1	1	1	1	1	1	0	0	0	7
1	0	0	0	0	0	0	0	0	0	0	8
1	0	0	1	0	0	1	0	0	0	0	9
1	0	1	0	1	1	1	1	1	1	1	
1	0	1	1	1	1	1	1	1	1	1	
1	1	0	0	1	1	1	1	1	1	1	
1	1	0	1	1	1	1	1	1	1	1	
1	1	1	0	1	1	1	1	1	1	1	
1	1	1	1	1	1	1	1	1	1	1	

原始程式 (source program)：

```
 1:  ------------------------------------------
 2:  --   BCD to seven segment decoder (CA)   --
 3:  -- using when else multiple statement     --
 4:  --    Filename : BCD_SEGMENT_DECODER.vhd  --
 5:  ------------------------------------------
 6:
 7:  library IEEE;
 8:  use IEEE.STD_LOGIC_1164.ALL;
 9:  use IEEE.STD_LOGIC_ARITH.ALL;
10:  use IEEE.STD_LOGIC_UNSIGNED.ALL;
11:
12:  entity BCD_SEGMENT_DECODER is
13:      Port (BCD     : in STD_LOGIC_VECTOR(3 downto 0);
14:            SEGMENT : out STD_LOGIC_VECTOR(6 downto 0));
15:  end BCD_SEGMENT_DECODER;
16:
17:  architecture Data_flow of BCD_SEGMENT_DECODER is
18:
19:  begin
20:    SEGMENT <= "1000000" when BCD = x"0" else
21:               "1111001" when BCD = x"1" else
22:               "0100100" when BCD = x"2" else
23:               "0110000" when BCD = x"3" else
24:               "0011001" when BCD = x"4" else
25:               "0010010" when BCD = x"5" else
26:               "0000010" when BCD = x"6" else
27:               "1111000" when BCD = x"7" else
28:               "0000000" when BCD = x"8" else
29:               "0010000" when BCD = x"9" else
30:               "1111111";
31:  end Data_flow;
```

重點說明：

程式結構只是將輸入端 0～9 的 BCD 碼依順序轉換成它們所對應，共陽極七段顯示器的字型而已 (A～F 則全部不顯示)，非常容易閱讀，在此不作說明。

功能模擬 (function simulation)：

從上面功能模擬的輸入與輸出波形可以看出，它們的對應關係與 BCD 碼對共陽極七段顯示解碼器的真值表完全相同，因此可以確定系統所合成的電路是正確的。

4-5　選擇訊號指定 with … select … when

選擇訊號指定顧名思義，它是以所選擇資料物件內容進行判斷，並執行符合條件的敘述，它的特性與 C 語言的 case 敘述十分相似，其基本語法如下：

```
with 選擇資料物件 select
    訊號 Z <= 訊號 A when 選擇物件的值為 P,
            訊號 B when 選擇物件的值為 Q,
                        ：
            訊號 M when 選擇物件的值為 Y,
            訊號 N when others;
```

1. 當選擇資料物件的值為 P 時，則將訊號 A 指定給訊號 Z。
2. 當選擇資料物件的值為 Q 時，則將訊號 B 指定給訊號 Z。
3. 持續並行處理上述判斷。
4. 當選擇資料物件的值不在上述範圍時，則將訊號 N 指定給 Z。

如果我們以流程圖來表示時，其狀況如下：

由上面流程圖的敘述可以知道，本敘述的特性：

1. 其判斷方式為並行方式，因此沒有優先順序。

2 由於沒有優先順序，因此所選擇物件的值 P、Q…Y 必須為互斥 (Exclusive) 也就是不可以重疊。

3. 其範圍判斷必須涵蓋所有的可能範圍，因此它必須配合保留字 "when others" 來包含剩下所有可能出現的值。

4. when 後面選擇物件的值可以為：

    (1) 一個固定值，如：

        when '0' ; when o"25" ;

        when x"8" ; when 5 ;

    (2) 兩個以上的固定值，但必須以符號 "|" 隔開，如：

        when "0100" | "0111" ;

        when 3 | 6 | 8 ;

    (3) 一個區間值，如：

        when 3 to 5 ;

    (4) 關係運算，如：

        when > 5 ;

        when <= 8 ;

底下我們就列舉幾個範例來說明本敘述的特性與用法。

範例一 | 檔名：DEMULTIPLEXER1_4_WITH_SELECT_WHEN

以選擇訊號指定方式，設計一個 1 對 4 解多工器 (以輸出 Y 串接 "&" 方式)。

1. 方塊圖：

2. 真值表：

S(1)	S(0)	Y(3)	Y(2)	Y(1)	Y(0)
0	0	1	1	1	DIN
0	1	1	1	DIN	1
1	0	1	DIN	1	1
1	1	DIN	1	1	1

原始程式 (source program)：

```
 1: ---------------------------------------
 2: --    1 to 4 demultiplexer using    --
 3: --    with select when statement    --
 4: -- Filename : DEMULTIPLEXER1_4.vhd --
 5: ---------------------------------------
 6:
 7: library IEEE;
 8: use IEEE.STD_LOGIC_1164.ALL;
 9: use IEEE.STD_LOGIC_ARITH.ALL;
10: use IEEE.STD_LOGIC_UNSIGNED.ALL;
11:
12: entity DEMULTIPLEXER1_4 is
13:     Port (DIN : in  STD_LOGIC;
14:           S   : in  STD_LOGIC_VECOTR(1 downto 0);
15:           Y   : out STD_LOGIC_VECTOR(3 downto 0));
16: end DEMULTIPLEXER1_4;
17:
18: architecture Data_flow of DEMULTIPLEXER1_4 is
19:
20: begin
21:   with S select
22:     Y <= "111" & DIN       when "00",
23:          "11" & DIN & '1' when "01",
24:          '1' & DIN & "11" when "10",
25:          DIN & "111" when others;
26: end Data_flow;
```

重點說明：

從 1 對 4 解多工器的真值表中可以發現到：

1.　當選擇輸入訊號 S = "00" 時，輸出端 Y 的電位依序為 "111DIN" (行號 22)。

2.　當選擇輸入訊號 S = "01" 時，輸出端 Y 的電位依序為 "11DIN1" (行號 23)。

3.　當選擇輸入訊號 S = "10" 時，輸出端 Y 的電位依序為 "1DIN11" (行號 24)。

4.　當選擇輸入訊號 S = "11" 時，輸出端 Y 的電位依序為 "DIN111" (行號 25)。

功能模擬 (function simulation)：

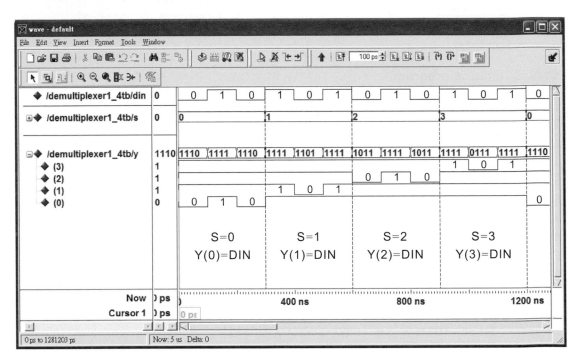

從上面功能模擬的輸入與輸出波形可以看出，它們的對應關係與 1 對 4 解多工器的真值表完全相同，因此可以確定系統所合成的電路是正確的。

範例二	檔名：MULTIPLE_DECODER3_5_WITH_SELECT_WHEN
以選擇訊號指定方式，設計一個 3 對 5 低態動作的多重解碼器 (以輸入 A，B，C 串接 "&" 方式)。	

1.　方塊圖：

2.　真值表：

A B C	Y(4)	Y(3)	Y(2)	Y(1)	Y(0)
0 0 0	1	1	1	1	0
0 0 1	1	1	1	1	0
0 1 0	1	1	1	0	1
0 1 1	1	1	0	1	1
1 0 0	1	1	0	1	1
1 0 1	1	1	0	1	1
1 1 0	1	0	1	1	1
1 1 1	0	1	1	1	1

原始程式 (source program)：

```
 1:  -------------------------------------------
 2:  --      3 to 5 multiple address decoder   --
 3:  --    using with select when statement    --
 4:  --  Filename : MULTIPLE_DECODER_3_5.vhd --
 5:  -------------------------------------------
 6:
 7:  library IEEE;
 8:  use IEEE.STD_LOGIC_1164.ALL;
 9:  use IEEE.STD_LOGIC_ARITH.ALL;
10:  use IEEE.STD_LOGIC_UNSIGNED.ALL;
11:
12:  entity MULTIPLE_DCODER_3_5 is
13:      Port (A : in  STD_LOGIC;
14:            B : in  STD_LOGIC;
15:            C : in  STD_LOGIC;
16:            Y : out STD_LOGIC_VECTOR(4 downto 0));
17:  end MULTIPLE_DCODER_3_5;
18:
19:  architecture Data_flow of MULTIPLE_DCODER_3_5 is
20:    signal ABC : STD_LOGIC_VECTOR(2 downto 0);
21:  begin
22:    ABC <= A & B & C;
23:    with ABC select
24:      Y <= "11110" when o"0" | o"1",
25:           "11101" when o"2",
26:           "11011" when o"3" | o"4" | o"5",
```

```
27:           "10111" when o"6",
28:           "01111" when others;
29:  end Data_flow;
```

重點說明：

從 3 對 5 低態動作多重解碼器的真值表中可以發現到：

1. 輸入解碼位址為 0 與 1 時，對應輸出 Y 的電位依次為 "11110" (行號 24)。
2. 輸入解碼位址為 2 時，對應輸出 Y 的電位依次為 "11101" (行號 25)。
3. 輸入解碼位址為 3、4、5 時，對應輸出 Y 的電位依次為 "11011" (行號 26)。
4. 輸入解碼位址為 6 時，對應輸出 Y 的電位依次為 "10111" (行號 27)。
5. 輸入解碼位址為 7 時，對應輸出 Y 的電位依次為 "01111" (行號 28)。

功能模擬 (function simulation)：

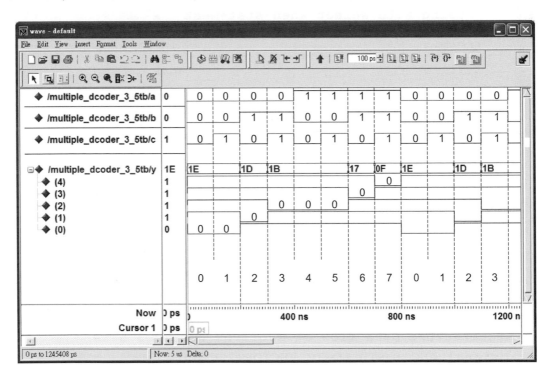

從上面功能模擬的輸入與輸出波形可以看出，它們的對應關係與 3 對 5 低態動作多重解碼器的真值表完全相同，因此可以確定系統所合成的電路是正確的。

範例三	檔名：BCD_SEVEN_SEGMENT_DECODER_WITH_SELECT_WHEN_CA

以選擇訊號指定方式，設計一個 BCD 碼對共陽極七段顯示 (低態動作) 解碼器。

1. 方塊圖：

2. 七段顯示器：

3. 真值表：

BCD(3)	BCD(2)	BCD(1)	BCD(0)	g	f	e	d	c	b	a	字型
0	0	0	0	1	0	0	0	0	0	0	0
0	0	0	1	1	1	1	1	0	0	1	1
0	0	1	0	0	1	0	0	1	0	0	2
0	0	1	1	0	1	1	0	0	0	0	3
0	1	0	0	0	0	1	1	0	0	1	4
0	1	0	1	0	0	1	0	0	1	0	5
0	1	1	0	0	0	0	0	0	1	0	6
0	1	1	1	1	1	1	1	0	0	0	7
1	0	0	0	0	0	0	0	0	0	0	8
1	0	0	1	0	0	1	0	0	0	0	9
1	0	1	0	1	1	1	1	1	1	1	
1	0	1	1	1	1	1	1	1	1	1	
1	1	0	0	1	1	1	1	1	1	1	
1	1	0	1	1	1	1	1	1	1	1	
1	1	1	0	1	1	1	1	1	1	1	
1	1	1	1	1	1	1	1	1	1	1	

原始程式 (source program)：

```
1:  ---------------------------------------------
2:  --     BCD to seven segment decoder (CA)  --
3:  --     using with select when statement   --
4:  --     Filename : BCD_SEGMENT_DECODER.vhd --
5:  ---------------------------------------------
6:
7:  library IEEE;
```

```vhdl
 8:  use IEEE.STD_LOGIC_1164.ALL;
 9:  use IEEE.STD_LOGIC_ARITH.ALL;
10:  use IEEE.STD_LOGIC_UNSIGNED.ALL;
11:
12:  entity BCD_SEGMENT_DECODER is
13:      Port (BCD       : in  STD_LOGIC_VECTOR(3 downto 0);
14:            SEGMENT : out STD_LOGIC_VECTOR(6 downto 0));
15:  end BCD_SEGMENT_DECODER;
16:
17:  architecture Data_flow of BCD_SEGMENT_DECODER is
18:
19:  begin
20:    with BCD select
21:      SEGMENT <= "1000000" when x"0",
22:                 "1111001" when x"1",
23:                 "0100100" when x"2",
24:                 "0110000" when x"3",
25:                 "0011001" when x"4",
26:                 "0010010" when x"5",
27:                 "0000010" when x"6",
28:                 "1111000" when x"7",
29:                 "0000000" when x"8",
30:                 "0010000" when x"9",
31:                 "1111111" when others;
32:  end Data_flow;
```

重點說明：

程式結構極為簡單且容易閱讀，在此不作說明。

功能模擬 (function simulation)：

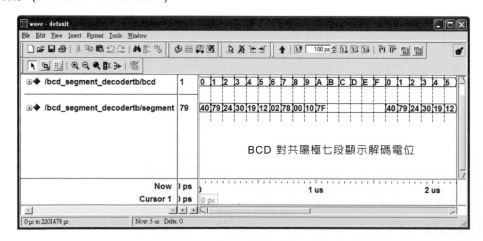

BCD 對共陽極七段顯示解碼電位

從上面功能模擬的輸入與輸出波形可以看出，它們的對應關係與 BCD 碼對共陽極七段顯示解碼器的真值表完全相同，因此可以確定系統所合成的電路是正確的。

範例四　檔名：ENCODER4_2_WITH_SELECT_WHEN

以選擇訊號指定方式，設計一個具有三態的 4 對 2 編碼器。

---

1. 方塊圖：

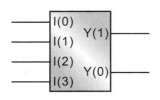

2. 真值表：

I(3)	I(2)	I(1)	I(0)	Y(1)	Y(0)
0	0	0	1	0	0
0	0	1	0	0	1
0	1	0	0	1	0
1	0	0	0	1	1
其餘狀態				Z	Z

原始程式 (source program)：

```
 1: ---------------------------------
 2: --     4 to 2 encoder using     --
 3: -- with select when statement --
 4: --   Filename : ENCODER4_2.vhd --
 5: ---------------------------------
 6:
 7: library IEEE;
 8: use IEEE.STD_LOGIC_1164.ALL;
 9: use IEEE.STD_LOGIC_ARITH.ALL;
10: use IEEE.STD_LOGIC_UNSIGNED.ALL;
11:
12: entity ENCODER4_2 is
13:     Port (I : in  STD_LOGIC_VECTOR(3 downto 0);
14:           Y : out STD_LOGIC_VECTOR(1 downto 0));
15: end ENCODER4_2;
16:
17: architecture Data_flow of ENCODER4_2 is
18:
19: begin
20:   with I select
21:     Y <= "00" when "0001",
```

```
22:            "01" when "0010",
23:            "10" when "0100",
24:            "11" when "1000",
25:            "ZZ" when others;
26:  end Data_flow;
```

重點說明：

從具有三態的 4 對 2 編碼器的真值表中可以發現：

1. 當輸入端 I 的電位為 "0001" 時，編碼後的輸出 Y 電位為 "00" (行號 21)。

2. 當輸入端 I 的電位為 "0010" 時，編碼後的輸出 Y 電位為 "01" (行號 22)。

3. 當輸入端 I 的電位為 "0100" 時，編碼後的輸出 Y 電位為 "10" (行號 23)。

4. 當輸入端 I 的電位為 "1000" 時，編碼後的輸出 Y 電位為 "11" (行號 24)。

5. 當輸入端 I 的電位不為上述電位時，編碼後的輸出 Y 電位為高阻抗 "ZZ" (行號 25)，注意！Z 必須符合當初定義的大寫 (參閱前面的敘述)。

功能模擬 (function simulation)：

從上面功能模擬的輸入與輸出波形可以看出，它們的對應關係與具有三態輸出 4 對 2 編碼器的真值表完全相同，因此可以確定系統所合成的電路是正確的。

4-6　結論

從本章的範例中可以發現到，同樣一個邏輯控制電路，我們可以用各種 VHDL 的敘述來描述，而其描述雖然有長有短，但經過系統合成之後它所佔用的晶片面積是相同的，也就是於硬體描述語言的系統中，程式敘述的長短與合成後電路所佔用晶片面積的大小未必是正相關，為什麼會這樣？請參閱前面的敘述後再努力思考一下。

✔ 第四章　自我練習與評量

4-1　以布林代數指定方式，設計一個兩個輸入的 OR 閘 (以低態輸出為主)，其方塊圖及真值表如下：

1.　方塊圖：

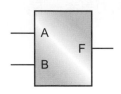

2.　真值表：

A	B	F
0	0	0
0	1	1
1	0	1
1	1	1

4-2　以布林代數指定方式，設計一個 1 位元的全加器，其動作狀況、方塊圖、真值表如下：

1.　動作狀況：

$$
\begin{array}{r}
C0 \\
X0 \\
+\quad Y0 \\
\hline
C1\ \ S0
\end{array}
$$

2.　方塊圖：

3.　真值表：

C0	X0	Y0	S0	C1
0	0	0	0	0
0	0	1	1	0
0	1	0	1	0
0	1	1	0	1
1	0	0	1	0
1	0	1	0	1
1	1	0	0	1
1	1	1	1	1

4-3　以布林代數指定方式，設計一個 1 位元的 2 對 1 多工器 (以高電位輸出為主)，其方塊圖及真值表如下：

1.　方塊圖：

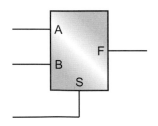

2.　真值表：

S	A	B	F
0	0	0	0
0	0	1	0
0	1	0	1
0	1	1	1
1	0	0	0
1	0	1	1
1	1	0	0
1	1	1	1

4-4　以單行敘述條件訊號指定方式，設計一個低態動作 2 對 4 解碼器 (以輸入端 A，B 串接 "&" 方式)，其方塊圖及真值表如下：

1.　方塊圖

2.　真值表：

A	B	Y(0)	Y(1)	Y(2)	Y(3)
0	0	0	1	1	1
0	1	1	0	1	1
1	0	1	1	0	1
1	1	1	1	1	0

4-5　以單行敘述條件訊號指定方式，設計一個 3 輸入的 AND 閘，其方塊圖及真值表如下：

1.　方塊圖：

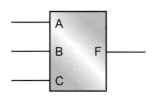

2.　真值表：

A	B	C	F
0	0	0	0
0	0	1	0
0	1	0	0
0	1	1	0
1	0	0	0
1	0	1	0
1	1	0	0
1	1	1	1

4-6　以單行敘述條件訊號指定方式，設計一個 1 對 2 解多工器 (以輸出端 Y 串接 "&" 方式)，其方塊圖及真值表如下：

1.　方塊圖：

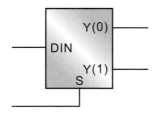

2.　真值表：

S	DIN	Y(0)	Y(1)
0	0	0	1
0	1	1	1
1	0	1	0
1	1	1	1

4-7　以多行敘述條件訊號指定方式，設計一個 1 位元半加器 (以輸入端 X，Y 串接 "&"
　　　方式)，其動作狀況、方塊圖、真值表如下：

1.　動作狀況：　　　　　2.　方塊圖：　　　　　　　3.　真值表：

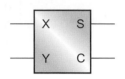

X	Y	S	C
0	0	0	0
0	1	1	0
1	0	1	0
1	1	0	1

4-8　以多行敘述條件訊號指定方式，設計一個 2 對 4 低態動作解碼器 (以輸入端 A，B
　　　串接 "&" 方式)，其方塊圖及真值表如下：

1.　方塊圖：　　　　　　　　　　　　　2.　真值表：

A	B	Y(3)	Y(2)	Y(1)	Y(0)
0	0	1	1	1	0
0	1	1	1	0	1
1	0	1	0	1	1
1	1	0	1	1	1

4-9　以多行敘述條件訊號指定方式，設計一個 1 位元的 2 對 1 多工器 (以輸入端 S，A，
　　　B 串接 "&" 方式)，其方塊圖及真值表如下：

1.　方塊圖：　　　　　　　　　　　　　2.　真值表：

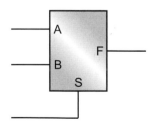

S	A	B	F
0	0	0	0
0	0	1	0
0	1	0	1
0	1	1	1
1	0	0	0
1	0	1	1
1	1	0	0
1	1	1	1

4-10　以多行敘述條件訊號指定方式，設計一個 1 位元的兩輸入比較器 (以輸出端串接
　　　"&" 方式)，其方塊圖及真值表如下：

1.　方塊圖：

2.　真值表：

A	B	LARGE	EQV	SMALL
0	0	0	1	0
0	1	0	0	1
1	0	1	0	0
1	1	0	1	0

4-11　以多行敘述條件訊號指定方式，設計一個 1 對 4 解多工器 (以輸出端 Y 串接 "&"
　　　方式)，其方塊圖及真值表如下：

1.　方塊圖：

2.　真值表：

S(1)	S(0)	Y(3)	Y(2)	Y(1)	Y(0)
0	0	1	1	1	DIN
0	1	1	1	DIN	1
1	0	1	DIN	1	1
1	1	DIN	1	1	1

4-12　以多行敘述條件訊號指定方式，設計一個具有三態輸出的 4 對 2 編碼器，其方塊圖
　　　及真值表如下：

1.　方塊圖：

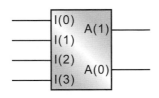

2.　真值表：

I(3)	I(2)	I(1)	I(0)	A(1)	A(0)
0	0	0	1	0	0
0	0	1	0	0	1
0	1	0	0	1	0
1	0	0	0	1	1
其餘狀態				Z	Z

4-13　以選擇訊號指定方式，設計一個 1 位元的半加器 (以輸入端 X，Y 串接 "&" 方式)，
　　　其動作狀況、方塊圖、真值表如下：

　1. 動作狀況：　　　　2. 方塊圖：　　　　3. 真值表：

$$\begin{array}{r} X \\ +\ Y \\ \hline C\ \ S \end{array}$$

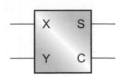

X	Y	S	C
0	0	0	0
0	1	1	0
1	0	1	0
1	1	0	1

4-14　以選擇訊號指定方式，設計一個 1 位元的全加器 (以輸入端 C0，X0，Y0 串接 "&"
　　　方式)，其動作狀況、方塊圖、真值表如下：

　1. 動作狀況：　　　　2. 方塊圖：　　　　3. 真值表：

$$\begin{array}{r} C0 \\ X0 \\ +\ Y0 \\ \hline C1\ \ S0 \end{array}$$

C0	X0	Y0	S0	C1
0	0	0	0	0
0	0	1	1	0
0	1	0	1	0
0	1	1	0	1
1	0	0	1	0
1	0	1	0	1
1	1	0	0	1
1	1	1	1	1

4-15　以選擇訊號指定方式，設計一個高態動作 2 對 4 解碼器 (以輸入端 A，B 串接 "&"
　　　方式)，其方塊圖及真值表如下：

　1. 方塊圖：　　　　　　　　　　2. 真值表：

A	B	Y(3)	Y(2)	Y(1)	Y(0)
0	0	0	0	0	1
0	1	0	0	1	0
1	0	0	1	0	0
1	1	1	0	0	0

4-16　以選擇訊號指定方式，設計一個 1 位元的 2 對 1 多工器，其方塊圖及真值表如下：

1.　方塊圖：

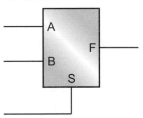

2.　真值表：

S	F
0	A
1	B

4-17　以選擇訊號指定方式，設計一個 1 位元的 4 對 1 多工器，其方塊圖及真值表如下：

1.　方塊圖：

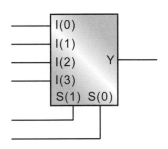

2.　真值表：

S(1)	S(0)	Y
0	0	I(0)
0	1	I(1)
1	0	I(2)
1	1	I(3)

4-18　以選擇訊號指定方式，設計一個 1 對 2 解多工器 (以輸出端 Y 串接 "&" 方式)，其方塊圖及真值表如下：

1.　方塊圖：

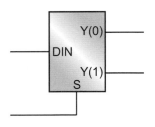

2.　真值表：

S	DIN	Y(1)	Y(0)
0	0	1	0
0	1	1	1
1	0	0	1
1	1	1	1

4-19 以選擇訊號指定方式，設計一個 1 位元的兩輸入比較器 (以輸入端 A，B 和輸出端串接 "&" 方式)，其方塊圖及真值表如下：

1. 方塊圖：

2. 真值表：

A	B	LARGE	EQV	SMALL
0	0	0	1	0
0	1	0	0	1
1	0	1	0	0
1	1	0	1	0

第四章　自我練習與評量解答

4-1　其布林代數 (取 0 再反相) 為：

$$F = \overline{\overline{A}\,\overline{B}}$$

原始程式 (source program)：

```
 1: ---------------------------------
 2: --      OR gate (low) Boolean    --
 3: --   Filename : ORGATE_LOW.vhd --
 4: ---------------------------------
 5:
 6: library IEEE;
 7: use IEEE.STD_LOGIC_1164.ALL;
 8: use IEEE.STD_LOGIC_ARITH.ALL;
 9: use IEEE.STD_LOGIC_UNSIGNED.ALL;
10:
11: entity ORGATE_LOW is
12:     Port (A : in  STD_LOGIC;
13:            B : in  STD_LOGIC;
14:            F : out STD_LOGIC);
15: end ORGATE_LOW;
16:
17: architecture Data_flow of ORGATE_LOW is
18:
19: begin
20:   F <= not(not A and not B);
21: end Data_flow;
```

功能模擬 (function simulation)：

4-3   其布林代數為：

$$F = \overline{S}\,\overline{A}\,\overline{B} + \overline{S}AB + S\overline{A}B + SAB$$

原式程式 (source program)：

```
 1: -----------------------------------
 2: --  2 to 1 Multiplexer boolean    --
 3: -- Filename : MULTIPLEXER2_1.vhd --
 4: -----------------------------------
 5:
 6: library IEEE;
 7: use IEEE.STD_LOGIC_1164.ALL;
 8: use IEEE.STD_LOGIC_ARITH.ALL;
 9: use IEEE.STD_LOGIC_UNSIGNED.ALL;
10:
11: entity MULTIPLEXER2_1 is
12:       Port (A : in  STD_LOGIC;
13:              B : in  STD_LOGIC;
14:              S : in  STD_LOGIC;
15:              F : out STD_LOGIC);
16: end MULTIPLEXER2_1;
17:
18: architecture Data_flow of MULTIPLEXER2_1 is
19:
```

```
20:  begin
21:    F <= (not S and      A and not B) or
22:         (not S and      A and     B) or
23:         (    S and not A and     B) or
24:         (    S and      A and     B);
25:  end Data_flow;
```

功能模擬 (function simulation)：

4-5　原始程式的內容如下：

```
 1:  --------------------------------
 2:  --    3 input and gate using    --
 3:  -- when else single statement --
 4:  --     Filename : ANDGATE.vhd   --
 5:  --------------------------------
 6:
 7:  library IEEE;
 8:  use IEEE.STD_LOGIC_1164.ALL;
 9:  use IEEE.STD_LOGIC_ARITH.ALL;
10:  use IEEE.STD_LOGIC_UNSIGNED.ALL;
11:
12:  entity ANDGATE is
```

```
13:        Port (A : in  STD_LOGIC;
14:              B : in  STD_LOGIC;
15:              C : in  STD_LOGIC;
16:              F : out STD_LOGIC);
17: end ANDGATE;
18:
19: architecture Data_flow of ANDGATE is
20:
21: begin
22:   F <= '1' when (A = '1' and B = '1' and C = '1') else '0';
23: end Data_flow;
```

功能模擬 (function simulation)：

4-7　原始程式的內容如下：

```
1: ---------------------------------------
2: --         Half adder using          --
3: --   when else multiple statement     --
4: --      Filename : HALF_ADDER.vhd      --
5: ---------------------------------------
6:
7: library IEEE;
```

```
 8:  use IEEE.STD_LOGIC_1164.ALL;
 9:  use IEEE.STD_LOGIC_ARITH.ALL;
10:  use IEEE.STD_LOGIC_UNSIGNED.ALL;
11:
12:  entity HALF_ADDER is
13:       Port (X : in  STD_LOGIC;
14:             Y : in  STD_LOGIC;
15:             S : out STD_LOGIC;
16:             C : out STD_LOGIC);
17:  end HALF_ADDER;
18:
19:  architecture Data_flow of HALF_ADDER is
20:    signal XY : STD_LOGIC_VECTOR(1 downto 0);
21:  begin
22:    XY <= X & Y;
23:    S  <= '1' when XY = "01" else
24:          '1' when XY = "10" else
25:          '0';
26:    C  <= '1' when XY = "11" else '0';
27:  end Data_flow;
```

功能模擬 (function simulation)：

1 位元半加器相加電位

░░░░░░

4-9　　原始程式的內容如下：

```
 1: ----------------------------------------
 2: --      2 to 1 multiplexer using      --
 3: --    when else multiple statement    --
 4: --  Filename : MULTIPLEXER2_1.vhd      --
 5: ----------------------------------------
 6:
 7: library IEEE;
 8: use IEEE.STD_LOGIC_1164.ALL;
 9: use IEEE.STD_LOGIC_ARITH.ALL;
10: use IEEE.STD_LOGIC_UNSIGNED.ALL;
11:
12: entity MULTIPLEXER2_1 is
13:     Port (A : in  STD_LOGIC;
14:            B : in  STD_LOGIC;
15:            S : in  STD_LOGIC;
16:            F : out STD_LOGIC);
17: end MULTIPLEXER2_1;
18:
19: architecture Data_flow of MULTIPLEXER2_1 is
20:   signal SAB : STD_LOGIC_VECTOR(2 downto 0);
21: begin
22:   SAB <= S & A & B;
23:   F   <= '0' when SAB = "000" else
24:          '0' when SAB = "001" else
25:          '0' when SAB = "100" else
26:          '0' when SAB = "110" else
27:          '1';
28: end Data_flow;
```

功能模擬 (function simulation)：

4-11　原始程式的內容如下：

```
 1: ---------------------------------------
 2: --    1 to 4 demultiplexer using    --
 3: --   when else multiple statement   --
 4: -- Filename : DEMULTIPLEXER1_4.vhd --
 5: ---------------------------------------
 6:
 7: library IEEE;
 8: use IEEE.STD_LOGIC_1164.ALL;
 9: use IEEE.STD_LOGIC_ARITH.ALL;
10: use IEEE.STD_LOGIC_UNSIGNED.ALL;
11:
12: entity DEMULTIPLEXER1_4 is
13:     Port (DIN : in  STD_LOGIC;
14:            S   : in  STD_LOGIC_VECTOR(1 downto 0);
15:            Y   : out STD_LOGIC_VECTOR(3 downto 0));
16: end DEMULTIPLEXER1_4;
17:
18: architecture Data_flow of DEMULTIPLEXER1_4 is
19: begin
20:   Y <= "111" & DIN      when S = "00" else
```

```
21:          "11" & DIN & '1' when S = "01" else
22:          '1' & DIN & "11" when S = "10" else
23:          DIN & "111";
24: end Data_flow;
```

功能模擬 (function simulation)：

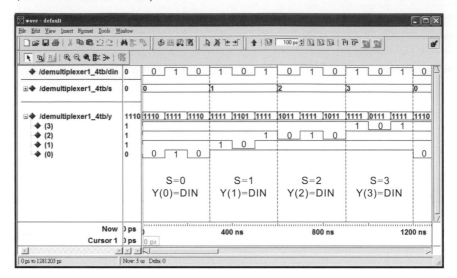

4-13 原始程式的內容如下：

```
 1: --------------------------------
 2: --       Half adder using      --
 3: -- with select when statement  --
 4: -- Filename : HALF_ADDER.vhd    --
 5: --------------------------------
 6:
 7: library IEEE;
 8: use IEEE.STD_LOGIC_1164.ALL;
 9: use IEEE.STD_LOGIC_ARITH.ALL;
10: use IEEE.STD_LOGIC_UNSIGNED.ALL;
11:
12: entity HALF_ADDER is
13:     Port (X : in  STD_LOGIC;
14:            Y : in  STD_LOGIC;
15:            S : out STD_LOGIC;
16:            C : out STD_LOGIC);
```

```
17:   end HALF_ADDER;
18:
19:   architecture Data_flow of HALF_ADDER is
20:     signal XY : STD_LOGIC_VECTOR(1 downto 0);
21:   begin
22:     XY  <= X & Y;
23:     with XY select
24:       S <= '1' when "01",
25:            '1' when "10",
26:            '0' when others;
27:     with XY select
28:       C <= '1' when "11",
29:            '0' when others;
30:   end Data_flow;
```

功能模擬 (function simulation)：

4-15　原始程式的內容如下：

```
1:   --------------------------------
2:   -- 2 to 4 decoder(high) using --
3:   -- with select when statement --
```

```
 4:  -- Filename : DECODER_2_4.vhd --
 5:  --------------------------------
 6:
 7:  library IEEE;
 8:  use IEEE.STD_LOGIC_1164.ALL;
 9:  use IEEE.STD_LOGIC_ARITH.ALL;
10:  use IEEE.STD_LOGIC_UNSIGNED.ALL;
11:
12:  entity DECODER_2_4 is
13:      Port (A : in  STD_LOGIC;
14:             B : in  STD_LOGIC;
15:             Y : out STD_LOGIC_VECTOR(3 downto 0));
16:  end DECODER_2_4;
17:
18:  architecture Data_flow of DECODER_2_4 is
19:    signal AB : STD_LOGIC_VECTOR(1 downto 0);
20:  begin
21:    AB  <= A & B;
22:    with AB select
23:     Y <= "0001" when "00",
24:          "0010" when "01",
25:          "0100" when "10",
26:          "1000" when others;
27:  end Data_flow;
```

功能模擬 (function simulation)：

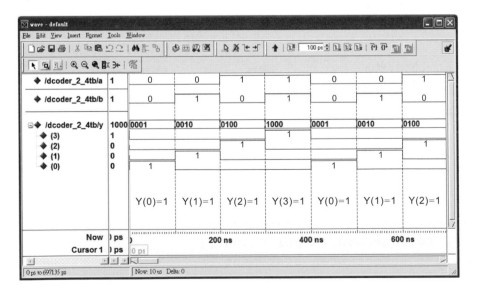

4-17　原始程式的內容如下：

```
 1: ---------------------------------------
 2: --       4 to 1 multiplexer using      --
 3: --    with select when statement       --
 4: --  Filename : MULTIPLEXER4_1.vhd      --
 5: ---------------------------------------
 6:
 7: library IEEE;
 8: use IEEE.STD_LOGIC_1164.ALL;
 9: use IEEE.STD_LOGIC_ARITH.ALL;
10: use IEEE.STD_LOGIC_UNSIGNED.ALL;
11:
12: entity MULTIPLEXER4_1 is
13:     Port (S : in  STD_LOGIC_VECTOR(1 downto 0);
14:            I : in  STD_LOGIC_VECTOR(3 downto 0);
15:            Y : out STD_LOGIC);
16: end MULTIPLEXER4_1;
17:
18: architecture Data_flow of MULTIPLEXER4_1 is
19:
20: begin
21:   with S select
22:     Y <= I(0) when "00",
23:          I(1) when "01",
24:          I(2) when "10",
25:          I(3) when others;
26: end Data_flow;
```

功能模擬 (function simulation)：

4-19 原始程式的內容如下：

```
1:  ---------------------------------
2:  --  2 bits comparactor using  --
3:  -- with select when statement --
4:  -- Filename : COMPARACTOR.vhd --
5:  ---------------------------------
6:
7:  library IEEE;
8:  use IEEE.STD_LOGIC_1164.ALL;
9:  use IEEE.STD_LOGIC_ARITH.ALL;
10: use IEEE.STD_LOGIC_UNSIGNED.ALL;
11:
12: entity COMPARACTOR is
13:     Port (A      : in  STD_LOGIC;
14:            B      : in  STD_LOGIC;
15:            LARGE  : out STD_LOGIC;
16:            EQV    : out STD_LOGIC;
17:            SMALL  : out STD_LOGIC);
```

```
18:  end COMPARACTOR;
19:
20:  architecture Data_flow of COMPARACTOR is
21:    signal AB     : STD_LOGIC_VECTOR(1 downto 0);
22:    signal RESULT : STD_LOGIC_VECTOR(2 downto 0);
23:  begin
24:    AB <= A & B;
25:    with AB select
26:      RESULT <= "100" when "10",
27:                "001" when "01",
28:                "010" when others;
29:    LARGE <= RESULT(2);
30:    EQV   <= RESULT(1);
31:    SMALL <= RESULT(0);
32:  end Data_flow;
```

功能模擬 (function simulation)：

chapter

5

Digital Logic Design

行為模式敘述與序向電路

5-1　順序性與序向電路

前面第四章內我們討論過，當我們在組合電路的輸入端加入控制電位時，在它的輸出端電位就會立刻改變（忽略電路的延遲時間），這種特性我們稱之為共時性 (concurrent)，在序向電路內它的特性就完全不一樣，譬如當我們改變了輸入端的控制電位時，它的輸出端電位一定要等到時脈訊號 (CLOCK) 發生變化時才會變化；當我們從正反器的重置 (reset)、預置 (preset) 或輸入接腳加入控制電位時，這些訊號之間就會有優先順序 (priority)，這種特性我們稱之為順序性 (sequential)，居於電路特性的差異，於 VHDL 程式內用來描述序向電路的敘述語法 (稱為行為模式 behavior) 就會和前面所討論，用來描述組合電路的敘述語法 (稱為資料流 data flow) 大不相同，用來描述序向電路的敘述，除了必須具備優先順序的順序性之外，它還必須具有控制輸入訊號何時才能輸出的特性……等。

5-2　process 敘述

在硬體描述語言的系統中,我們都以行為模式 (behavior) 的敘述方式來描述一個序向電路,所謂行為模式的敘述就是將所要設計序向電路的動作狀況以 VHDL 語言所提供的敘述,並以保留字 process 為開頭,依順序逐一的描述,而其基本語法如下:

```
標名 : process (感應列)
     宣告區;
        begin

           行為描述區;

        end process 標名;
```

1. 標名:通常為所要描述電路的名稱,它可以有,也可以沒有,但必須與 end process 後面的標名一致。

2. process,begin,end process:皆為保留字,不可以改變或省略。

3. (感應列):足以改變電路輸出的所有輸入訊號,最常見到的訊號為時脈訊號 (CLK),重置訊號 (reset)……等,當括號內部感應列訊號的電位發生變化時,放置在 begin 與 end process 中間的所有敘述都會被執行一次,此時在電路的輸出端就會產生變化,此種現象是針對序向電路的特性而來。前面我們討論過,在序向電路中,當輸入訊號發生變化時,於輸出端的電位未必會立刻產生變化,除非遇到時脈 (CLK) 訊號來臨,因此我們都會把時脈訊號放入感應列內;當重置訊號來臨時,於輸出端的電位也會產生變化,因此我們也會將重置訊號放入感應列內……等,詳細的狀況請參閱後面的程式說明。

4. 宣告區:專門用來宣告於 process 敘述區 (begin… end process 中間) 內所需用到的物件及資料型態,此處要特別注意!由於這些物件都屬於區域物件 (local object),因此它們的有效範圍只限制在 process 的敘述區內,訊號 (signal) 宣告當然就不適合在此宣告 (為什麼?腦力激盪一下吧!)。

5. begin… end process:所要描述行為模式的敘述區,設計師會在此區域內將所要設計控制電路的動作狀況以 VHDL 語言所提供的敘述與語法逐一描述出來,詳細的情形請參閱後面的程式。

於 VHDL 語言中系統所提供的行為模式 (behavior) 敘述有下列兩種：

1. if … then … else
2. case … is … when

由於它們都是屬於行為模式的敘述，因此於語法上它們都必須以 process 敘述為開頭，當它們在進行控制電路的描述時，依其描述方式又可以分成組合電路與序向電路，如果在 process 敘述的程式中存在有時脈訊號的變化 (如 CLK'event … 等) 或等待敘述 WAIT 時，系統合成之後的電路都會含有正反器；程式中含有不完整的 if … then 敘述 (沒有 else) 時，系統合成之後的電路大都含有栓鎖 (latch) 等記憶元件，像這種電路內部存在有正反器或栓鎖等記憶元件的電路，就是我們所說的序向電路，反之如果 process 敘述的程式中含有完整的 if … then … else 敘述時，系統合成之後的電路就是我們所說的組合電路，這些觀念看起來極為複雜，詳細閱讀後面的敘述與範例後就會很清楚明白它們的用法與特性，底下我們就開始來介紹上述兩種行為模式敘述的特性與用法。

⊙ 5-3　if … then … 敘述

if … then … 為一種行為模式的敘述，因此它必須以 process 敘述開頭，於電路描述時它可以用來描述組合電路，也可以用來描述序向電路，因此於敘述描述上很具彈性，為了能讓初學者了解本敘述的特性與用法，我們將它的各種組合語法與特性詳細的陳述如下。

if … then … end if

if … then … end if 為一個不完整的條件判斷敘述 (沒有 else)，其基本的語法如下：

```
if 條件 then
    敘述區;
end if;
```

當 if 後面的條件成立時則執行底下的敘述區，直到 end if 才結束，如果條件不成立則不執行敘述區 (電路的輸出電位保持不變)，從 end if 往下執行，如果我們以流程圖來表示時，其狀況如下：

因為它是一個不完整的條件判斷敘述，因此時常用來描述具有栓鎖 (latch) 記憶元件或正反器的控制電路。於 VHDL 語言中用來描述正反器時脈訊號 (假設名稱為 CLK) 邊緣觸發的語法如下 (參閱前面第 3 章的敘述)：

正緣觸發：

```
if CLK'event and CLK = '1' then
if rising_edge (CLK) then
```

負緣觸發：

```
if CLK'event and CLK = '0' then
if falling_edge (CLK) then
```

範例一	檔名：POSITIVE_EDGE_TRIGGER
以 if… then… end if 敘述，設計一個正緣觸發的 D 型正反器。	

1. 方塊圖：

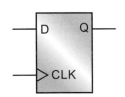

2. 真值表：

CLK	D	Q
⌐	0	0
⌐	1	1

原始程式 (source program)：

```
 1: ---------------------------------------
 2: --          D flip flop with        --
 3: --        positive edge trigger       --
 4: --   Filename : POSITIVE_EDGE.vhd   --
 5: ---------------------------------------
 6:
 7: library IEEE;
 8: use IEEE.STD_LOGIC_1164.ALL;
 9: use IEEE.STD_LOGIC_ARITH.ALL;
10: use IEEE.STD_LOGIC_UNSIGNED.ALL;
11:
12: entity POSITIVE_EDGE is
13:     Port (CLK : in  STD_LOGIC;
14:             D   : in  STD_LOGIC;
15:             Q   : out STD_LOGIC);
16: end POSITIVE_EDGE;
17:
18: architecture Behavioral of POSITIVE_EDGE is
19:
20: begin
21:   process(CLK)
22:
23:     begin
24:       if CLK'event and CLK = '1' then
25:         Q <= D;
26:       end if;
27:   end process;
28:
29: end Behavioral;
```

重點說明：

1.　行號 1～10 的功能與前面相同。

2.　行號 12～16 為電路的外部接腳，它所代表的意義為：

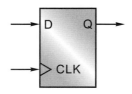

3. 行號 21 為 process 的敘述，括號內的 CLK 代表當時脈訊號 CLK 的電位發生變化時，行號 23～27 內的敘述會被執行一次 (行號 24 用到 if 敘述，因此本敘述必須存在)。

4. 行號 24 判斷，如果時脈訊號 CLK 產生正緣變化 (由 0→1) 時，D 型正反器的輸入電位 D 就會從輸出端 Q 輸出 (行號 25)；如果時脈訊號 CLK 沒有發生正緣變化時，其輸出端 Q 的電位則保持不變。

功能模擬 (function simulation)：

從上面功能模擬的波形可以看出，當時脈訊號 CLK 發生正緣變化時 (由 0→1)，輸入端 D 的電位就會出現在輸出端 Q，因此可以確定系統所合成的電路是正確的。

if… then… else… end if

if… then… else… end if 為一個完整的條件判斷敘述 (有 else)，其基本的語法如下：

```
if 條件 then
    敘述區 A;
else
    敘述區 B;
end if;
```

當 if 後面的條件成立時，則執行敘述區 A 的內容，直到 else 才結束；條件不成立時則執行 else 後面敘述區 B 的內容，直到 end if 才結束，如果我們以流程圖來表示時，其狀況如下：

因為它是一個完整的條件判斷敘述 (包含 else)，所以時常用來描述沒有記憶元件的組合電路，當我們所要設計的控制電路具有 2 選 1 的特性時，就可以使用它來實現。

| 範例一 | 檔名：MULTIPLEXER2_1_IF_STATEMENT |

以 if… then… else… end if 敘述，設計一個 1 位元的 2 對 1 多工器。

1. 方塊圖：　　　　　　　　　2. 真值表：

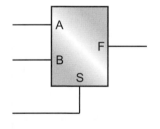

S	F
0	A
1	B

原始程式 (source program)：

```
1: ----------------------------------------
2: --      2 to 1 multiplexer using     --
3: --       if then else statement       --
4: --  Filename : MULTIPLEXER2_1.vhd   --
5: ----------------------------------------
6:
7: library IEEE;
8: use IEEE.STD_LOGIC_1164.ALL;
```

```
 9:  use IEEE.STD_LOGIC_ARITH.ALL;
10:  use IEEE.STD_LOGIC_UNSIGNED.ALL;
11:
12:  entity MULTIPLEXER2_1 is
13:      Port (A : in  STD_LOGIC;
14:            B : in  STD_LOGIC;
15:            S : in  STD_LOGIC;
16:            F : out STD_LOGIC);
17:  end MULTIPLEXER2_1;
18:
19:  architecture Data_flow of MULTIPLEXER2_1 is
20:
21:  begin
22:    process(S, A, B)
23:
24:      begin
25:        if S = '0' then
26:          F <= A;
27:        else
28:          F <= B;
29:        end if;
30:    end process;
31:
32:  end Data_flow;
```

重點說明：

1. 行號 1～17 的功能與前面相似。

2. 行號 22 為 process 的敘述，括號內的資料選擇線 S 與兩組 1 位元資料 A，B 代表這些訊號電位中，只要有一個被改變時，行號 24～30 的敘述會被執行一次 (行號 25 用到 if 敘述，因此 process 敘述一定要存在)。

3. 行號 25～29 中，當選擇線 S 的電位為低電位 '0' 時，輸出端 F 選擇 A 組訊號，反之則選擇 B 組訊號。

功能模擬 (function simulation)：

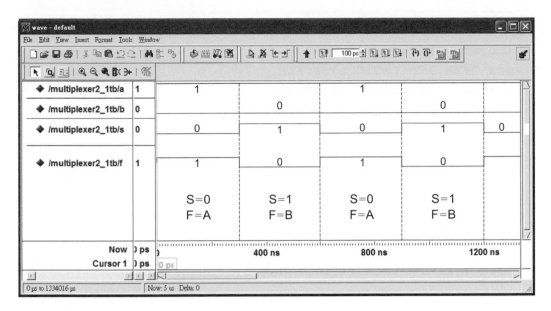

從上面功能模擬的輸入與輸出波形中可以發現到，當選擇訊號 S 為低電位 '0' 時，輸出端 F 為 A 組電位；當選擇訊號 S 為高電位 '1' 時，輸出端 F 為 B 組電位，因此可以確定系統所合成的電路是正確的。

範例二	檔名：DEMULTIPLEXER1_2_IF_STATEMENT

以 if… then… else… end if 敘述，設計一個 1 對 2 解多工器。

1. 方塊圖：

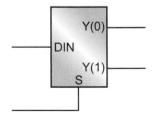

2. 真值表：

S	DIN	Y(1)	Y(0)
0	0	1	0
0	1	1	1
1	0	0	1
1	1	1	1

原始程式 (source program)：

```
1:  -------------------------------------
2:  --   1 to 2 demultiplexer using    --
3:  --       if then else statement    --
```

```
 4:    -- Filename : DEMULTIPLEXER1_2.vhd --
 5:    --------------------------------------
 6:
 7:  library IEEE;
 8:  use IEEE.STD_LOGIC_1164.ALL;
 9:  use IEEE.STD_LOGIC_ARITH.ALL;
10:  use IEEE.STD_LOGIC_UNSIGNED.ALL;
11:
12:  entity DEMULTIPLEXER1_2 is
13:      Port (DIN : in  STD_LOGIC;
14:             S   : in  STD_LOGIC;
15:             Y   : out STD_LOGIC_VECTOR(1 downto 0));
16:  end DEMULTIPLEXER1_2;
17:
18:  architecture Data_flow of DEMULTIPLEXER1_2 is
19:
20:  begin
21:    process(S, DIN)
22:
23:      begin
24:        if S = '0' then
25:          Y <= '1' & DIN;
26:        else
27:          Y <= DIN & '1';
28:        end if;
29:    end process;
30:
31:  end Data_flow;
```

重點說明：

1. 行號 21 代表當選擇訊號 S 或輸入資料 DIN 發生電位變化時，行號 23～29 就會被執行一次。

2. 行號 24～28 為 1 對 2 解多工器的行為描述，其狀況即如真值表所示。

功能模擬 (function simulation)：

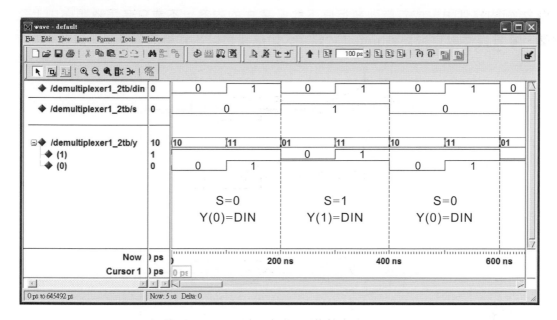

從上面功能模擬的輸入與輸出波形中可以發現到，當選擇訊號 S 的電位為 '0' 時，輸入訊號 DIN 則由輸出端 Y(0) 輸出，此時另一輸出端 Y(1) 為高電位 '1'，反之則由 Y(1) 輸出，此時另一輸出端 Y(0) 為高電位 '1'，因此可以確定系統所合成的電路是正確的。

if…then…elsif…end if

if…then…elsif…end if 為一個不完整的條件判斷敘述 (沒有 else)，其基本語法如下：

```
if 條件 A then
    敘述區 A;
elsif 條件 B then
    敘述區 B;
        ⋮
elsif 條件 N then
    敘述區 N;
end if;
```

當 if 後面的條件 A 成立時，則執行底下敘述區 A 的內容；條件 A 不成立時，再判斷 elsif 後面的條件 B，成立時則執行底下敘述區 B 的內容；不成立時再依順序由上往下判斷，直到條件成立或遇到 end if 才結束，如果我們以流程圖來表示時，其狀況如下：

正如上面所討論的，它是一個不完整的條件判斷敘述 (沒有 else)，因此時常用來描述具有栓鎖 (latch) 記憶元件或正反器的控制電路，此處要特別強調，由於敘述之判斷是由上而下，先遇到的先判斷與處理，因此它具有優先順序 (priority) 的特性，其詳細的說明與用法請參閱後面的範例。

| 範例一 | 檔名：FALLING_EDGE _TRIGGER_WITH_RESET |

以 if… then… elsif… end if 敘述，設計一個具有高態 '1' 重置 (RESET) 且負緣觸發的 D 型正反器。

1. 方塊圖：

2. 真值表：

RESET	CLK	D	Q_{n+1}
1	×	×	0
0	⌐↓	0	0
0	⌐↓	1	1

原始程式 (source program)：

```
 1: ---------------------------------------
 2: --          D flip flop with         --
 3: --          falling edge trigger      --
 4: --    Filename : FALLING_EDGES.vhd    --
 5: ---------------------------------------
 6:
 7: library IEEE;
 8: use IEEE.STD_LOGIC_1164.ALL;
 9: use IEEE.STD_LOGIC_ARITH.ALL;
10: use IEEE.STD_LOGIC_UNSIGNED.ALL;
11:
12: entity FALLING_EDGES is
13:     Port (CLK   : in  STD_LOGIC;
14:           RESET : in  STD_LOGIC;
15:           D     : in  STD_LOGIC;
16:           Q     : out STD_LOGIC);
17: end FALLING_EDGES;
18:
19: architecture Behavioral of FALLING_EDGES is
20:
21: begin
22:   process(CLK, RESET)
23:
24:     begin
25:       if RESET = '1' then
26:         Q <= '0';
27:       elsif falling_edge (CLK) then
28:         Q <= D;
29:       end if;
30:   end process;
31:
32: end Behavioral;
```

重點說明：

1. 行號 1～10 的功能與前面相同。

2. 行號 12～17 為電路的外部接腳，它所代表的意義為：

3. 行號 22 為 process 的敘述，括號內的時脈 CLK 與重置 RESET 訊號代表當它們其中之一的電位產生變化時，行號 24～30 的敘述會被執行一次。

4. 行號 25 判斷，如果重置 (RESET) 訊號為高電位 '1' 時，D 型正反器的輸出端 Q 就會被清除為低電位 '0' (行號 26)。

5. 行號 27 判斷，如果時脈訊號 CLK 發生負緣變化 (由 1→0) 時，正反器輸入端 D 的電位就會由輸出端 Q 輸出 (行號 28)，請注意！由於 if 敘述本身具有優先順序，因此當行號 27 被執行時，代表重置 RESET 訊號為低電位 '0'，也就是重置訊號 RESET 的優先順序較高；當然如果時脈訊號 CLK 沒有發生負緣變化時，D 型正反器輸出端 Q 的電位則保持不變。

功能模擬 (function simulation)：

從上面功能模擬的波形可以看出，當重置訊號 (RESET) 的電位為高電位 '1' 時，正反器的輸出電位 Q 被清除為 '0'，當重置訊號 (RESET) 的電位為低電位 '0' 且時脈訊號 CLK 的電位發生負緣 (由 1→0) 變化時，輸入端 D 的電位就會出現在輸出端 Q 上面，因此可以確定系統所合成的電路是正確的。

if… then… elsif… else… end if

If… then… elsif… else… end if 為一個完整的條件判斷敘述 (有 else)，其基本語法如下：

```
if 條件 A then
    敘述區 A;
elsif 條件 B then
    敘述區 B;
        ⋮
elsif 條件 P then
    敘述區 P;
else
    敘述區 Q;
end if;
```

當 if 後面的條件 A 成立則執行敘述區 A 的內容，條件 A 不成立時再判斷 elsif 後面的條件 B，成立時則執行底下敘述區 B 的內容；不成立時再依順序由上往下判斷，當上述判斷式的條件都不成立時，則執行 else 後面的敘述區 Q，直到 end if 才結束，如果我們以流程圖來表示時，其狀況如下：

正如上面所討論的，它是一個完整的條件判斷敘述 (包含 else)，因此時常用來描述組合電路，由於敘述的判斷是由上而下，先遇到先判斷執行，因此它具有優先順序 (priority) 的特性，其詳細的說明與用法請參閱後面的範例。

| 範例一 | 檔名：PRIORITY_IF_STATEMENT |

討論下面 VHDL 程式與合成後的電路，並進一步了解 if… then… elsif… else… end if 敘述的優先順序特性。

原始程式 (source program)：

```
 1:  ---------------------------------
 2:  --     Priority if statement    --
 3:  --    Filename : PRIORITY.vhd    --
 4:  ---------------------------------
 5:
 6:  library IEEE;
 7:  use IEEE.STD_LOGIC_1164.ALL;
 8:  use IEEE.STD_LOGIC_ARITH.ALL;
 9:  use IEEE.STD_LOGIC_UNSIGNED.ALL;
10:
11:  entity PRIORITY is
12:      Port (A : in  STD_LOGIC;
13:            B : in  STD_LOGIC;
14:            C : in  STD_LOGIC;
15:            X : in  STD_LOGIC;
16:            Y : in  STD_LOGIC;
17:            F : out STD_LOGIC);
18:  end PRIORITY;
19:
20:  architecture Data_flow of PRIORITY is
21:
22:  begin
23:    process (A, B, C, X, Y)
24:
25:      begin
26:        if X = '1' then
27:          F <= A;
```

```
28:        elsif Y = '1' then
29:          F <= B;
30:        else
31:          F <= C;
32:        end if;
33:    end process;
34:
35:  end Data_flow;
```

功能模擬 (function simulation)

合成電路：

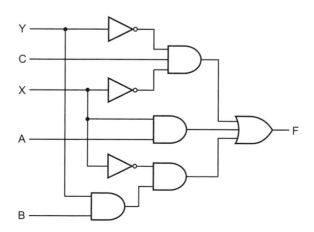

重點說明：

1. 行號 23 代表只要輸入訊號 A，B，C，X，Y 中間有一個電位發生變化時，行號 25～33 就會被執行一次。

2. 行號 26～27 判斷，當輸入電位 X 為高電位 '1' 時，A 的電位就會由 F 端輸出，合成後的硬體電路為 (優先順序最高)。

3. 行號 28～29 判斷，當輸入電位 Y 為高電位 '1' 時 (且 X 輸入電位為低電位 '0')，B 的電位就會由 F 端輸出，合成後的硬體電路為 (優先順序次高)：

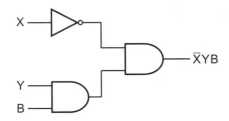

4. 行號 30～31，當輸入電位 X 與 Y 皆不為高電位 '1' 時，C 的電位就會由 F 端輸出，合成後的硬體電路為：

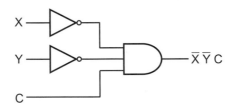

5. 輸出端 F 的電位為上述三種訊號的全部 (將它們以 OR 閘連接)，它所對應的布林代數為：

$$F = XA + \overline{X}YB + \overline{X}\,\overline{Y}C$$

範例二	檔名：DEMULTIPLEXER1_4_IF_STATEMENT
以 if… then… elsif… else… end if 敘述，設計一個 1 對 4 解多工器。	

1.　方塊圖：

2.　真值表：

S(1)	S(0)	Y(3)	Y(2)	Y(1)	Y(0)
0	0	1	1	1	DIN
0	1	1	1	DIN	1
1	0	1	DIN	1	1
1	1	DIN	1	1	1

原始程式 (source program)：

```
 1: ----------------------------------------
 2: --    1 to 4 demultiplexer using    --
 3: --   if then elsif else statement   --
 4: -- Filename : DEMULTIPLEXER1_4.vhd --
 5: ----------------------------------------
 6:
 7: library IEEE;
 8: use IEEE.STD_LOGIC_1164.ALL;
 9: use IEEE.STD_LOGIC_ARITH.ALL;
10: use IEEE.STD_LOGIC_UNSIGNED.ALL;
11:
12: entity DEMULTIPLEXER1_4 is
13:     Port (DIN : in  STD_LOGIC;
14:            S  : in  STD_LOGIC_VECTOR(1 downto 0);
15:            Y  : out STD_LOGIC_VECTOR(3 downto 0));
16: end DEMULTIPLEXER1_4;
17:
18: architecture Data_flow of DEMULTIPLEXER1_4 is
19:
20: begin
21:   process(S, DIN)
22:
23:     begin
24:       if S = "00" then
25:         Y <= "111" & DIN;
26:       elsif S = "01" then
27:         Y <= "11" & DIN & '1';
28:       elsif S = "10" then
```

```
29:          Y <= '1' & DIN & "11";
30:        else
31:          Y <= DIN & "111";
32:        end if;
33:     end process;
34:
35:   end Data_flow;
```

重點說明：

程式結構簡單而易讀，在此不作說明。

功能模擬 (function simulation)：

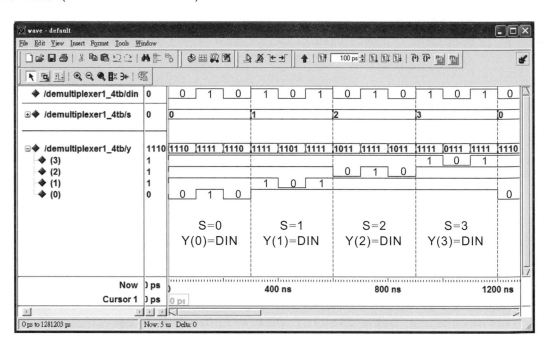

從上面功能模擬的輸入與輸出波形可以看出，它們的對應關係與 1 對 4 解多工器的真值表完全相同，因此可以確定系統所合成的電路是正確的。

範例三	檔名：MULTIPLEXER4_1_IF_STATEMENT
以 if…then…elsif…else…end if 敘述，設計一個 1 位元的 4 對 1 多工器。	

1.　方塊圖：

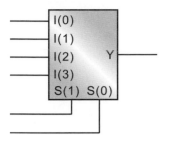

2.　真值表：

S(1)	S(0)	Y
0	0	I (0)
0	1	I (1)
1	0	I (2)
1	1	I (3)

原始程式 (source program)：

```
 1: ---------------------------------------
 2: --     4 to 1 multiplexer using      --
 3: --  if then elsif else statement     --
 4: --  Filename : MULTIPLEXER4_1.vhd    --
 5: ---------------------------------------
 6:
 7: library IEEE;
 8: use IEEE.STD_LOGIC_1164.ALL;
 9: use IEEE.STD_LOGIC_ARITH.ALL;
10: use IEEE.STD_LOGIC_UNSIGNED.ALL;
11:
12: entity MULTIPLEXER4_1 is
13:     Port (S : in  STD_LOGIC_VECTOR(1 downto 0);
14:            I : in  STD_LOGIC_VECTOR(3 downto 0);
15:            Y : out STD_LOGIC);
16: end MULTIPLEXER4_1;
17:
18: architecture Data_flow of MULTIPLEXER4_1 is
19:
20: begin
21:   process(S, I)
22:
23:     begin
24:       if S = "00" then
25:         Y <= I(0);
26:       elsif S = "01" then
27:         Y <= I(1);
28:       elsif S = "10" then
```

```
29:          Y <= I(2);
30:       else
31:          Y <= I(3);
32:       end if;
33:    end process;
34:
35: end Data_flow;
```

重點說明：

程式簡單易讀，在此不作說明。

功能模擬 (function simulation)：

從上面功能模擬的輸入與輸出波形可以發現到，它們的對應關係與 1 位元 4 對 1 多工器的真值表完全相同，因此我們可以確定系統所合成的電路是正確的。

範例四	檔名：MULTIPLE_DECODER3_5_IF_STATEMENT
以 if… then… elsif… else… end if 敘述，設計一個低態動作 3 對 5 的多重解碼電路 (以輸入 A，B，C 串加 "&" 方式)。	

1. 方塊圖：

2. 真值表：

A	B	C	Y(4)	Y(3)	Y(2)	Y(1)	Y(0)
0	0	0	1	1	1	1	0
0	0	1	1	1	1	1	0
0	1	0	1	1	1	0	1
0	1	1	1	1	0	1	1
1	0	0	1	1	0	1	1
1	0	1	1	1	0	1	1
1	1	0	1	0	1	1	1
1	1	1	0	1	1	1	1

原始程式 (source program)：

```
 1: -------------------------------------------------
 2: --    3 to 5 multiple address decoder using    --
 3: --         if then elsif else statement        --
 4: --      Filename : MULTIPLE_DECODER_3_5.vhd     --
 5: -------------------------------------------------
 6:
 7: library IEEE;
 8: use IEEE.STD_LOGIC_1164.ALL;
 9: use IEEE.STD_LOGIC_ARITH.ALL;
10: use IEEE.STD_LOGIC_UNSIGNED.ALL;
11:
12: entity MULTIPLE_DECODER_3_5 is
13:     Port (A : in  STD_LOGIC;
14:           B : in  STD_LOGIC;
15:           C : in  STD_LOGIC;
16:           Y : out STD_LOGIC_VECTOR(4 downto 0));
17: end MULTIPLE_DECODER_3_5;
18:
19: architecture Data_flow of MULTIPLE_DECODER_3_5 is
20:   signal ABC : STD_LOGIC_VECTOR(2 downto 0);
21: begin
22:   ABC <= A & B & C;
23:   process(ABC)
24:
25:     begin
26:       if ABC = o"0" or ABC = o"1" then
```

```
27:          Y <= "11110";
28:        elsif ABC = o"2" then
29:          Y <= "11101";
30:        elsif ABC = o"3" or ABC = o"4" or ABC = o"5" then
31:          Y <= "11011";
32:        elsif ABC = o"6" then
33:          Y <= "10111";
34:        else
35:          Y <= "01111";
36:        end if;
37:    end process;
38:
39:  end Data_flow;
```

重點說明：

程式結構簡單易讀，在此不作說明。

功能模擬 (function simulation)：

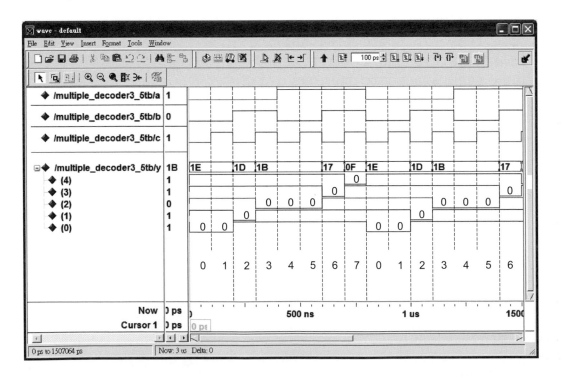

從上面功能模擬的輸入與輸出波形可以看出，它們的對應關係與低態動作 3 對 5 多重解碼器的真值表完全相同，因此可以確定系統所合成的電路是正確的。

if 的巢狀敘述

從上面的討論可以知道，隨著所要設計硬體電路的複雜度，我們可以將 if 敘述加以擴展，與一般的高階語言相同，設計師也可以用巢狀的 if 敘述來描述所要實現的硬體電路，其基本語法如下：

```
if 條件 X then
    if 條件 Y then
        敘述區 A;
    else
        敘述區 B;
    end if;
else
    if 條件 Z then
        敘述區 C;
    else
        敘述區 D;
    end if;
end if;
```

上面是由 3 組的 if… then… else… end if 敘述所組成，其代表意義為：

1. 當最上面 if 後面的條件 X 成立時，則往下繼續判斷條件 Y，當條件 Y：

   (1) 成立 (真 True) 時，則執行敘述區 A。

   (2) 不成立 (假 False) 時，則執行敘述區 B。

2. 當最上面 if 後面的條件 X 不成立時，則往下繼續判斷條件 Z，當條件 Z：

   (1) 成立 (真 True) 時，則執行敘述區 C。

   (2) 不成立 (假 False) 時，則執行敘述區 D。

如果我們以流程圖來表示時，其狀況如下：

| 範例一 | 檔名：MULTIPLEXER4_1_IF_STATEMENT_NEST |

以巢狀 if… then… else… end if 敘述，設計一個 1 位元的 4 對 1 多工器。

---

1. 方塊圖：

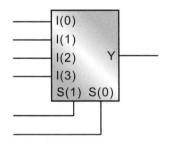

2. 真值表：

S(1)	S(0)	Y
0	0	I(0)
0	1	I(1)
1	0	I(2)
1	1	I(3)

原始程式 (source program)：

```
 1:   ----------------------------------------
 2:   --    4 to 1 multiplexer using        --
 3:   --     if then elsif else (nest)      --
 4:   --  Filename : MULTIPLEXER4_1.vhd     --
 5:   ----------------------------------------
 6:
 7:  library IEEE;
 8:  use IEEE.STD_LOGIC_1164.ALL;
 9:  use IEEE.STD_LOGIC_ARITH.ALL;
10:  use IEEE.STD_LOGIC_UNSIGNED.ALL;
```

```
11:
12: entity MULTIPLEXER4_1 is
13:     Port (S : in  STD_LOGIC_VECTOR(1 downto 0);
14:           I : in  STD_LOGIC_VECTOR(3 downto 0);
15:           Y : out STD_LOGIC);
16: end MULTIPLEXER4_1;
17:
18: architecture Data_flow of MULTIPLEXER4_1 is
19:
20: begin
21:   process(S, I)
22:
23:     begin
24:       if S(1) = '0' then
25:         if S(0) = '0' then
26:           Y <= I(0);
27:         else
28:           Y <= I(1);
29:         end if;
30:       else
31:         if S(0) = '0' then
32:           Y <= I(2);
33:         else
34:           Y <= I(3);
35:         end if;
36:       end if;
37:   end process;
38:
39: end Data_flow;
```

重點說明：

從 4 對 1 多工器的真值表中可以發現到：

1.　當選擇線 S = "00" 時，輸出端 Y 的電位為 I(0) (行號 24～26)
2.　當選擇線 S = "01" 時，輸出端 Y 的電位為 I(1) (行號 24，27～28)
3.　當選擇線 S = "10" 時，輸出端 Y 的電位為 I(2) (行號 30～32)
4.　當選擇線 S = "11" 時，輸出端 Y 的電位為 I(3) (行號 30，33～34)。

功能模擬 (function simulation)：

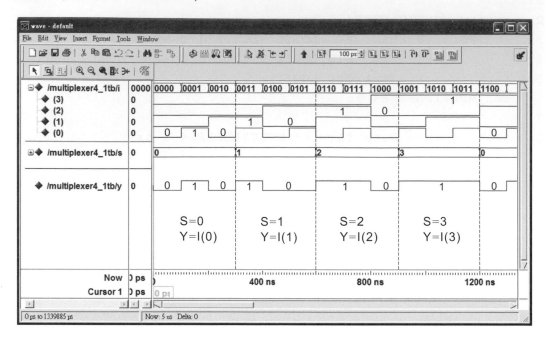

從上面功能模擬的輸入與輸出波形可以看出，它們的對應關係與 4 對 1 多工器的真值
表完全相同，因此可以確定系統所合成的電路是正確的。

5-4　case…is…when 敘述

討論完條件判斷敘述 if…then… 的各種語法之後，接著我們再來介紹另外一個同樣與
process 敘述搭配的條件判斷敘述 case…is…when，其基本語法如下：

```
case 訊號物件 is
   when 訊號值 A =>
      敘述區 A;
   when 訊號值 B =>
      敘述區 B;
           ⋮
   when 訊號值 P =>
      敘述區 P;
   when others =>
      敘述區 Q;
```

```
end case;
```

1. case，is，when，when others，end case：皆為保留字，不能更改及省略。
2. 訊號物件：所要判斷的物件。
3. 當所要判斷訊號物件值的範圍為：
   (1) 訊號值 A 時，則執行敘述區 A 的內容。
   (2) 訊號值 B 時，則執行敘述區 B 的內容。

      ⋮

   (3) 訊號值 P 時，則執行敘述區 P 的內容。
   (4) 上述訊號值皆不符合時，則執行敘述區 Q 的內容。

如果我們以流程圖來表示時，其狀況如下：

由上面流程圖的敘述可以知道本敘述的特性：

1. 其判斷方式為並行方式，因此沒有優先順序。
2. 由於沒有優先順序，因此訊號物件值 A，B，……P 的範圍必須互斥 (Exclusive)，也就是不可以重疊。
3. 其範圍必須涵蓋所有的可能範圍，因此它必須配合保留字 "when others" 來包含剩下所有可能出現的值。
4. when 後面的訊號值可以為：
   (1) 一個固定值，如：
       when "011"　　when o"25"
       when x"8"　　 when 5

(2) 兩個以上的固定值，但必須以符號 "|" 隔開，如：

　　when "1010" | "1111"

　　when 3 | 6 | 9

(3) 一個連續的區間，如：

　　when 3 to 9

範例一	檔名：FULL_ADDER_CASE_STATEMENT

以 case…is…when 敘述，設計一個 1 位元的全加器 (以輸入 C0，X0，Y0；輸出 C1，S0 串加 "&" 方式)。

1. 動作狀況：　　　　2. 方塊圖：　　　　3. 真值表：

```
    C0
    X0
  + Y0
  ─────
  C1 S0
```

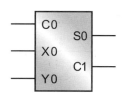

C0	X0	Y0	C1	S0
0	0	0	0	0
0	0	1	0	1
0	1	0	0	1
0	1	1	1	0
1	0	0	0	1
1	0	1	1	0
1	1	0	1	0
1	1	1	1	1

原始程式 (source program)：

```
 1: ---------------------------------
 2: --        Full adder using      --
 3: --    case is when statement    --
 4: -- Filename : FULL_ADDER.vhd    --
 5: ---------------------------------
 6:
 7: library IEEE;
 8: use IEEE.STD_LOGIC_1164.ALL;
 9: use IEEE.STD_LOGIC_ARITH.ALL;
10: use IEEE.STD_LOGIC_UNSIGNED.ALL;
11:
12: entity FULL_ADDER is
```

```
13:        Port (C0 : in  STD_LOGIC;
14:              X0 : in  STD_LOGIC;
15:              Y0 : in  STD_LOGIC;
16:              C1 : out STD_LOGIC;
17:              S0 : out STD_LOGIC);
18: end FULL_ADDER;
19:
20: architecture Data_flow of FULL_ADDER is
21:   signal C0X0Y0 : STD_LOGIC_VECTOR(2 downto 0);
22:   signal RESULT : STD_LOGIC_VECTOR(1 downto 0);
23: begin
24:   C0X0Y0 <= C0 & X0 & Y0;
25:   process(C0X0Y0)
26:
27:     begin
28:       case C0X0Y0 is
29:         when "000" =>
30:           RESULT <= "00";
31:         when "001" | "010" | "100" =>
32:           RESULT <= "01";
33:         when "011" | "101" | "110" =>
34:           RESULT <= "10";
35:         when others =>
36:           RESULT <= "11";
37:       end case;
38:   end process;
39:
40:   S0 <= RESULT(0);
41:   C1 <= RESULT(1);
42: end Data_flow;
```

重點說明：

從 1 位元全加器的真值表中可以發現到：

1. 當 C0，X0，Y0 的電位為 "000" 時，其進位 S1 與和 S0 的電位為 "00" (行號 29~30)。

2. 當 C0，X0，Y0 的電位為 "001"、"010"、"100" 時，其進位 C1 與和 S0 的電位為 "01" (行號 31~32)。

3. 當 C0，X0，Y0 的電位為 "011"、"101"、"110" 時，其進位 C1 與和 S0 的電位為 "10" (行號 33～34)。

4. 當 C0，X0，Y0 的電位為 "111" 時，其進位 C1 與和 S0 的電位為 "11" (行號 35～36)。

功能模擬 (function simulation)：

從上面功能模擬的輸入與輸出波形可以發現到，它們的對應關係與 1 位元全加器的真值表完全相同，因此可以確定系統所合成的電路是正確的。

範例二 檔名：DECODER2_4_CASE_STATEMENT

以 case… is… when 敘述，設計一個低態動作的 2 對 4 解碼器 (以輸入 A，B 串加 "&" 方式)。

---

1. 方塊圖：

2. 真值表：

A	B	Y(3)	Y(2)	Y(1)	Y(0)
0	0	1	1	1	0
0	1	1	1	0	1
1	0	1	0	1	1
1	1	0	1	1	1

原始程式 (source program)：

```
 1: -------------------------------
 2: --  2 to 4 decoder(low) using --
 3: --   case is when statement   --
 4: -- Filename : DECODER_2_4.vhd --
 5: -------------------------------
 6:
 7: library IEEE;
 8: use IEEE.STD_LOGIC_1164.ALL;
 9: use IEEE.STD_LOGIC_ARITH.ALL;
10: use IEEE.STD_LOGIC_UNSIGNED.ALL;
11:
12: entity DECODER_2_4 is
13:     Port (A : in  STD_LOGIC;
14:           B : in  STD_LOGIC;
15:           Y : out STD_LOGIC_VECTOR(3 downto 0));
16: end DECODER_2_4;
17:
18: architecture Data_flow of DECODER_2_4 is
19:   signal AB : STD_LOGIC_VECTOR(1 downto 0);
20: begin
21:   AB <= A & B;
22:   process(AB)
23:
24:     begin
25:       case AB is
26:         when "00"   => Y <= "1110";
27:         when "01"   => Y <= "1101";
28:         when "10"   => Y <= "1011";
29:         when others => Y <= "0111";
30:       end case;
31:   end process;
32:
33:  end Data_flow;
```

重點說明：

從低態動作 2 對 4 解碼器的真值表可以發現到：

1. 當解碼輸入 AB 的電位為 "00" 時，解碼輸出 Y 的電位為 "1110" (行號 26)。
2. 當解碼輸入 AB 的電位為 "01" 時，解碼輸出 Y 的電位為 "1101" (行號 27)。
3. 當解碼輸入 AB 的電位為 "10" 時，解碼輸出 Y 的電位為 "1011" (行號 28)。
4. 當解碼輸入 AB 的電位為 "11" 時，解碼輸出 Y 的電位為 "0111" (行號 29)。

功能模擬 (function simulation)：

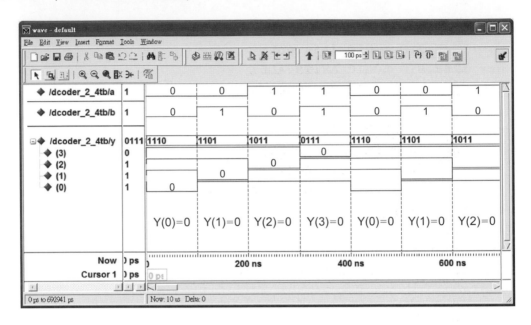

從上面功能模擬的輸入與輸出波形可以發現到，它們的對應關係與低態動作 2 對 4 解
碼器的真值表完全相同，因此可以確定，系統所合成的電路是正確的。

範例三	檔名：COMPARACTOR_CASE_STATEMENT

以 case…is…when 敘述，設計一個 1 位元兩個輸入的比較器 (以輸入 A，B；輸
出 LARGE、EQV、SMALL 串接 "&" 方式)。

1. 方塊圖：

2. 真值表：

A	B	LARGE	EQV	SMALL
0	0	0	1	0
0	1	0	0	1
1	0	1	0	0
1	1	0	1	0

原始程式 (source program)：

```
 1: -------------------------------
 2: --  2 bits comparactor using  --
 3: --    case is when statement   --
 4: -- Filename : COMPARACTOR.vhd --
 5: -------------------------------
 6:
 7: library IEEE;
 8: use IEEE.STD_LOGIC_1164.ALL;
 9: use IEEE.STD_LOGIC_ARITH.ALL;
10: use IEEE.STD_LOGIC_UNSIGNED.ALL;
11:
12: entity COMPARACTOR is
13:     Port (A     : in  STD_LOGIC;
14:           B     : in  STD_LOGIC;
15:           LARGE : out STD_LOGIC;
16:           EQV   : out STD_LOGIC;
17:           SMALL : out STD_LOGIC);
18: end COMPARACTOR;
19:
20: architecture Data_flow of COMPARACTOR is
21:   signal DATA   : STD_LOGIC_VECTOR(1 downto 0);
22:   signal RESULT : STD_LOGIC_VECTOR(2 downto 0);
23: begin
24:   DATA <= A & B;
25:   process(DATA)
26:
27:     begin
28:       case DATA is
29:         when  "10" => RESULT <= "100";
30:         when  "01" => RESULT <= "001";
31:         when others => RESULT <= "010";
32:       end case;
33:   end process;
34:
35:   LARGE <= RESULT(2);
36:   EQV   <= RESULT(1);
37:   SMALL <= RESULT(0);
38: end Data_flow;
```

重點說明：

從兩個輸入比較器的真值表中可以發現到 (輸出端的電位依次為 LARGE，EQV，SMALL)：

1.　當輸入電位 A > B 時，輸出端的電位為 "100" (行號 29)。
2.　當輸入電位 A < B 時，輸出端的電位為 "001" (行號 30)。
3.　當輸入電位 A = B 時，輸出端的電位為 "010" (行號 31)。

功能模擬 (function simulation)：

從上面功能模擬的輸入與輸出波形可以發現到，它們的對應關係與兩個輸入比較器的真值表完全相同，因此可以確定系統所合成出來的電路是正確的。

範例四	檔名：ENCODER4_2_CASE_STATEMENT
以 case…is…when 敘述，設計一個具有高阻抗輸出的 4 對 2 編碼器。	

1.　方塊圖：

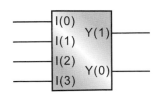

2.　真值表：

I(3)	I(2)	I(1)	I(0)	Y(1)	Y(0)
0	0	0	1	0	0
0	0	1	0	0	1
0	1	0	0	1	0
1	0	0	0	1	1
其餘電位				Z	Z

原始程式 (source program)：

```
 1: -------------------------------
 2: --      4 to 2 encoder using    --
 3: --    case is when statement    --
 4: --  Filename : ENCODER4_2.vhd  --
 5: -------------------------------
 6:
 7: library IEEE;
 8: use IEEE.STD_LOGIC_1164.ALL;
 9: use IEEE.STD_LOGIC_ARITH.ALL;
10: use IEEE.STD_LOGIC_UNSIGNED.ALL;
11:
12: entity ENCODER4_2 is
13:     port (I : in  STD_LOGIC_VECTOR(3 downto 0);
14:           Y : out STD_LOGIC_VECTOR(1 downto 0));
15: end ENCODER4_2;
16:
17: architecture Data_flow of ENCODER4_2 is
18:
19: begin
20:   process(I)
21:
22:     begin
23:       case I is
24:         when "0001" => Y <= "00";
25:         when "0010" => Y <= "01";
26:         when "0100" => Y <= "10";
27:         when "1000" => Y <= "11";
28:         when others => Y <= "ZZ";
29:       end case;
30:   end process;
31:
32: end Data_flow;
```

重點說明：

從具有高阻抗輸出 4 對 2 編碼器的真值表可以發現到：

1. 當輸入電位 I = "0001" 時，編碼後的輸出電位 Y = "00" (行號 24)。

2. 當輸入電位 I = "0010" 時，編碼器的輸出電位 Y = "01" (行號 25)。

3. 當輸入電位 I = "0100" 時，編碼器的輸出電位 Y = "10" (行號 26)。

4. 當輸入電位 I = "1000" 時，編碼器的輸出電位 Y = "11" (行號 27)。

5. 當輸入電位 I 為其他電位時，編碼器的輸出電位 Y = "ZZ" (行號 28)。

功能模擬 (function simulation)：

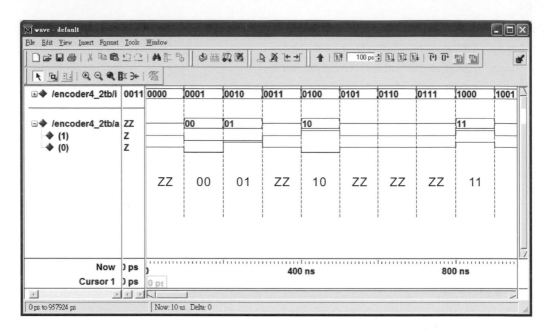

從上面功能模擬的輸入與輸出波形可以發現到，它們的對應關係與具有高阻抗輸出 4 對 2 編碼器的真值表完全相同，因此可以確定系統所合成的電路是正確的。

5-5　各種計數器

在數位邏輯電路設計的課程中，我們最常設計的序向電路為：

1. 計數器。

2. 移位或旋轉暫存器。

3. Moore machine。

4. Mealy Machine。

底下我們就依照順序來討論，如何以 VHDL 語言去實現上述這四種序向控制電路。

計數器 (counter) 依照它的計數方式我們可以將它區分為下面幾種：

1. 沒有規則計數器。

2. 有規則計數器：

  (1) 上算計數器 (up counter)。

  (2) 下算計數器 (down counter)。

3. 上、下算計數器 (up_down counter)。

4. 可載入計數器 (loadable counter)。

沒有規則計數器

所謂沒有規則計數器就是計數器的計數值變化是不規則的，基本上它又可以分成沒有重覆與有重覆計數兩種，其狀況如下：

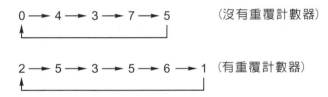

在數位邏輯電路設計的課程中我們得到一個很重要的結論，那就是在一個電路內，同一個目前的狀況絕對不可以擁有兩個不同的下一個狀態，於上面重覆計數的內容就發生這種狀況，而其解決辦法就是將相同的狀況變成不同的狀況即可 (如何完成並沒有固定的方式)，其詳細說明請參閱後面的範例。

範例一	檔名：COUNTER_TABULATE_1

設計一個沒有規則且沒有重覆的計數器。

1. 方塊圖：

2. 狀態表：

目前狀態 PS				下一個狀態 NS			
Q(3)	Q(2)	Q(1)	Q(0)	Q(3)	Q(2)	Q(1)	Q(0)
0	0	0	1	0	1	0	1
0	1	0	1	1	0	0	1
1	0	0	1	1	0	0	0
1	0	0	0	0	1	1	0
0	1	1	0	0	0	1	1
0	0	1	1	0	0	0	1

原始程式 (source program)：

```
 1: ------------------------------------------
 2: --          Counter by tabulate(1)        --
 3: --    Filename : COUNTER_TABULATE_1.vhd   --
 4: ------------------------------------------
 5:
 6: library IEEE;
 7: use IEEE.STD_LOGIC_1164.ALL;
 8: use IEEE.STD_LOGIC_ARITH.ALL;
 9: use IEEE.STD_LOGIC_UNSIGNED.ALL;
10:
11: entity COUNTER_TABULATE_1 is
12:     Port (CLK   : in  STD_LOGIC;
13:           RESET : in  STD_LOGIC;
14:           Q     : out STD_LOGIC_VECTOR(3 downto 0));
15: end COUNTER_TABULATE_1;
16:
17: architecture Behavioral of COUNTER_TABULATE_1 is
18:   signal REG : STD_LOGIC_VECTOR(3 downto 0);
19: begin
20:   process(CLK, RESET)
21:
22:     begin
23:       if RESET = '0' then
24:         REG <= x"1";
25:       elsif CLK'event and CLK = '1' then
26:         case REG is
27:           when x"1"   => REG <= x"5";
```

```
28:              when x"5"  => REG <= x"9";
29:              when x"9"  => REG <= x"8";
30:              when x"8"  => REG <= x"6";
31:              when x"6"  => REG <= x"3";
32:              when x"3"  => REG <= x"1";
33:              when others => REG <= x"1";
34:          end case;
35:        end if;
36:    end process;
37:
38:    Q <= REG;
39: end Behavioral;
```

重點說明：

1. 行號 1～9 的功能與前面相同。

2. 行號 11～15 為電路的外部接腳，其狀況如下：

3. 行號 17～39 為用來描述序向控制電路的行為模式敘述區，而其描述方式為當重置 RESET 輸入電位為低電位 '0' 時，計數器的輸出為 x"1" (行號 23～24)，如果重置訊號沒有發生 (為高電位) 且時脈訊號 CLK 發生正緣變化 (由 0→1) 時 (行號 25)，則依據目前暫存器的內容來決定，如果我們以十六進制來表示時，其狀態表如下：

目前狀態	下一個狀態
x"1"	x"5"
x"5"	x"9"
x"9"	x"8"
x"8"	x"6"
x"6"	x"3"
x"3"	x"1"

如果沒有出現上表的狀態時，則回到原始狀態 x"1"。

功能模擬(function simulation)：

從上面計數器的輸出內容可以發現到，它與我們所要計數的內容完全相同，因此可以確定系統所合成的電路是正確的。

| 範例二 | 檔名：COUNTER_TABULATE_2 |

設計一個沒有規則且計數內容重覆的計數器。

1. 方塊圖：

2. 狀態表：

目前狀態 PS			下一個狀態 NS		
Q(2)	Q(1)	Q(0)	Q(2)	Q(1)	Q(0)
0	0	0	0	1	1
0	1	1	1	1	1
1	1	1	1	1	0
1	1	0	0	1	1
0	1	1	1	0	1
1	0	1	1	0	0
1	0	0	0	0	0

原始程式 (source program)：

```
 1: ---------------------------------------------
 2: --          Counter by tabulate(2)         --
 3: --   Filename : COUNTER_TABULATE_2.vhd     --
 4: ---------------------------------------------
 5:
 6: library IEEE;
 7: use IEEE.STD_LOGIC_1164.ALL;
 8: use IEEE.STD_LOGIC_ARITH.ALL;
 9: use IEEE.STD_LOGIC_UNSIGNED.ALL;
10:
11: entity COUNTER_TABULATE_2 is
12:     Port (CLK   : in  STD_LOGIC;
13:            RESET : in  STD_LOGIC;
14:            Q     : out STD_LOGIC_VECTOR(2 downto 0));
15: end COUNTER_TABULATE_2;
16:
17: architecture Behavioral of COUNTER_TABULATE_2 is
18: signal REG : STD_LOGIC_VECTOR(3 downto 0);
19: begin
20:   process(CLK, RESET)
21:
22:     begin
23:      if RESET = '0' then
24:        REG <= '0' & o"0";
25:      elsif CLK'event and CLK = '1' then
26:        case REG is
27:          when '0' & o"0" => REG <= '0' & o"3";
28:          when '0' & o"3" => REG <= '0' & o"7";
29:          when '0' & o"7" => REG <= '0' & o"6";
30:          when '0' & o"6" => REG <= '1' & o"3";
31:          when '1' & o"3" => REG <= '0' & o"5";
32:          when '0' & o"5" => REG <= '0' & o"4";
33:          when '0' & o"4" => REG <= '0' & o"0";
34:          when others     => REG <= '0' & o"0";
35:        end case;
36:      end if;
37:   end process;
```

```
38:
39:     Q <= REG(2 downto 0);
40:  end Behavioral;
```

重點說明：

程式結構與前面範例一相似，而其不同之處為本範例是一個具有重覆計數值的計數器，而其解決方式為 "將相同的狀態變成不同狀態" 即可，至於如何改變則沒有固定的方法，本程式的解決方法如下 (以二進制表示時)：

(1) 行號 28 中 "0011" → "0111" (3→7)

(2) 行號 31 中 "1011" → "0101" (3→5)

由於最左邊位元只是用來 "將相同的狀態變成不同的狀態"，此位元並沒有輸出 (行號 39)，因此不會影響計數內容。

功能模擬 (function simulation)：

從上面計數器的輸出內容可以發現到，它與我們所要計數的內容完全相同，因此可以確定系統所合成的電路是正確的。

有規則計數器

所謂有規則計數器，就是計數器每一個計數值之間的變化是有規則的，於實用上我們又可以將它分成上算計數器與下算計數器，其詳細的內容請參閱下面的範例。

範例一	檔名：BINARY_UP_COUNTER_4BITS
設計一個 4 位元的二進制上算計數器，其計數範圍為 0～F。	

方塊圖：

原始程式 (source program)：

```
 1: ---------------------------------------------
 2: --        4 Bits binary up counter       --
 3: --   Filename : BINARY_UP_COUNTER.vhd    --
 4: ---------------------------------------------
 5:
 6: library IEEE;
 7: use IEEE.STD_LOGIC_1164.ALL;
 8: use IEEE.STD_LOGIC_ARITH.ALL;
 9: use IEEE.STD_LOGIC_UNSIGNED.ALL;
10:
11: entity BINARY_UP_COUNTER is
12:     Port (CLK   : in  STD_LOGIC;
13:           RESET : in  STD_LOGIC;
14:           Q     : out STD_LOGIC_VECTOR(3 downto 0));
15: end BINARY_UP_COUNTER;
16:
17: architecture Behavioral of BINARY_UP_COUNTER is
18:   signal REG : STD_LOGIC_VECTOR(3 downto 0);
19: begin
20:   process(CLK, RESET)
21:
22:     begin
23:       if RESET = '0' then
24:         REG <= (others => '0');
```

```
25:        elsif CLK'event and CLK = '1' then
26:          REG <= REG + 1;
27:        end if;
28:     end process;
29:
30:     Q <= REG;
31:  end Behavioral;
```

重點說明：

1. 行號 1～9 的功能與前面相同。

2. 行號 11～15 為電路的外部接腳，其狀況如下：

3. 行號 23 當重置訊號 RESET 發生 (低態 '0' 動作) 時，4 位元計數器的內容就被清除為 0 (行號 24)。

4. 行號 25～26 每次時脈訊號 CLK 發生正緣變化 (由 0→1) 時，則將計數器內容加 1，因此計數器的計數範圍為 0→1→2……→9→A→B……E→F→0……。

功能模擬 (function simulation)：

從上面 4 位元二進制計數器的輸出內容可以發現到，它與我們所要計數的內容完全相同 (二進制計數器 0～F)，因此可以確定系統所合成的電路是正確的。

範例二	檔名：BINARY_UP_DOWN_COUNTER_4BITS

設計一個 4 位元可以上算與下算的二進制計數器。

1. 方塊圖：

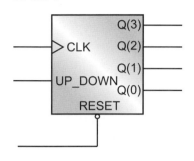

2. 真值表：

RESET	CLK	UP_DOWN	Q
0	×	×	0
1	⌐	0	上算
1	⌐	1	下算

原始程式 (source program)：

```
 1: ----------------------------------------------
 2: --      4 Bits binary up down counter      --
 3: -- Filename : BINARY_UP_DOWN_COUNTER.vhd --
 4: ----------------------------------------------
 5:
 6: library IEEE;
 7: use IEEE.STD_LOGIC_1164.ALL;
 8: use IEEE.STD_LOGIC_ARITH.ALL;
 9: use IEEE.STD_LOGIC_UNSIGNED.ALL;
10:
11: entity BINARY_UP_DOWN_COUNTER is
12:     Port (CLK      : in  STD_LOGIC;
13:           RESET    : in  STD_LOGIC;
14:           UP_DOWN  : in  STD_LOGIC;
15:           Q        : out STD_LOGIC_VECTOR(3 downto 0));
16: end BINARY_UP_DOWN_COUNTER;
17:
18: architecture Behavioral of BINARY_UP_DOWN_COUNTER is
19:   signal REG : STD_LOGIC_VECTOR(3 downto 0);
20: begin
```

```
21:    process(CLK, RESET)
22:
23:      begin
24:        if RESET = '0' then
25:          REG <= (others => '0');
26:        elsif CLK'event and CLK = '1' then
27:          if UP_DOWN = '0' then
28:            REG <= REG + 1;
29:          else
30:            REG <= REG - 1;
31:          end if;
32:        end if;
33:    end process;
34:
35:    Q <= REG;
36:  end Behavioral;
```

重點說明：

1. 行號 24～25 電路發生重置 RESET (低態動作) 時，計數器的輸出皆為 0。

2. 行號 26 當時脈訊號 CLK 發生正緣變化時則往下執行。

3. 行號 27～31 中，當上、下算控制訊號 UP_DOWN 的電位：

    UP_DOWN = '0' 時，執行上算的工作 (行號 27～28)。

    UP_DOWN = '1' 時，執行下算的工作 (行號 29～30)。

功能模擬 (function simulation)：

從上面的上、下算計計數器輸出內容可以發現到，它與我們所要計數的內容完全相同（可以上算與下算的二進制計數器），因此可以確定系統所合成的電路是正確的。

範例三　　檔名：LOADABLE_BINARY_COUNTER_4BITS

設計一個可以載入 (loadable) 的 4 位元上算二進制計數器。

---

1. 方塊圖：

2. 真值表：

RESET	CLK	LOAD	Q
0	×	×	DIN
1	⌐	0	上算
1	⌐	1	DIN

原始程式 (source program)：

```
 1: ---------------------------------------
 2: --   4 Bits loadable binary counter  --
 3: --     LOADABLE_BINARY_COUNTER.vhd    --
 4: ---------------------------------------
 5:
 6: library IEEE;
 7: use IEEE.STD_LOGIC_1164.ALL;
 8: use IEEE.STD_LOGIC_ARITH.ALL;
 9: use IEEE.STD_LOGIC_UNSIGNED.ALL;
10:
11: entity LOADABLE_BINARY_COUNTER is
12:     Port (CLK     : in  STD_LOGIC;
13:            RESET  : in  STD_LOGIC;
14:            LOAD   : in  STD_LOGIC;
15:            DIN    : in  STD_LOGIC_VECTOR(3 downto 0);
16:            Q      : out STD_LOGIC_VECTOR(3 downto 0));
17: end LOADABLE_BINARY_COUNTER;
18:
19: architecture Behavioral of LOADABLE_BINARY_COUNTER is
20:   signal REG : STD_LOGIC_VECTOR(3 downto 0);
21: begin
```

```
22:    process(CLK, RESET)
23:
24:    begin
25:      if RESET = '0' then
26:        REG <= DIN;
27:      elsif CLK'event and CLK = '1' then
28:        if LOAD = '1' then
29:          REG <= DIN;
30:        else
31:          REG <= REG + 1;
32:        end if;
33:      end if;
34:    end process;
35:
36:    Q <= REG;
37:  end Behavioral;
```

重點說明：

1. 行號 25～26 電路發生重置 RESET (低態動作) 時，預置電位 DIN(3)～DIN(0) 被送到輸出端 REG(3)～REG(0)。

2. 時脈訊號 CLK 發生正緣變化時 (行號 27) 則往下執行。

3. 行號 28～32 中，當載入訊號 LOAD 的電位：

   LOAD = '1' 時，電路執行載入工作 (行號 28～29)。

   LOAD = '0' 時，電路執行二進制計數工作 (行號 30～31)。

功能模擬 (function simulation)：

從上面可載入 4 位元二進制計數器的輸出內容可以發現到，它與我們所要的計數狀況完全相同，因此可以確定系統所合成的電路是正確的。

再談訊號 signal

於前面章節內我們曾經討論過，對於一個控制電路而言，電路對外的接線稱為 port；電路內部的接線我們可以將它們定義成訊號 (signal)，由於訊號是一個實體接線，一旦我們在 architecture 內宣告完成，在此架構之下的所有電路 (不同的 process) 都可以使用，也就是說它的有效範圍為全區性 (global)，由於控制電路內部的訊號變化有的是具共時性 (concurrent) 的組合訊號，有的是具順序性 (sequential) 的序向訊號，因此於 VHDL 語言中，被定義成內部接線的訊號在特性上也必須被區分成具備共時性的組合接線訊號以及具有順序性的序向接線訊號，而其區別關鍵為 process 區塊，當訊號指定敘述寫在 process 區塊之外，這些指定敘述皆為共時性 (concurrent)，也就是它們所合成的電路與敘述放置順序無關；當訊號指定敘述寫在 process 區塊之內時，這些指定皆為順序性 (sequential)，當 process 後面括號內的感應列 (sensitivity list) 訊號中，只要有一個發生變化時，放置在 process 區塊內部的訊號指定敘述就會被處理，此時要特別留意的是，如果 process 括號內的感應列有時脈 (CLK) 時，依正反器的特性，輸入 (指定訊號 "<=" 的右邊) 與輸出 (指定訊號 "<=" 的左邊) 訊號中間會差一個時脈 (CLK) 週期。

訊號的宣告語法與指定方式請參閱前面第三章的敘述，底下我們就舉幾個範例來說明上面的敘述。

範例一	檔名：BCD_UP_COUNTER_1DIG_SIGNAL
以訊號指定方式，設計一個 BCD 上算計數器，其計數範圍為 0～9。	

1. 方塊圖：

2. 狀態表：

目前狀態 PS				下一個狀態 NS			
Q(3)	Q(2)	Q(1)	Q(0)	Q(3)	Q(2)	Q(1)	Q(0)
0	0	0	0	0	0	0	1
0	0	0	1	0	0	1	0
0	0	1	0	0	0	1	1
0	0	1	1	0	1	0	0
0	1	0	0	0	1	0	1
0	1	0	1	0	1	1	0
0	1	1	0	0	1	1	1
0	1	1	1	1	0	0	0
1	0	0	0	1	0	0	1
1	0	0	1	0	0	0	0

原始程式 (source program)：

```
1:  ---------------------------------------
2:  --      1 Digital BCD up counter     --
3:  --   Filename : BCD_UP_COUNTER.vhd  --
4:  ---------------------------------------
5:
6:  library IEEE;
7:  use IEEE.STD_LOGIC_1164.ALL;
8:  use IEEE.STD_LOGIC_ARITH.ALL;
9:  use IEEE.STD_LOGIC_UNSIGNED.ALL;
10:
11: entity BCD_UP_COUNTER is
12:     Port (CLK    : in  STD_LOGIC;
13:           RESET  : in  STD_LOGIC;
14:           Q      : out STD_LOGIC_VECTOR(3 downto 0));
15: end BCD_UP_COUNTER;
16:
17: architecture Behavioral of BCD_UP_COUNTER is
18:   signal REG : STD_LOGIC_VECTOR(3 downto 0);
19: begin
20:   process(CLK, RESET)
21:
22:     begin
23:       if RESET = '0' then
```

```
24:             REG <= (others => '0');
25:          elsif CLK'event and CLK = '1' then
26:            if REG = x"9" then
27:              REG <= x"0";
28:            else
29:              REG <= REG + 1;
30:            end if;
31:          end if;
32:     end process;
33:
34:     Q <= REG;
35: end Behavioral;
```

重點說明：

1. 行號 23～24 當電路發生重置 RESET (低態動作) 時，計數器的輸出端 REG(3) ～REG(0) 皆被清除為 0。

2. 行號 25 當時脈訊號 CLK 發生正緣變化時則往下執行。

3. 行號 26～30，當計數器計數到 9 時，則將其內容清除為 0 (行號 26～27)，否則將其內容加 1 (行號 28～29)，注意！於行號 26 中，當目前訊號 REG 的內容為 9 時 (以時脈訊號 CLK 沒有出現之前它是輸入，因此 9 會出現在計數器的內容)，於下一個時脈訊號 CLK 產生正緣變化時，計數器的內容就會被清除為 0，因此真正的計數範圍為 0～9。

功能模擬 (function simulation)：

從上面 BCD 上算計數器的輸出內容可以發現到，它與我們所要的計數範圍完全相同，因此可以確定系統所合成的電路是正確的。

範例二 檔名：BCD_DOWN_COUNTER_1DIG_SIGNAL

以訊號指定方式，設計一個 BCD 下算計數器，其計數範圍為 9～0。

1. 方塊圖：

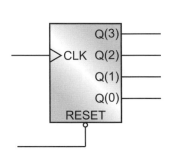

2. 狀態表：

目前狀態 PS				下一個狀態 NS			
Q(3)	Q(2)	Q(1)	Q(0)	Q(3)	Q(2)	Q(1)	Q(0)
1	0	0	1	1	0	0	0
1	0	0	0	0	1	1	1
0	1	1	1	0	1	1	0
0	1	1	0	0	1	0	1
0	1	0	1	0	1	0	0
0	1	0	0	0	0	1	1
0	0	1	1	0	0	1	0
0	0	1	0	0	0	0	1
0	0	0	1	0	0	0	0
0	0	0	0	1	0	0	1

原始程式 (source program)：

```
 1: --------------------------------------
 2: --    1 Digital BCD down counter    --
 3: -- Filename : BCD_DOWN_COUNTER.vhd --
 4: --------------------------------------
 5:
 6: library IEEE;
 7: use IEEE.STD_LOGIC_1164.ALL;
 8: use IEEE.STD_LOGIC_ARITH.ALL;
 9: use IEEE.STD_LOGIC_UNSIGNED.ALL;
10:
11: entity BCD_DOWN_COUNTER is
12:     Port (CLK   : in  STD_LOGIC;
13:           RESET : in  STD_LOGIC;
14:           Q     : out STD_LOGIC_VECTOR(3 downto 0));
15: end BCD_DOWN_COUNTER;
16:
```

```
17:  architecture Behavioral of BCD_DOWN_COUNTER is
18:    signal REG : STD_LOGIC_VECTOR(3 downto 0);
19:  begin
20:    process(CLK, RESET)
21:
22:      begin
23:        if RESET = '0' then
24:          REG <= (others => '0');
25:        elsif CLK'event and CLK = '1' then
26:          if REG = x"0" then
27:            REG <= x"9";
28:          else
29:            REG <= REG - 1;
30:          end if;
31:        end if;
32:    end process;
33:
34:    Q <= REG;
35:  end Behavioral;
```

重點說明：

程式結構與前面範例相似，而其不同之處為，當時脈訊號 CLK 發生正緣變化時 (行號 25)，如果計數器下算到 0 時，則將其內容設定成 9 (行號 26～27)，否則將計數器內容減 1 (行號 28～29)，如此一來它的計數範圍為 9～0 (有關訊號特性的說明請參閱前面範例一的敘述)。

功能模擬 (function simulation)：

從上面 BCD 下算計數器的輸出內容可以發現到,它與我們所要求的計數內容完全相同,因此可以確定系統所合成的電路是正確的。

範例三	檔名:BCD_UP_COUNTER_ENABLE_SIGNAL

以訊號指定方式,設計一個帶有致能 ENABLE 輸入的 BCD 上算計數器,其計數範圍為 0~9。

1. 方塊圖:

2. 真值表:

ENABLE	CLK	Q_{n+1}
0	×	Q_n
1	⌐	上算

原始程式 (source program):

```
 1:  -----------------------------------------
 2:  -- 1 Digital BCD up counter with enable --
 3:  -- Filename : BCD_UP_COUNTER_ENABLE.vhd --
 4:  -----------------------------------------
 5:
 6:  library IEEE;
 7:  use IEEE.STD_LOGIC_1164.ALL;
 8:  use IEEE.STD_LOGIC_ARITH.ALL;
 9:  use IEEE.STD_LOGIC_UNSIGNED.ALL;
10:
11:  entity BCD_UP_COUNTER_ENABLE is
12:  Port      (CLK    : in  STD_LOGIC;
13:             RESET  : in  STD_LOGIC;
14:             ENABLE : in  STD_LOGIC;
15:             Q      : out STD_LOGIC_VECTOR(3 downto 0));
16:  end BCD_UP_COUNTER_ENABLE;
17:
18:  architecture Behavioral of BCD_UP_COUNTER_ENABLE is
19:    signal REG : STD_LOGIC_VECTOR(3 downto 0);
20:  begin
```

```
21:     process(CLK, RESET)
22:
23:       begin
24:         if RESET = '0' then
25:           REG <= (others => '0');
26:         elsif CLK'event and CLK = '1' then
27:           if ENABLE = '1' then
28:             if REG  = x"9" then
29:               REG  <= x"0";
30:             else
31:               REG  <= REG + 1;
32:             end if;
33:           end if;
34:         end if;
35:       end process;
36:
37:       Q <= REG;
38:     end Behavioral;
```

重點說明：

程式結構與前面 BCD 上算計數器的範例相似，而其不同之處為，我們在行號 27 內加
入一個致能 ENABLE 的控制接腳，當電路要進行上算時（行號 28～32），致能 ENABLE
的接腳電位必須為高電位 '1'，否則計數器的輸出保持原來的計數值（參閱前面範例的
說明）。

功能模擬（function simulation）

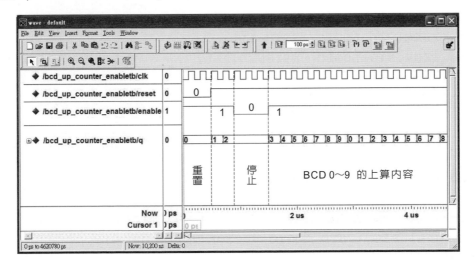

從上面帶有致能（ENABLE）BCD 上算計數器的輸出內容可以發現到，它與我們所要的
計數狀況完全相同，因此可以確定系統所合成的電路是正確的。

範例四	檔名：BCD_UP_COUNTER_00_23_SIGNAL

以訊號指定方式，設計一個兩位數的 BCD 上算計數器，其計數範圍為 00～23（時鐘
的小時計時電路）。

方塊圖：

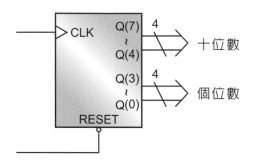

原始程式（source program）：

```
 1:  -------------------------------------------
 2:  --     2 Digital BCD up counter(00 - 23)  --
 3:  --  Filename : BCD_UP_COUNTER_00_23.vhd --
 4:  -------------------------------------------
 5:
 6:  library IEEE;
 7:  use IEEE.STD_LOGIC_1164.ALL;
 8:  use IEEE.STD_LOGIC_ARITH.ALL;
 9:  use IEEE.STD_LOGIC_UNSIGNED.ALL;
10:
11:  entity BCD_UP_COUNTER_00_23 is
12:      Port (CLK   : in  STD_LOGIC;
13:            RESET : in  STD_LOGIC;
14:            Q     : out STD_LOGIC_VECTOR(7 downto 0));
15:  end BCD_UP_COUNTER_00_23;
16:
17:  architecture Behavioral of BCD_UP_COUNTER_00_23 is
18:    signal REG : STD_LOGIC_VECTOR(7 downto 0);
19:  begin
```

```
20:    process(CLK, RESET)
21:
22:      begin
23:        if RESET = '0' then
24:          REG <= (others => '0');
25:        elsif CLK'event and CLK = '1' then
26:          if REG(3 downto 0) = x"9" then
27:            REG(3 downto 0) <= x"0";
28:            REG(7 downto 4) <= REG(7 downto 4) + 1;
29:          else
30:            REG(3 downto 0) <= REG(3 downto 0) + 1;
31:          end if;
32:          if REG = x"23" then
33:            REG <= x"00";
34:          end if;
35:        end if;
36:     end process;
37:
38:     Q <= REG;
39:  end Behavioral;
```

重點說明：

1. 當電路發生重置 RESET (低態動作) 時，將兩位數的計數器內容 REG(7)～REG(4) 與 REG(3)～REG(0) 清除為 0 (行號 23～24)。

2. 當時脈訊號 CLK 發生正緣變化時 (行號 25)，如果個位數的計數內容 REG(3)～REG(0) 為 9 時 (行號 26)：

    (1) 將個位數計數內容 REG(3)～REG(0) 清除為 0 (行號 27)。

    (2) 將十位數計數內容 REG(7)～REG(4) 加 1 (行號 28)。

    否則只將個位數內容 REG(3)～REG(0) 加 1 (行號 29～30)。

3. 行號 32～33 當兩位數的計數內容 REG(7)～REG(0) 計數到 23 時，則將它們的內容清除為 "00"，如此一來兩位數的計數範圍為 00～23。

功能模擬 (function simulation)：

從上面兩位數 00～23 上算計數器的輸出內容可以發現到，它與我們所規劃的計數範圍完全相同，因此可以確定系統所合成的電路是正確的。

再談變數 variable

由於一般的軟體工程師已經熟悉高階語言的特性，所以對於前面我們所敘述訊號 (signal) 的特性較難適應 (畢竟它會牽涉到硬體)，因此在 VHDL 語言中，系統也提供特性與高階語言十分類似的變數 (variable) 物件給我們使用，而其基本特性為 (請與前面所敘述的訊號做比較)：

1. 變數為一種順序性 (sequential) 的敘述，因此它只能使用在 process 敘述區塊內，其生命週期與高階語言的區域性 (local) 變數相似，因此它的有效範圍只限於單一個 process 區塊之內的敘述。

2. 和高階語言變數的指定相似，它的內容一經指定就會立刻改變，不會有延遲一個時脈 CLK 的現象 (與訊號不同之處)，而其改變後的新內容可以立刻被其它的訊號或變數使用。

變數的宣告語法與指定方式請參閱前面第三章的敘述，底下我們就舉幾個範例來說明上面的敘述。

| 範例一 | 檔名：BCD_UP_COUNTER_1DIG_VARIABLE_1 |

以變數指定的方式，設計一個 BCD 上算計數器，計數範圍為 0～9 (以先判斷再加 1 的方式處理)，其方塊圖及狀態表即如前面訊號的範例一所示。

原始程式 (source program)：

```
1:  --------------------------------------
2:  -- BCD up counter with variable(1) --
3:  --      Filename : UP_COUNTER.vhd    --
4:  --------------------------------------
5:
6:  library IEEE;
7:  use IEEE.STD_LOGIC_1164.ALL;
8:  use IEEE.STD_LOGIC_ARITH.ALL;
9:  use IEEE.STD_LOGIC_UNSIGNED.ALL;
10:
11: entity UP_COUNTER is
12:     Port (CLK   : in  STD_LOGIC;
13:           RESET : in  STD_LOGIC;
14:           Q     : out STD_LOGIC_VECTOR(3 downto 0));
15: end UP_COUNTER;
16:
17: architecture Behavioral of UP_COUNTER is
18:
19: begin
20:   process (CLK, RESET)
21:   variable REG : STD_LOGIC_VECTOR(3 downto 0);
22:     begin
23:       if RESET = '0' then
24:         REG := x"0";
25:       elsif CLK'event and CLK = '1' then
26:         if REG = x"9" then
27:           REG := x"0";
28:         else
29:           REG := REG + 1;
30:         end if;
31:       end if;
32:       Q <= REG;
```

```
33:     end process;
34:
35:  end Behavioral;
```

重點說明：

1. 行號 23～24 當電路發生重置 RESET (低態動作) 時，計數器的輸出端 REG(3) ～REG(0) 皆被清除為 0。

2. 行號 25 當時脈訊號 CLK 發生正緣變化時則往下執行。

3. 行號 26～30 當計數器計數到 9 時，則將其內容清除為 0 (行號 26～27)，否則將其內容加 1 (行號 28～29)，注意！由於程式是先判斷再加 1，因此行號 26 中變數 REG 的內容必須為 9 (變數的特性為順序性)。

4. 由於變數 REG 為區域性，有效範圍在單一個 process 敘述區塊內，因此行號 21 的變數宣告以及行號 32 的變數連線都必須在 process 區塊內完成 (請與前面訊號敘述的範例一做比較)。

功能模擬 (function simulation)：

從上面 BCD 上算計數器的輸出內容可以發現到，它與我們所規劃的計數範圍完全相同，因此可以確定系統所合成的電路是正確的。

| 範例二 | 檔名：BCD_UP_COUNTER_1DIG_VARIABLE_2 |

以變數指定方式，設計一個 BCD 上算計數器，計數範圍為 0～9 (以先加 1 再比較的方式)，並與前面變數的範例一做比較。

原始程式 (source program)：

```
1:  -------------------------------------
2:  -- BCD up counter with variable(2) --
3:  --      Filename : UP_COUNTER.vhd    --
4:  -------------------------------------
5:
6:  library IEEE;
7:  use IEEE.STD_LOGIC_1164.ALL;
8:  use IEEE.STD_LOGIC_ARITH.ALL;
9:  use IEEE.STD_LOGIC_UNSIGNED.ALL;
10:
11: entity UP_COUNTER is
12:     Port (CLK    : in  STD_LOGIC;
13:           RESET  : in  STD_LOGIC;
14:           Q      : out STD_LOGIC_VECTOR(3 downto 0));
15: end UP_COUNTER;
16:
17: architecture Behavioral of UP_COUNTER is
18:
19: begin
20:   process (CLK, RESET)
21:   variable REG : STD_LOGIC_VECTOR(3 downto 0);
22:     begin
23:       if RESET = '0' then
24:         REG := x"0";
25:       elsif CLK'event and CLK = '1' then
26:         REG := REG + 1;
27:         if REG = x"A" then
28:           REG := x"0";
29:         end if;
30:       end if;
31:       Q <= REG;
32:   end process;
33:
34: end Behavioral;
```

重點說明：

程式結構與前面變數的範例一相似，而其不同之處為本範例是先加 1 (行號 26) 後再判斷 (行號 27〜29)，由於變數 REG 的內容已經在行號 26 內立刻被改變，因此於行號 27 內進行比較時，變數內容必須為十六進制的 "A" 而不是變數的範例一的 "9"，請將本程式的內容與前面訊號的範例一，和變數敘述的範例一做比較，就可以很清楚的體會出訊號 (signal) 與變數 (variable) 兩者於特性上最大的不同。

功能模擬 (function simulation)：

從上面 BCD 上算計數器的輸出內容可以發現到，它與我們所規劃的計數範圍完全相同，因此可以確定系統所合成的電路是正確的。

◉ 5-6　各種移位與旋轉暫存器

移位暫存器 (shift register) 與旋轉暫存器 (rotate register) 於電路的結構上非常相似，它們的動作都是將儲存在暫存器內部的資料進行移位的動作，唯一差別在於所要移入暫存器資料的來源不同而已，如果我們以向右移位的方式來描述時，兩者的方塊圖即如下面所示：

向右移位暫存器方塊圖：　　　　　　　向右旋轉暫存器方塊圖：

於數位邏輯電路設計的課程中，我們最常看到的移位暫存器為：

1.　向左移位暫存器　(shift left register)
2.　向右移位暫存器　(shift right register)
3.　向左、向右移位暫存器　(shift left_right register)
4.　可載入向左、向右移位暫存器　(loadable shift left_right register)

底下我們就舉幾個範例來說明，如何用 VHDL 語言去實現這些常用的移位與旋轉暫存器。

範例一	檔名：SHIFT_LEFT_4BITS

設計一個具有重置 RESET (低態 '0' 動作) 的 4 位元向左移位暫存器。

1.　方塊圖：　　　　　　　　2.　動作狀況：

原始程式 (source program)：

```
1:  ---------------------------------------
2:  --      4 bits data shift left      --
3:  -- Filename : SHIFT_LEFT_4BITS.vhd --
4:  ---------------------------------------
5:
```

```
 6:  library IEEE;
 7:  use IEEE.STD_LOGIC_1164.ALL;
 8:  use IEEE.STD_LOGIC_ARITH.ALL;
 9:  use IEEE.STD_LOGIC_UNSIGNED.ALL;
10:
11:  entity SHIFT_LEFT_4BITS is
12:      Port (CLK   : in  STD_LOGIC;
13:             RESET : in  STD_LOGIC;
14:             DIN   : in  STD_LOGIC;
15:             Q     : out STD_LOGIC_VECTOR(3 downto 0));
16:  end SHIFT_LEFT_4BITS;
17:
18:  architecture Behavioral of SHIFT_LEFT_4BITS is
19:    signal REG : STD_LOGIC_VECTOR(3 downto 0);
20:  begin
21:    process(CLK, RESET)
22:
23:      begin
24:        if RESET = '0' then
25:          REG <= (others => '0');
26:        elsif CLK'event and CLK = '1' then
27:          REG <= REG(2 downto 0) & DIN;
28:        end if;
29:    end process;
30:
31:    Q <= REG;
32:  end Behavioral;
```

重點說明：

1. 當重置 RESET 訊號來臨時，則將移位暫存器的內容全部清除為 0 (行號 24～25)。

2. 當時脈訊號 CLK 發生正緣變化時 (行號 26) 則進行向左移位的工作，其狀況如下 (行號 27)：

移位方向

功能模擬 (function simulation)：

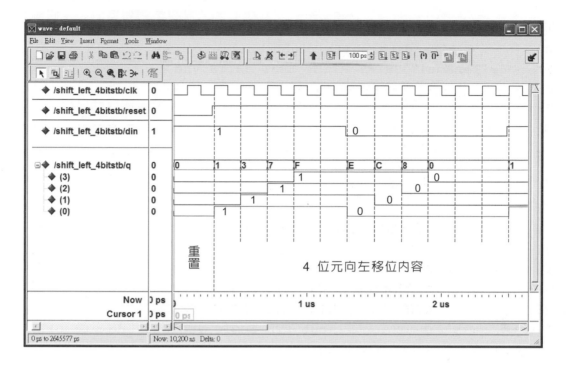

從上面具有低態重置 4 位元向左移位暫存器的功能模擬輸出波形可以發現到，當時脈訊號 CLK 發生正緣變化時，輸入訊號 DIN 就會被向左移入暫存器內，因此可以確定系統所合成的電路是正確的。

範例二	檔名：SHIFT_RIGHT_LEFT_8BITS

設計一個具有重置 RESET (低態動作) 的八位元可以向左、向右的移位暫存器，當控制移位方向的 DIRECTION 電位為 '0' 時向右移位；為 '1' 時向左移位。

1. 方塊圖：　　　　　　　　2. 動作狀況：

原始程式 (source prohram)：

```
1:  -----------------------------------------
2:  --    8 Bits data shift right and left  --
3:  -- Filename : SHIFT_RIGHT_LEFT_8BITS.vhd --
4:  -----------------------------------------
5:
6:  library IEEE;
7:  use IEEE.STD_LOGIC_1164.ALL;
8:  use IEEE.STD_LOGIC_ARITH.ALL;
9:  use IEEE.STD_LOGIC_UNSIGNED.ALL;
10:
11: entity SHIFT_RIGHT_LEFT_8BITS is
12:     Port (CLK        : in  STD_LOGIC;
13:           RESET      : in  STD_LOGIC;
14:           DIRECTION  : in  STD_LOGIC;
15:           DIN        : in  STD_LOGIC;
16:           Q          : out STD_LOGIC_VECTOR(7 downto 0));
17: end SHIFT_RIGHT_LEFT_8BITS;
18:
19: architecture Behavioral of SHIFT_RIGHT_LEFT_8BITS is
20:   signal REG : STD_LOGIC_VECTOR(7 downto 0);
21: begin
22:   process(CLK, RESET)
23:
24:     begin
25:       if RESET = '0' then
26:         REG <= (others => '0');
27:       elsif CLK'event and CLK = '1' then
28:         if DIRECTION = '0' then
29:           REG <= DIN & REG(7 downto 1);
30:         else
31:           REG <= REG(6 downto 0) & DIN;
32:         end if;
33:       end if;
34:   end process;
35:
36:   Q <= REG;
37: end Behavioral;
```

重點說明：

1.　當重置 RESET 訊號來臨時，則將移位暫存器的內容全部清除為 0 (行號 25～26)。

2.　時脈訊號 CLK 發生正緣變化時 (行號 27)，當移位方向控制位元 DIRECTION 的電位為低電位 '0' 時則執行向右移位 (行號 28～29)，否則進行向左移位 (行號 30～31)。

功能模擬 (function simulation)：

從上面具有低電位重置 8 位元可以向右、向左移位暫存器的輸出波形可以發現到，當時脈訊號 CLK 發生正緣變化時，如果 DIRECTION 的電位為 '0' 時則執行向右移位，為 '1' 時則執行向左移位，因此可以確定系統所合成的電路是正確的。

範例三　檔名：ROTATE_LEFT_4BITS

設計一個具有重置 RESET (低態動作) 的 4 位元向左旋轉暫存器。

1. 方塊圖：

2. 動作狀態：

原始程式 (source program)：

```
1:  ----------------------------------------
2:  --      4 Bits data rotate left    --
3:  -- Filename : ROTATE_LEFT_4BITS.vhd --
4:  ----------------------------------------
5:
6:  library IEEE;
7:  use IEEE.STD_LOGIC_1164.ALL;
8:  use IEEE.STD_LOGIC_ARITH.ALL;
9:  use IEEE.STD_LOGIC_UNSIGNED.ALL;
10:
11: entity ROTATE_LEFT_4BITS is
12:     Port (CLK   : in  STD_LOGIC;
13:           RESET : in  STD_LOGIC;
14:           Q     : out STD_LOGIC_VECTOR(3 downto 0));
15: end ROTATE_LEFT_4BITS;
16:
17: architecture Behavioral of ROTATE_LEFT_4BITS is
18:   signal REG : STD_LOGIC_VECTOR(3 downto 0);
19: begin
20:   process(CLK, RESET)
21:
22:     begin
23:       if RESET = '0' then
24:         REG <= "0001";
25:       elsif CLK'event and CLK = '1' then
26:         REG <= REG(2 downto 0) & REG(3);
```

```
27:        end if;
28:    end process;
29:
30:    Q <= REG;
31: end Behavioral;
```

重點說明：

1. 當重置 RESET 訊號發生時 (低態動作)，則將 4 位元旋轉暫存器的內容設定成 "0001" (行號 23～24)。

2. 當時脈訊號 CLK 發生正緣變化時，則執行 4 位元資料向左旋轉的工作 (行號 25～26)，其狀況如下：

旋轉方向

功能模擬 (function simulation)：

從上面具有重置 RESET (低態動作) 4 位元向左旋轉暫存器的輸出波形中可以看出，它的旋轉電位如下：

```
         Q(3)  Q(2)  Q(1)  Q(0)
     ┌──► 0     0     0     1  ◄── 重置
     │    0     0     1     0
     │    0     1     0     0
     └──  1     0     0     0
```

因此可以確定系統所合成的電路是正確的。

範例四	檔名：LOADABLE_ROTATE_RIGHT_8BITS

設計一個具有重置 RESET (低態動作) 且可以載入資料的八位元向右旋轉暫存器。

1. 方塊圖：

2. 動作狀況：

原始程式 (source program)：

```
 1: -------------------------------------------------
 2: --    8 bits data loadable and rotate right    --
 3: -- Filename : LOADABLE_ROTATE_RIGHT_8BITS.vhd --
 4: -------------------------------------------------
 5:
 6: library IEEE;
 7: use IEEE.STD_LOGIC_1164.ALL;
 8: use IEEE.STD_LOGIC_ARITH.ALL;
 9: use IEEE.STD_LOGIC_UNSIGNED.ALL;
10:
11: entity LOADABLE_ROTATE_RIGHT_8BITS is
12:     Port (CLK   : in  STD_LOGIC;
13:           RESET : in  STD_LOGIC;
```

```
14:            LOAD  : in  STD_LOGIC;
15:            DINP  : in  STD_LOGIC_VECTOR(7 downto 0);
16:            Q     : out STD_LOGIC_VECTOR(7 downto 0));
17: end LOADABLE_ROTATE_RIGHT_8BITS;
18:
19: architecture Behavioral of LOADABLE_ROTATE_RIGHT_8BITS is
20:   signal REG : STD_LOGIC_VECTOR(7 downto 0);
21: begin
22:   process(CLK, RESET)
23:
24:     begin
25:       if RESET = '0' then
26:         REG <= "10000000";
27:       elsif CLK'event and CLK = '1' then
28:         if LOAD = '1' then
29:           REG  <= DINP;
30:         else
31:           REG  <= REG(0) & REG(7 downto 1);
32:         end if;
33:       end if;
34:   end process;
35:
36:   Q <= REG;
37: end Behavioral;
```

重點說明：

1. 當重置 RESET 訊號來臨時，則將八位元暫存器的內容設定成 "10000000" (行號 25～26)。

2. 當時脈訊號 CLK 發生正緣變化時 (行號 27)，如果載入訊號 LOAD 為高電位 '1' 時，則執行資料載入動作 (行號 28～29)；為低電位 '0' 時則執行向右旋轉的動作 (行號 30～31)。

功能模擬 (function simulation)：

從上面具有低態重置 RESET 且可以載入八位元資料，向右旋轉暫存器的輸出電位可以發現到，當載入控制電位 load 的電位為低電位 '0' 時，暫存器則執行向右旋轉的動作；load 的電位為高電位 '1' 時，暫存器則執行資料 (DINP = 01) 載入的工作，因此可以確定系統所合成的電路是正確的。

空敘述 NULL

NULL 敘述為一個空敘述，其代表意義為保持原來的狀態，由於它是屬於順序性敘述 (sequential)，因此常被使用在 process、function 或 procedure 中，底下我們就列舉兩個範例來說明。

範例一	檔名：AUTOSTOP_COUNTER_NULL

以 NULL 敘述，設計一個 4 位元計數器，其計數內容如下 (到 9 即停止)：

$$0 \rightarrow 3 \rightarrow 5 \rightarrow 2 \rightarrow 7 \rightarrow 6 \rightarrow 9$$

原始程式 (source program)：

```
 1: --------------------------------
 2: --     auto stop counter (9)     --
 3: --    using null statement      --
 4: --   Filename : COUNTER.vhd     --
 5: --------------------------------
 6:
 7: library IEEE;
 8: use IEEE.STD_LOGIC_1164.ALL;
 9: use IEEE.STD_LOGIC_ARITH.ALL;
10: use IEEE.STD_LOGIC_UNSIGNED.ALL;
11:
12: entity COUNTER is
13:     Port (CLK   : in  STD_LOGIC;
14:           RESET : in  STD_LOGIC;
15:           Q     : out STD_LOGIC_VECTOR(3 downto 0));
16: end COUNTER;
17:
18: architecture Behavioral of COUNTER is
19:  signal REG : STD_LOGIC_VECTOR(3 downto 0);
20: begin
21:  process(CLK, RESET)
22:
23:    begin
24:      if RESET = '0' then
25:        REG <= x"0";
26:      elsif CLK'event and CLK = '1' then
27:        case REG is
28:          when x"0"   => REG <= x"3";
29:          when x"3"   => REG <= x"5";
30:          when x"5"   => REG <= x"2";
31:          when x"2"   => REG <= x"7";
32:          when x"7"   => REG <= x"6";
33:          when x"6"   => REG <= x"9";
34:          when others => NULL;
35:        end case;
36:      end if;
37:   end process;
38:
39:   Q <= REG;
40: end Behavioral;
```

重點說明：

本程式是以建表方式來完成沒有規則的計數工作，其計數範圍如下 (行號 28～34)。

$$0 \to 3 \to 5 \to 2 \to 7 \to 6 \to 9$$

當它計數到 9 時我們就讓它保持不變 (行號 34)，因此計數值永遠停留在 9。

功能模擬 (function simulation)：

從上面功能模擬的計數輸出內容可以發現到，它與我們所要計數的內容完全相同，因此可以確定系統所合成的電路是正確的。

範例二	檔名：ROTATE_REGISTER_NULL

以 NULL 敘述，設計一個 4 位元多功能的旋轉移位暫存器。

1. 方塊圖：

2. 真值表：

MODE(1)	MODE(0)	動作
0	0	保持不變
0	1	向左旋轉
1	0	向右旋轉
1	1	資料載入

原始程式 (source program)：

```
 1: ----------------------------------------
 2: --      rotate register using null     --
 3: --   Filename : ROTATE_REGISTER.vhd    --
 4: ----------------------------------------
 5:
 6: library IEEE;
 7: use IEEE.STD_LOGIC_1164.ALL;
 8: use IEEE.STD_LOGIC_ARITH.ALL;
 9: use IEEE.STD_LOGIC_UNSIGNED.ALL;
10:
11: entity ROTATE_REGISTER is
12:     port (CLK   : in  STD_LOGIC;
13:           RESET : in  STD_LOGIC;
14:           MODE  : in  STD_LOGIC_VECTOR(1 downto 0);
15:           DINP  : in  STD_LOGIC_VECTOR(3 downto 0);
16:           Q     : out STD_LOGIC_VECTOR(3 downto 0));
17: end ROTATE_REGISTER;
18:
19: architecture Behavioral of ROTATE_REGISTER is
20:   signal REG : STD_LOGIC_VECTOR(3 downto 0);
21: begin
22:   process(CLK, RESET)
23:
24:     begin
25:       if RESET = '0' then
26:         REG <= "0001";
27:       elsif CLK'event and CLK = '1' then
28:         case MODE is
29:           when "01" =>
30:             REG <= REG(2 downto 0) & REG(3);
31:           when "10" =>
32:             REG <= REG(0) & REG(3 downto 1);
33:           when "11" =>
34:             REG <= DINP;
35:           when others =>
36:             NULL;
37:         end case;
```

```
38:        end if;
39:    end process;
40:
41:    Q <= REG;
42: end Behavioral;
```

重點說明：

1. 行號 25～26，當電路 RESET 時，輸出端電位為 "0001"。

2. 當控制訊號 MODE 的電位為 "01" 時，電路則執行向左旋轉的工作 (行號 29～30)。

3. 當控制訊號 MODE 的電位為 "10" 時，電路則執行向右旋轉的工作 (行號 31～32)。

4. 當控制訊號 MODE 的電位為 "11" 時，電路則執行資料載入的工作 (行號 33～34)。

5. 當控制訊號 MODE 的電位為 "00" 時，電路的輸出則保持不變 (行號 35～36)。

功能模擬 (function simulation)：

從上面功能模擬輸入與輸出波形的對應關係可以發現到，它與我們所要求的工作狀況完全相同，因此可以確定系統所合成的電路是正確的。

5-7 SN74XXX 系列的晶片設計

從事硬體電路設計的工程師應該對 SN74XXX 系列的晶片不會感到陌生,於本章的最後我們就代表性的選擇幾顆 IC,並以 VHDL 語言來實現。

| 範例一 | 檔名:SN7443 |

以 VHDL 語言設計一個將加三碼 (excess-3) 解碼成低態動作的十進制晶片 SN7443。

1. 方塊圖:

2. 真值表:

EX_3(3)	EX_3(2)	EX_3(1)	EX_3(0)	Y(9)	Y(8)	Y(7)	Y(6)	Y(5)	Y(4)	Y(3)	Y(2)	Y(1)	Y(0)
0	0	0	0	1	1	1	1	1	1	1	1	1	1
0	0	0	1	1	1	1	1	1	1	1	1	1	1
0	0	1	0	1	1	1	1	1	1	1	1	1	1
0	0	1	1	1	1	1	1	1	1	1	1	1	0
0	1	0	0	1	1	1	1	1	1	1	1	0	1
0	1	0	1	1	1	1	1	1	1	1	0	1	1
0	1	1	0	1	1	1	1	1	1	0	1	1	1
0	1	1	1	1	1	1	1	1	0	1	1	1	1
1	0	0	0	1	1	1	1	0	1	1	1	1	1
1	0	0	1	1	1	1	0	1	1	1	1	1	1
1	0	1	0	1	1	0	1	1	1	1	1	1	1
1	0	1	1	1	0	1	1	1	1	1	1	1	1
1	1	0	0	0	1	1	1	1	1	1	1	1	1
1	1	0	1	1	1	1	1	1	1	1	1	1	1
1	1	1	0	1	1	1	1	1	1	1	1	1	1
1	1	1	1	1	1	1	1	1	1	1	1	1	1

原始程式 (source program)：

```
 1: --------------------------------
 2: -- Excess-3 to decimal decoder --
 3: --      Filename : SN7443.vhd     --
 4: --------------------------------
 5:
 6: library IEEE;
 7: use IEEE.STD_LOGIC_1164.ALL;
 8: use IEEE.STD_LOGIC_ARITH.ALL;
 9: use IEEE.STD_LOGIC_UNSIGNED.ALL;
10:
11: entity SN7443 is
12:     Port (EX_3 : in  STD_LOGIC_VECTOR(3 downto 0);
13:           Y    : out STD_LOGIC_VECTOR(9 downto 0));
14: end SN7443;
15:
16: architecture Decoder of SN7443 is
17:
18: begin
19:   with EX_3 select
20:     Y <= "1111111110" when x"3",  -- Excess 0
21:          "1111111101" when x"4",  -- Excess 1
22:          "1111111011" when x"5",  -- Excess 2
23:          "1111110111" when x"6",  -- Excess 3
24:          "1111101111" when x"7",  -- Excess 4
25:          "1111011111" when x"8",  -- Excess 5
26:          "1110111111" when x"9",  -- Excess 6
27:          "1101111111" when x"A",  -- Excess 7
28:          "1011111111" when x"B",  -- Excess 8
29:          "0111111111" when x"C",  -- Excess 9
30:          "1111111111" when others;
31: end Decoder;
```

重點說明：

程式只是將 SN7443 的動作真值表以表列方式轉換成 with…select…when 的語法，架構十分簡單易讀，在此不重覆說明。

功能模擬 (function simulation)：

從上面加三碼對十進制低態解碼的輸入與輸出波形可以看出，它們的對應關係與真值
表完全相同，因此可以確定系統所合成的電路是正確的。

範例二	檔名：SN7483
以 VHDL 語言設計一個 4 位元全加器晶片 SN7483 或 SN74283。	

1. 動作狀況：

				Cin
	X(3)	X(2)	X(1)	X(0)
+	Y(3)	Y(2)	Y(1)	Y(0)
Cout	SUM(3)	SUM(2)	SUM(1)	SUM(0)

2. 方塊圖：

原始程式 (source program)：

```
 1: ---------------------------
 2: --    4 Bits full adder   --
 3: -- Filename : SN7483.vhd --
 4: ---------------------------
 5:
 6: library IEEE;
 7: use IEEE.STD_LOGIC_1164.ALL;
 8: use IEEE.STD_LOGIC_ARITH.ALL;
 9: use IEEE.STD_LOGIC_UNSIGNED.ALL;
10:
11: entity SN7483 is
12:     Port (Cin  : in  STD_LOGIC;
13:            X    : in  STD_LOGIC_VECTOR(3 downto 0);
14:            Y    : in  STD_LOGIC_VECTOR(3 downto 0);
15:            SUM  : out STD_LOGIC_VECTOR(3 downto 0);
16:            Cout : out STD_LOGIC);
17: end SN7483;
18:
19: architecture Full_adder of SN7483 is
20:    signal TEMP : STD_LOGIC_VECTOR(4 downto 0);
21: begin
22:   TEMP <= ('0' & X) + Y + Cin;
23:   SUM  <= TEMP(3 downto 0);
24:   Cout <= TEMP(4);
25: end Full_adder;
```

重點說明：

前面第三章有關加法運算中我們曾經提過，系統並不處理進位 (carry) 問題，也就是說如果兩筆 4 位元的資料相加時，它們的和輸出也是 4 位元，如果產生進位時，我們必須以串接 (concatenation) "&" 的方式來處理，因此於行號 22 中我們將被加數 X 由 4 位元變成 5 位元，並於行號 23～24 中將相加後的和與進位分開。

功能模擬 (function simulation)：

從上面 4 位元全加器的輸入與輸出波形中可以看出，它們的對應關係完全符合全加器的運算，因此可以確定系統所合成的電路是正確的。

| 範例三 | 檔名：SN74153 |

以 VHDL 語言設計一個兩組選擇線共用；且具有各別致能的 1 位元 4 對 1 多工器晶片，編號為 SN74153。

1. 方塊圖：

2. 真值表：

G	S(1)	S(0)	Y
1	×	×	0
0	0	0	D(0)
0	0	1	D(1)
0	1	0	D(2)
0	1	1	D(3)

原始程式 (source program)：

```
1:  --------------------------------
2:  --        4 to 1 multiplexer      --
3:  --     Filename : SN74153.vhd   --
4:  --------------------------------
5:
6:  library IEEE;
7:  use IEEE.STD_LOGIC_1164.ALL;
8:  use IEEE.STD_LOGIC_ARITH.ALL;
9:  use IEEE.STD_LOGIC_UNSIGNED.ALL;
10:
11: entity SN74153 is
12:     Port (DA : in  STD_LOGIC_VECTOR(3 downto 0);
13:            DB : in  STD_LOGIC_VECTOR(3 downto 0);
14:            S  : in  STD_LOGIC_VECTOR(1 downto 0);
15:            GA : in  STD_LOGIC;
16:            GB : in  STD_LOGIC;
17:            YA : out STD_LOGIC;
18:            YB : out STD_LOGIC);
19: end SN74153;
20:
21: architecture Multiplexer4_1 of SN74153 is
22:
23: begin
24:   YA <= DA(0) when (GA = '0' and S = "00") else
25:         DA(1) when (GA = '0' and S = "01") else
26:         DA(2) when (GA = '0' and S = "10") else
27:         DA(3) when (GA = '0' and S = "11") else
28:         '0';
29:   YB <= DB(0) when (GB = '0' and S = "00") else
30:         DB(1) when (GB = '0' and S = "01") else
31:         DB(2) when (GB = '0' and S = "10") else
32:         DB(3) when (GB = '0' and S = "11") else
33:         '0';
34: end Multiplexer4_1;
```

重點說明：

於 *A* 組的多工器中：

1. 致能 GA = '0' 且選擇線 *S* = "00" 時，則選擇 DA(0) 輸出 (行號 24)。
2. 致能 GA = '0' 且選擇線 *S* = "01" 時，則選擇 DA(1) 輸出 (行號 25)。
3. 致能 GA = '0' 且選擇線 *S* = "10" 時，則選擇 DA(2) 輸出 (行號 26)。
4. 致能 GA = '0' 且選擇線 *S* = "11" 時，則選擇 DA(3) 輸出 (行號 27)。
5. 致能 GA 不為低電位 '0' 時，輸出電位為 '0' (行號 28)。

於 B 組的多工器也是相同 (行號 29～33)。

功能模擬 (function simulation)：

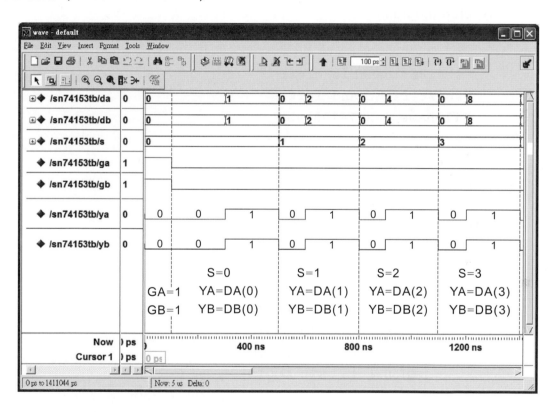

從上面功能模擬的輸入與輸出波形可以看出，它們的對應關係與真值表完全相同，因此可以確定系統所合成的電路是正確的。

範例四	檔名：SN74153
以 VHDL 語言設計一個八位元資料可以載入；且可以向左邊及向右邊移位的晶片，編號為 SN74198。	

1. 方塊圖：

2. 真值表：

CLEAR	S(1)	S(0)	Q
0	×	×	0
1	0	0	保持
1	0	1	右移
1	1	0	左移
1	1	1	載入

原始程式 (source program)：

```
 1: ------------------------------
 2: --      4 Bits loadable clear   --
 3: --      shift right and left    --
 4: --      Filename : SN74198.vhd  --
 5: ------------------------------
 6:
 7: library IEEE;
 8: use IEEE.STD_LOGIC_1164.ALL;
 9: use IEEE.STD_LOGIC_ARITH.ALL;
10: use IEEE.STD_LOGIC_UNSIGNED.ALL;
11:
12: entity SN74198 is
13:     Port (CLK   : in  STD_LOGIC;
14:            CLEAR : in  STD_LOGIC;
15:            DIN_R : in  STD_LOGIC;
16:            DIN_L : in  STD_LOGIC;
17:            DIN_P : in  STD_LOGIC_VECTOR(7 downto 0);
18:            S     : in  STD_LOGIC_VECTOR(1 downto 0);
19:            Q     : out STD_LOGIC_VECTOR(7 downto 0));
20: end SN74198;
21:
22: architecture Shift of SN74198 is
23:    signal REG : STD_LOGIC_VECTOR(7 downto 0);
24: begin
```

```
25:     process (CLK, CLEAR)
26:
27:       begin
28:         if CLEAR = '0' then
29:           REG  <= (others =>'0');
30:         elsif CLK'event and CLK = '1' then
31:           case S is
32:             when "01" =>
33:               REG <= DIN_R & REG(7 downto 1);
34:             when "10" =>
35:               REG <= REG(6 downto 0) & DIN_L;
36:             when "11" =>
37:               REG <= DIN_P;
38:             when others =>
39:               null;
40:           end case;
41:         end if;
42:     end process;
43:
44:     Q <= REG;
45: end Shift;
```

重點說明：

1.　電路發生清除 (低態動作) 時，輸出端全部為 0 (行號 28～29)。

2.　當時脈訊號 CLK 發生正緣變化 (行號 30) 則往下執行。

3.　選擇線 $S(1)$ $S(0)$ 的電位：

　　　　S = "01" 時，電路則執行向右移位 (行號 32～33)。

　　　　S = "10" 時，電路則執行向左移位 (行號 34～35)。

　　　　S = "11" 時，電路則執行資料載入 (行號 36～37)。

　　　不為上述電位 (S = "00") 時，輸出則保持不變 (行號 38～39)。

功能模擬 (function simulation)：

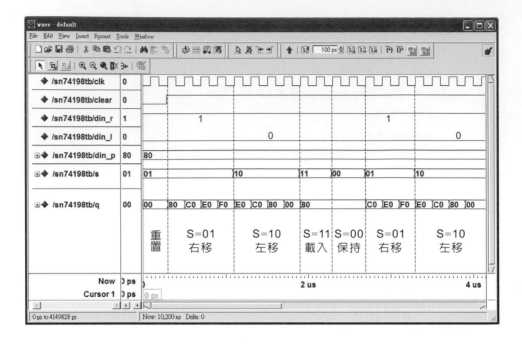

從上面功能模擬的輸入與輸出波形中可以發現到，它們的對應關係與真值表完全相同，因此可以確定系統所合成的電路是正確的。

範例五	SN74169

以 VHDL 語言設計一個帶有致能輸入、進位與借位輸出；且資料可以載入 (與時脈 CLK 同步) 的上、下算 4 位元二進制計數器晶片，其編號為 SN74169。

1. 方塊圖：

2. 真值表：

LOAD	UP_DOWN	ENABLE		動作
		T	P	
0	×	×	×	載入
1	0	0	0	下算
1	1	0	0	上算

註：當上算到 "F" 時，CARRY = '0'，否則為 '1'。

當下算到 "0" 時，CARRY = '0'，否則為 '1'。

原始程式 (source program)：

```
 1: ------------------------------
 2: -- 4 Bits loadable and enable --
 3: --   up down counter (hex)    --
 4: --   Filename : SN74169.vhd   --
 5: ------------------------------
 6:
 7: library IEEE;
 8: use IEEE.STD_LOGIC_1164.ALL;
 9: use IEEE.STD_LOGIC_ARITH.ALL;
10: use IEEE.STD_LOGIC_UNSIGNED.ALL;
11:
12: entity SN74169 is
13:     Port (CLK       : in  STD_LOGIC;
14:           LOAD      : in  STD_LOGIC;
15:           UP_DOWN   : in  STD_LOGIC;
16:           ENABLE_P  : in  STD_LOGIC;
17:           ENABLE_T  : in  STD_LOGIC;
18:           DIN       : in  STD_LOGIC_VECTOR(3 downto 0);
19:           Q         : out STD_LOGIC_VECTOR(3 downto 0);
20:           CARRY     : out STD_LOGIC);
21: end SN74169;
22:
23: architecture Counter of SN74169 is
24:   signal REG : STD_LOGIC_VECTOR(3 downto 0);
25: begin
26:   process (CLK, UP_DOWN, REG)
27:
28:     begin
29:       if CLK'event and CLK = '1' then
30:         if LOAD = '0' then
31:           REG <= DIN;
32:         elsif (ENABLE_P = '0' and ENABLE_T = '0') then
33:           if UP_DOWN = '0' then
34:             REG <= REG - 1;
35:           else
36:             REG <= REG + 1;
37:           end if;
```

```
38:           end if;
39:        end if;
40:        case UP_DOWN is
41:          when '0' =>
42:            if REG  = x"0" then
43:              CARRY <= '0';
44:            else
45:              CARRY <= '1';
46:            end if;
47:          when others =>
48:            if REG  = x"F" then
49:              CARRY <= '0';
50:            else
51:              CARRY <= '1';
52:            end if;
53:        end case;
54:
55:     end process;
56:
57:    Q <= REG;
58:  end Counter;
```

重點說明:

1. 當時脈訊號 CLK 發生正緣變化時 (行號 29) 則往下執行。

2. 當載入訊號 LOAD 為低電位 '0' 時,則執行資料載入動作 (行號 30～31)。

3. 當兩個致能訊號 ENABLE_P,ENABLE_T 同時為低電位 '0' 時 (行號 32) 則往下執行。

4. 如果上、下算控制接腳 UP_DOWN 的電位:

    (1) 為低電位 '0' 時,則執行下算的工作 (行號 33～34)。

    (2) 為高電位 '1' 時,則執行上算的工作 (行號 35～36)。

5. 當電路執行下算時 (行號 40～41),如果計數內容為 "0" 時,則將借位接腳 CARRY 清除為 '0' (行號 42～43),否則將借位接腳 CARRY 設定成 '1' (行號 44～45)。

6. 當電路執行上算時 (行號 47),如果計數內容為 "F" 時,則將進位接腳 CARRY 清除為 '0' (行號 48～49),否則將進位接腳 CARRY 設定成 '1' (行號 50～51)。

功能模擬 (function simulation)：

從上面功能模擬的輸入與輸出波形可以看出，它們的對應關係與真值表完全相同，因此可以確定系統所合成的電路是正確的。

自我練習與評量

5-1 以 if 敘述設計一個一位元的半加器 (以輸入 X，Y 串接 "&" 方式)，其動作狀況、方塊圖及真值表如下：

1. 動作狀況：

$$\begin{array}{r} X \\ + \quad Y \\ \hline C \ S \end{array}$$

2. 方塊圖：

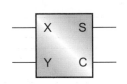

3. 真值表：

X	Y	S	C
0	0	0	0
0	1	1	0
1	0	1	0
1	1	0	1

5-2 以 if 敘述設計一個一位元的全加器 (以輸入 $C0$，$X0$，$Y0$；輸出 $C1$，$S0$ 串接 "&" 方式)，其動作狀況、方塊圖、真值表如下：

1. 動作狀況：

$$\begin{array}{r} C0 \\ X0 \\ + \quad Y0 \\ \hline C1 \ S0 \end{array}$$

2. 方塊圖：

3. 真值表：

C0	X0	Y0	S0	C1
0	0	0	0	0
0	0	1	1	0
0	1	0	1	0
0	1	1	0	1
1	0	0	1	0
1	0	1	0	1
1	1	0	0	1
1	1	1	1	1

5-3 以 if 敘述設計一個低態動作的 2 對 4 解碼器 (以輸入 A，B 串接 "&" 方式)，其方塊圖與真值表如下：

1. 方塊圖：

2. 真值表：

A	B	Y(3)	Y(2)	Y(1)	Y(0)
0	0	1	1	1	0
0	1	1	1	0	1
1	0	1	0	1	1
1	1	0	1	1	1

5-4　以 if 敘述設計一個具有三態輸出的 4 對 2 編碼器，其方塊圖與真值表如下：

1.　方塊圖：

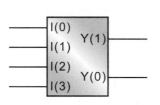

2.　真值表：

I(3)	I(2)	I(1)	I(0)	Y(1)	Y(0)
0	0	0	1	0	0
0	0	1	0	0	1
0	1	0	0	1	0
1	0	0	0	1	1
其餘電位				Z	Z

5-5　以 if 敘述設計一個兩組 1 位元資料的比較器 (以輸出串接 "&" 方式)，其方塊圖與真值表如下：

1.　方塊圖：

2.　真值表：

A	B	LARGE	EQV	SMALL
0	0	0	1	0
0	1	0	0	1
1	0	1	0	0
1	1	0	1	0

5-6　以 if 敘述設計一個共陽極 BCD 碼對七段顯示器的解碼器，其方塊圖與真值表如下：

1.　方塊圖：

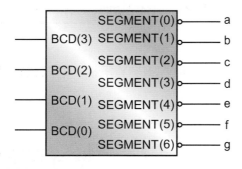

2 真值表：

BCD(3)	BCD(2)	BCD(1)	BCD(0)	g	f	e	d	c	b	a	字型
0	0	0	0	1	0	0	0	0	0	0	
0	0	0	1	1	1	1	1	0	0	1	
0	0	1	0	0	1	0	0	1	0	0	
0	0	1	1	0	1	1	0	0	0	0	
0	1	0	0	0	0	1	1	0	0	1	
0	1	0	1	0	0	1	0	0	1	0	
0	1	1	0	0	0	0	0	0	1	0	
0	1	1	1	1	1	1	1	0	0	0	
1	0	0	0	0	0	0	0	0	0	0	
1	0	0	1	0	0	1	0	0	0	0	
1	0	1	0	1	1	1	1	1	1	1	
1	0	1	1	1	1	1	1	1	1	1	
1	1	0	0	1	1	1	1	1	1	1	
1	1	0	1	1	1	1	1	1	1	1	
1	1	1	0	1	1	1	1	1	1	1	
1	1	1	1	1	1	1	1	1	1	1	

5-7 以巢狀 if 敘述設計一個 1 對 4 解多工器，其方塊圖與真值表如下：

1. 方塊圖：

2. 真值表：

S(1)	S(0)	Y(3)	Y(2)	Y(1)	Y(0)
0	0	1	1	1	DIN
0	1	1	1	DIN	1
1	0	1	DIN	1	1
1	1	DIN	1	1	1

5-8 以 case 敘述設計一個 1 位元的半加器 (以輸入 X，Y 串接 "&" 方式)，其動作狀況、方塊圖及真值表如下：

1. 動作狀況：

```
    X
  + Y
  ‾‾‾‾‾
  C S
```

2. 方塊圖：

```
    X   S
    
    Y   C
```

3. 真值表：

X	Y	S	C
0	0	0	0
0	1	1	0
1	0	1	0
1	1	0	1

5-9　以 case 敘述設計一個低態動作的 3 對 5 多重解碼器 (以輸入 A，B，C 串接 "&" 方式)，其方塊圖與真值表如下：

1.　方塊圖：

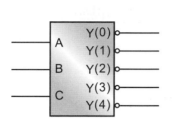

2.　真值表：

A	B	C	Y(4)	Y(3)	Y(2)	Y(1)	Y(0)
0	0	0	1	1	1	1	0
0	0	1	1	1	1	1	0
0	1	0	1	1	1	0	1
0	1	1	1	1	0	1	1
1	0	0	1	1	0	1	1
1	0	1	1	1	0	1	1
1	1	0	1	0	1	1	1
1	1	1	0	1	1	1	1

5-10　以 case 敘述設計一個一位元的 2 對 1 多工器，其方塊圖與真值表如下：

1.　方塊圖：

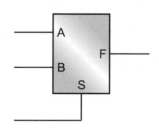

2.　真值表：

S	F
0	A
1	B

5-11　以 case 敘述設計一個一位元 4 對 1 多工器，其方塊圖與真值表如下：

1.　方塊圖：

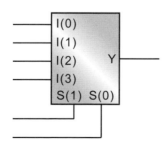

2.　真值表：

S(1)	S(0)	Y
0	0	I(0)
0	1	I(1)
1	0	I(2)
1	1	I(3)

5-12 以 case 敘述設計一個 1 對 2 的解多工器，其方塊圖與真值表如下：

1. 方塊圖：

2. 真值表：

S	Y(1)	Y(0)
0	1	DIN
1	DIN	1

5-13 以 case 敘述設計一個 1 對 4 的解多工器，其方塊圖與真值表如下：

1. 方塊圖：

2. 真值表：

S(1)	S(0)	Y(3)	Y(2)	Y(1)	Y(0)
0	0	1	1	1	DIN
0	1	1	1	DIN	1
1	0	1	DIN	1	1
1	1	DIN	1	1	1

5-14 以 case 敘述設計一個共陽極 BCD 碼對七段顯示器的解碼器，其方塊圖與真值表如下：

1. 方塊圖：

第 5 章　行為模式敘述與序向電路

2.　真值表：

BCD(3)	BCD(2)	BCD(1)	BCD(0)	g	f	e	d	c	b	a	字型
0	0	0	0	1	0	0	0	0	0	0	0
0	0	0	1	1	1	1	1	0	0	1	1
0	0	1	0	0	1	0	0	1	0	0	2
0	0	1	1	0	1	1	0	0	0	0	3
0	1	0	0	0	0	1	1	0	0	1	4
0	1	0	1	0	0	1	0	0	1	0	5
0	1	1	0	0	0	0	0	0	1	0	6
0	1	1	1	1	1	1	1	0	0	0	7
1	0	0	0	0	0	0	0	0	0	0	8
1	0	0	1	0	0	1	0	0	0	0	9
1	0	1	0	1	1	1	1	1	1	1	
1	0	1	1	1	1	1	1	1	1	1	
1	1	0	0	1	1	1	1	1	1	1	
1	1	0	1	1	1	1	1	1	1	1	
1	1	1	0	1	1	1	1	1	1	1	
1	1	1	1	1	1	1	1	1	1	1	

5-15　以 if 敘述設計一個具有低態重置 RESET 的正緣觸發 8 位元二進制下算計數器，其計數範圍：

$$00 \longrightarrow FF \longrightarrow FE \longrightarrow FD ---- \longrightarrow 03 \rightarrow 02 \rightarrow 01$$

1.　方塊圖：

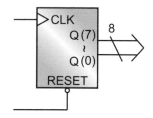

2.　真值表：

RESET	CLK	Q
0	×	0
1	⌐	下算

5-16　以 if 敘述設計一個具有低態重置 RESET 的正緣觸發 1 位數 BCD 偶數上算計數器，其計數範圍：

$$0 \rightarrow 2 \rightarrow 4 \rightarrow 6 \rightarrow 8$$

1. 方塊圖：

2. 真值表：

RESET	CLK	Q
0	×	0
1	⌐	上算

5-17 以 if 敘述設計一個具有低態重置 RESET 的正緣觸發兩位數 BCD 下算計數器，其計數範圍：

1. 方塊圖：

2. 真值表：

RESET	CLK	Q
0	×	0
1	⌐	下算

5-18 以整數 (integer) 方式，設計一個 BCD 上算計數器，計數範圍為 0～9，其方塊圖如下：

方塊圖：

5-19　以訊號指定方式，設計一個 4 位元一次一個亮的霹靂燈，其方塊圖與狀態表如下：

1.　方塊圖：

2.　狀態表：

目前狀態 PS				下一個狀態 NS			
Q(3)	Q(2)	Q(1)	Q(0)	Q(3)	Q(2)	Q(1)	Q(0)
1	0	0	0	0	1	0	0
0	1	0	0	0	0	1	0
0	0	1	0	0	0	0	1
0	0	0	1	0	0	1	0
0	0	1	0	0	1	0	0
0	1	0	0	1	0	0	0

5-20　以變數指定方式，設計一個 4 位元一次一個亮的霹靂燈，其方塊圖與狀態表與上一題完全相同。

5-21　以 if 敘述設計一個具有低態重置 RESET 的 8 位元向右移位暫存器，其方塊圖與真值表如下：

1.　方塊圖：

2.　真值表：

RESET	CLK	Q
0	×	0
1	⌐	右移

5-22　以 if 敘述設計一個具有低態重置 RESET (重置後的電位為 "10000000") 的 8 位元向右旋轉暫存器，其方塊圖與真值表如下：

1.　方塊圖：

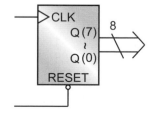

2.　真值表：

RESET	CLK	Q
0	×	x"80"
1	⌐	右旋

5-23　設計一個將加三格雷瑪 0～9 的數值，解碼成十進制 (低態動作) 的晶片，編號為
SN7444，其方塊圖與真值表如下：

1.　方塊圖：

2.　真值表：

EX3G(3)	EX3G(2)	EX3G(1)	EX3G(0)	Y(9)	Y(8)	Y(7)	Y(6)	Y(5)	Y(4)	Y(3)	Y(2)	Y(1)	Y(0)
0	0	1	0	1	1	1	1	1	1	1	1	1	0
0	1	1	0	1	1	1	1	1	1	1	1	0	1
0	1	1	1	1	1	1	1	1	1	0	1	1	1
0	1	0	1	1	1	1	1	1	0	1	1	1	1
0	1	0	0	1	1	1	1	1	0	1	1	1	1
1	1	0	0	1	1	1	1	0	1	1	1	1	1
1	1	0	1	1	1	1	0	1	1	1	1	1	1
1	1	1	1	1	1	0	1	1	1	1	1	1	1
1	1	1	0	1	0	1	1	1	1	1	1	1	1
1	0	1	0	0	1	1	1	1	1	1	1	1	1

5-24　設計一個兩組 4 位元且可以擴展 (8，12，16……位元) 的比較器晶片，編號為
SN7485 (以輸出串接 "&" 方式)，其方塊圖與真值表如下 (詳細特性請參閱
SN7485 的資料手冊)：

1.　方塊圖：　　　　　　　　　　　　　2.　真值表：

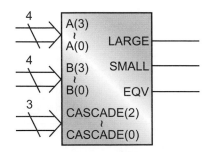

A　B	CASCADE	LARGE	SMALL	EQV
A > B	×	1	0	0
A < B	×	0	1	0
A = B	CASCADE	CASCADE		

5-25　設計一個帶有致能且具有互補輸出的 8 對 1 多工器晶片，編號為 SN74151，其方塊圖與真值表如下：

1.　方塊圖：

2.　真值表：

G	S(2)	S(1)	S(0)	Y	W
1	×	×	×	0	1
0	0	0	0	D(0)	$\overline{D(0)}$
0	0	0	1	D(1)	$\overline{D(1)}$
0	0	1	0	D(2)	$\overline{D(2)}$
0	0	1	1	D(3)	$\overline{D(3)}$
0	1	0	0	D(4)	$\overline{D(4)}$
0	1	0	1	D(5)	$\overline{D(5)}$
0	1	1	0	D(6)	$\overline{D(6)}$
0	1	1	1	D(7)	$\overline{D(7)}$

5-26　設計一個內部擁有兩組帶有致能 (G) 及選擇線 (C) 的低態動作 2 對 4 解碼器晶片，編號為 SN74155，其方塊圖與真值表如下：

1.　方塊圖：

2.　真值表：

G	C1	C2	A(1)	A(0)	Y(3)	Y(2)	Y(1)	Y(0)
1	×	×	×	×	1	1	1	1
×	0	1	×	×	1	1	1	1
0	1	0	0	0	1	1	1	0
0	1	0	0	1	1	1	0	1
0	1	0	1	0	1	0	1	1
0	1	0	1	1	0	1	1	1

註：Y1 解碼的條件為：G1 = '0' 且 C1 = '1'。
　　Y2 解碼的條件為：G2 = '0' 且 C2 = '0'。

5-27 設計一個 4 位元具有三態輸出與致能控制 (G) 的 2 對 1 多工器晶片，編號為 SN74257，其方塊圖與真值表如下：

1. 方塊圖：

2. 真值表：

G	S	Y
1	×	Z
0	0	A
0	1	B

5-28 設計一個具有 LED 測試 LT、RBI 輸入、RBO 輸出的共陽極 BCD 碼對七段顯示解碼器晶片，編號為 SN74247，其方塊圖與真值表如下：

1. 方塊圖：

2. 真值表：

LT	RBI	BCD	RBO	g	f	e	d	c	b	a
0	×	×	1	0	0	0	0	0	0	0
1	0	0	0	1	1	1	1	1	1	1
1	×	0	1	1	0	0	0	0	0	0
1	×	1	1	1	1	1	1	0	0	1
1	×	2	1	0	1	0	0	1	0	0
1	×	3	1	0	1	1	0	0	0	0
1	×	4	1	0	0	1	1	0	0	1
1	×	5	1	0	0	1	0	0	1	0
1	×	6	1	0	0	0	0	0	1	0
1	×	7	1	1	1	1	1	0	0	0
1	×	8	1	0	0	0	0	0	0	0
1	×	9	1	0	0	1	0	0	0	0
1	×	A	1	0	1	0	0	1	1	1
1	×	B	1	0	1	1	0	0	1	1
1	×	C	1	0	0	1	1	1	0	1
1	×	D	1	0	0	1	0	1	1	0
1	×	E	1	0	0	0	0	1	1	1
1	×	F	1	1	1	1	1	1	1	1

第五章　自我練習與評量解答

5-1　原始程式的內容如下：

```
 1:  --------------------------------------
 2:  --          Half adder using         --
 3:  --    if then elsif else statement    --
 4:  --        Filename : HALF_ADDER.vhd   --
 5:  --------------------------------------
 6:
 7:  library IEEE;
 8:  use IEEE.STD_LOGIC_1164.ALL;
 9:  use IEEE.STD_LOGIC_ARITH.ALL;
10:  use IEEE.STD_LOGIC_UNSIGNED.ALL;
11:
12:  entity HALF_ADDER is
13:      Port (X : in  STD_LOGIC;
14:             Y : in  STD_LOGIC;
15:             S : out STD_LOGIC;
16:             C : out STD_LOGIC);
17:  end HALF_ADDER;
18:
19:  architecture Data_flow of HALF_ADDER is
20:    signal XY : STD_LOGIC_VECTOR(1 downto 0);
21:  begin
22:    XY <= X & Y;
23:    process(XY)
24:
25:      begin
26:        if XY = "00" then
27:          S <= '0';
28:          C <= '0';
29:        elsif XY = "01" or XY = "10" then
30:          S <= '1';
31:          C <= '0';
32:        else
33:          S <= '0';
34:          C <= '1';
35:        end if;
```

```
36:      end process;
37:
38: end Data_flow;
```

功能模擬 (function simulation)：

5-3　原始程式的內容如下：

```
 1: ----------------------------------------
 2: --    2 to 4 decoder(low) using    --
 3: --   if then elsif else statement  --
 4: --    Filename : DECODER_2_4.vhd    --
 5: ----------------------------------------
 6:
 7: library IEEE;
 8: use IEEE.STD_LOGIC_1164.ALL;
 9: use IEEE.STD_LOGIC_ARITH.ALL;
10: use IEEE.STD_LOGIC_UNSIGNED.ALL;
11:
12: entity DECODER_2_4 is
13:      Port (A : in  STD_LOGIC;
14:            B : in  STD_LOGIC;
```

```
15:                 Y : out STD_LOGIC_VECTOR(3 downto 0));
16: end DECODER_2_4;
17:
18: architecture Data_flow of DECODER_2_4 is
19:   signal AB : STD_LOGIC_VECTOR(1 downto 0);
20: begin
21:   AB <= A & B;
22:   process(AB)
23:
24:     begin
25:       if AB = "00" then
26:         Y <= "1110";
27:       elsif AB = "01" then
28:         Y <= "1101";
29:       elsif AB = "10" then
30:         Y <= "1011";
31:       else
32:         Y <= "0111";
33:       end if;
34:   end process;
35:
36:   end Data_flow;
```

功能模擬 (function simulation)：

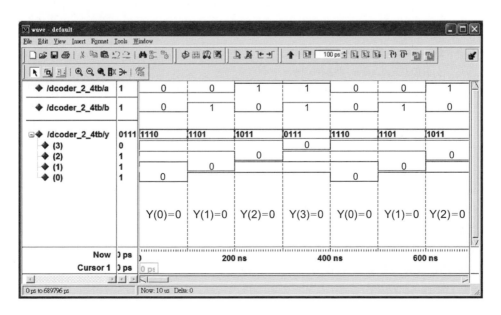

5-5 原始程式的內容如下：

```
 1: ----------------------------------------
 2: --      2 bit comparactor using       --
 3: --   if then elsif else statement     --
 4: --      Filename : COMPARACTOR.vhd     --
 5: ----------------------------------------
 6:
 7: library IEEE;
 8: use IEEE.STD_LOGIC_1164.ALL;
 9: use IEEE.STD_LOGIC_ARITH.ALL;
10: use IEEE.STD_LOGIC_UNSIGNED.ALL;
11:
12: entity COMPARACTOR is
13:     Port (A      : in  STD_LOGIC;
14:           B      : in  STD_LOGIC;
15:           LARGE  : out STD_LOGIC;
16:           EQV    : out STD_LOGIC;
17:           SMALL  : out STD_LOGIC);
18: end COMPARACTOR;
19:
20: architecture Data_flow of COMPARACTOR is
21:   signal RESULT : STD_LOGIC_VECTOR(2 downto 0);
22: begin
23:   process(A, B)
24:
25:     begin
26:       if A > B then
27:         RESULT <= "100";
28:       elsif A < B then
29:         RESULT <= "001";
30:       else
31:         RESULT <= "010";
32:       end if;
33:   end process;
34:
35:   LARGE <= RESULT(2);
36:   EQV   <= RESULT(1);
37:   SMALL <= RESULT(0);
38: end Data_flow;
```

功能模擬 (function simulation)：

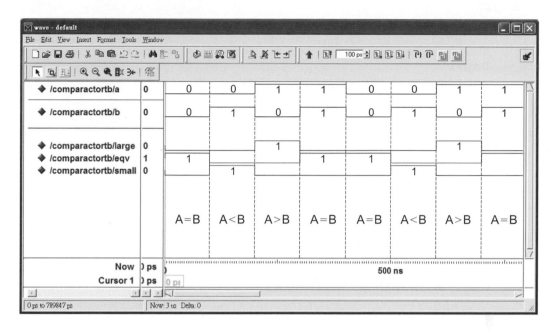

5-7　原始程式的內容如下：

```
 1: ---------------------------------------
 2: --   1 to 4 demultiplexer using    --
 3: --      if then elsif else nest     --
 4: -- Filename : DEMULTIPLEXER1_4.vhd --
 5: ---------------------------------------
 6:
 7: library IEEE;
 8: use IEEE.STD_LOGIC_1164.ALL;
 9: use IEEE.STD_LOGIC_ARITH.ALL;
10: use IEEE.STD_LOGIC_UNSIGNED.ALL;
11:
12: entity DEMULTIPLEXER1_4 is
13:     Port (DIN : in  STD_LOGIC;
14:            S   : in  STD_LOGIC_VECTOR(1 downto 0);
15:            Y   : out STD_LOGIC_VECTOR(3 downto 0));
16: end DEMULTIPLEXER1_4;
17:
18: architecture Data_flow of DEMULTIPLEXER1_4 is
```

```
19:
20:  begin
21:    process(S, DIN)
22:
23:      begin
24:        if S(1) = '0' then
25:          if S(0) = '0' then
26:            Y <= "111" & DIN;
27:          else
28:            Y <= "11" & DIN & '1';
29:          end if;
30:        else
31:          if S(0) = '0' then
32:            Y <= '1' & DIN & "11";
33:          else
34:            Y <= DIN & "111";
35:          end if;
36:        end if;
37:    end process;
38:
39:  end Data_flow;
```

功能模擬 (function simulation)：

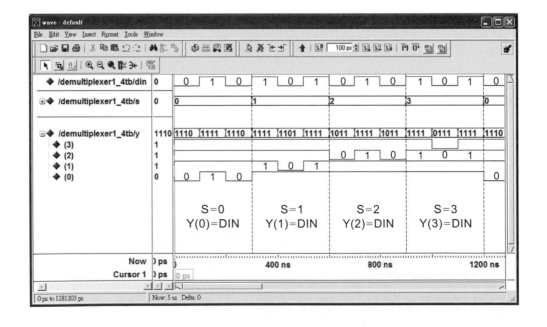

5-9　原始程式的內容如下：

```
 1: -------------------------------------------------
 2: --    3 to 5 multiple address decoder using   --
 3: --           case is when statement           --
 4: --     Filename : MULTIPLE_DECODER_3_5.vhd     --
 5: -------------------------------------------------
 6:
 7: library IEEE;
 8: use IEEE.STD_LOGIC_1164.ALL;
 9: use IEEE.STD_LOGIC_ARITH.ALL;
10: use IEEE.STD_LOGIC_UNSIGNED.ALL;
11:
12: entity MULTIPLE_DECODER_3_5 is
13:     Port (A : in  STD_LOGIC;
14:           B : in  STD_LOGIC;
15:           C : in  STD_LOGIC;
16:           Y : out STD_LOGIC_VECTOR(4 downto 0));
17: end MULTIPLE_DECODER_3_5;
18:
19: architecture Data_flow of MULTIPLE_DECODER_3_5 is
20:   signal ABC : STD_LOGIC_VECTOR(2 downto 0);
21: begin
22:   ABC <= A & B & C;
23:   process(ABC)
24:
25:     begin
26:       case ABC is
27:         when o"0" | o"1" =>
28:           Y <= "11110";
29:         when o"2" =>
30:           Y <= "11101";
31:         when o"3" | o"4" | o"5" =>
32:           Y <= "11011";
33:         when o"6" =>
34:           Y <= "10111";
35:         when others =>
36:           Y <= "01111";
37:       end case;
```

```
38:    end process;
39:
40: end Data_flow;
```

功能模擬 (function simulation)：

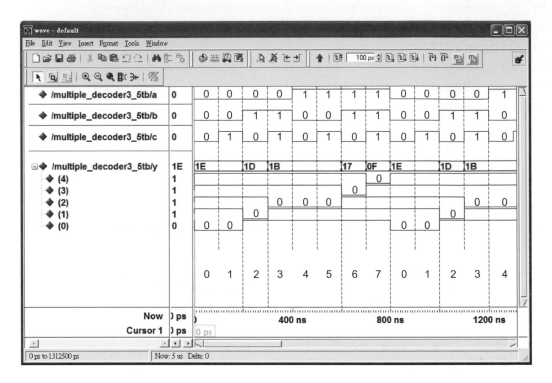

5-11 原始程式的內容如下：

```
1: --------------------------------------
2: --    4 to 1 multiplexer using    --
3: --     case is when statement      --
4: -- Filename : MULTIPLEXER4_1.vhd  --
5: --------------------------------------
6:
7: library IEEE;
8: use IEEE.STD_LOGIC_1164.ALL;
9: use IEEE.STD_LOGIC_ARITH.ALL;
10: use IEEE.STD_LOGIC_UNSIGNED.ALL;
11:
```

```
12:  entity MULTIPLEXER4_1 is
13:        Port ( S : in  STD_LOGIC_VECTOR(1 downto 0);
14:              I   : in  STD_LOGIC_VECTOR(3 downto 0);
15:              Y   : out STD_LOGIC);
16:  end MULTIPLEXER4_1;
17:
18:  architecture Data_flow of MULTIPLEXER4_1 is
19:
20:  begin
21:    process(S, I)
22:
23:      begin
24:        case S is
25:          when "00"   => Y <= I(0);
26:          when "01"   => Y <= I(1);
27:          when "10"   => Y <= I(2);
28:          when others => Y <= I(3);
29:        end case;
30:    end process;
31:
32:  end Data_flow;
```

功能模擬 (function simulation)：

5-13　原始程式的內容如下：

```
 1: ---------------------------------------
 2: --    1 to 4 demultiplexer using    --
 3: --       case is when statement     --
 4: -- Filename : DEMULTIPLEXER1_4.vhd --
 5: ---------------------------------------
 6:
 7: library IEEE;
 8: use IEEE.STD_LOGIC_1164.ALL;
 9: use IEEE.STD_LOGIC_ARITH.ALL;
10: use IEEE.STD_LOGIC_UNSIGNED.ALL;
11:
12: entity DEMULTIPLEXER1_4 is
13:     Port (DIN : in   STD_LOGIC;
14:             S   : in   STD_LOGIC_VECTOR(1 downto 0);
15:             Y   : out STD_LOGIC_VECTOR(3 downto 0));
16: end DEMULTIPLEXER1_4;
17:
18: architecture Data_flow of DEMULTIPLEXER1_4 is
19:
20: begin
21:   process(S, DIN)
22:
23:     begin
24:       case S is
25:         when "00"   => Y <= "111" & DIN;
26:         when "01"   => Y <= "11" & DIN & '1';
27:         when "10"   => Y <= '1' & DIN & "11";
28:         when others => Y <= DIN & "111";
29:       end case;
30:   end process;
31:
32: end Data_flow;
```

功能模擬　(function simulation)：

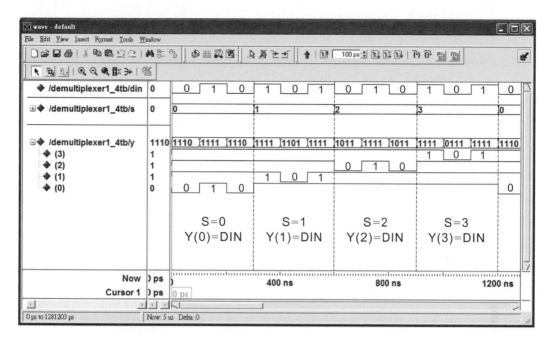

5-15　原始程式的內容如下：

```
 1: ----------------------------------------
 2: --      8 Bits binary down counter      --
 3: -- Filename : BINARY_DOWN_COUNTER.vhd --
 4: ----------------------------------------
 5:
 6: library IEEE;
 7: use IEEE.STD_LOGIC_1164.ALL;
 8: use IEEE.STD_LOGIC_ARITH.ALL;
 9: use IEEE.STD_LOGIC_UNSIGNED.ALL;
10:
11: entity BINARY_DOWN_COUNTER is
12:     Port (CLK   : in  STD_LOGIC;
13:           RESET : in  STD_LOGIC;
14:           Q     : out STD_LOGIC_VECTOR(7 downto 0));
15: end BINARY_DOWN_COUNTER;
16:
17: architecture Behavioral of BINARY_DOWN_COUNTER is
```

```
18:    signal REG : STD_LOGIC_VECTOR(7 downto 0);
19: begin
20:   process(CLK, RESET)
21:
22:     begin
23:       if RESET = '0' then
24:         REG <= (others => '0');
25:       elsif CLK'event and CLK = '1' then
26:         REG <= REG - 1;
27:       end if;
28:   end process;
29:
30:   Q <= REG;
31: end Behavioral;
```

功能模擬 (function simulation)：

5-17　原始程式的內容如下：

```
1: -------------------------------------------------
2: --     2 Digital BCD down counter(12 - 00)     --
3: --     Filename : BCD_DOWN_COUNTER_12_00.vhd    --
4: -------------------------------------------------
5:
```

```vhdl
 6: library IEEE;
 7: use IEEE.STD_LOGIC_1164.ALL;
 8: use IEEE.STD_LOGIC_ARITH.ALL;
 9: use IEEE.STD_LOGIC_UNSIGNED.ALL;
10:
11: entity BCD_DOWN_COUNTER_12_00 is
12:     Port (CLK   : in  STD_LOGIC;
13:           RESET : in  STD_LOGIC;
14:           Q     : out STD_LOGIC_VECTOR(7 downto 0));
15: end BCD_DOWN_COUNTER_12_00;
16:
17: architecture Behavioral of BCD_DOWN_COUNTER_12_00 is
18:   signal REG : STD_LOGIC_VECTOR(7 downto 0);
19: begin
20:   process(CLK, RESET)
21:
22:     begin
23:       if RESET = '0' then
24:         REG <= x"12";
25:       elsif CLK'event and CLK = '1' then
26:         if REG(3 downto 0) = x"0" then
27:           REG(3 downto 0)  <= x"9";
28:           REG(7 downto 4)  <= REG(7 downto 4) - 1;
29:         else
30:           REG(3 downto 0)  <= REG(3 downto 0) - 1;
31:         end if;
32:         if REG = x"00" then
33:           REG <= x"12";
34:         end if;
35:       end if;
36:   end process;
37:
38:   Q <= REG;
39: end Behavioral;
```

功能模擬 (function simulation)：

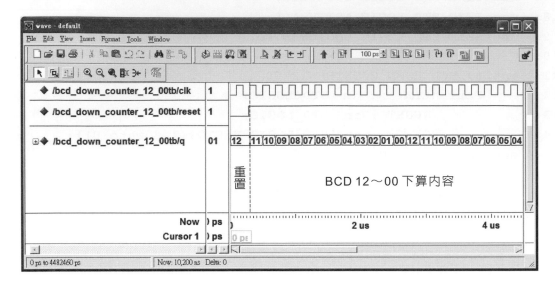

5-19 原始程式的內容如下：

```
 1: --------------------------------------
 2: --   4 Bits PILI light with signal  --
 3: --      Filename : PILI_LIGHT.vhd    --
 4: --------------------------------------
 5:
 6: library IEEE;
 7: use IEEE.STD_LOGIC_1164.ALL;
 8: use IEEE.STD_LOGIC_ARITH.ALL;
 9: use IEEE.STD_LOGIC_UNSIGNED.ALL;
10:
11: entity PILI_LIGHT is
12:     Port (CLK   : in  STD_LOGIC;
13:           RESET : in  STD_LOGIC;
14:           Q     : out STD_LOGIC_VECTOR(3 downto 0));
15: end PILI_LIGHT;
16:
17: architecture Behavioral of PILI_LIGHT is
18:   signal DIRECTION : std_logic;
19:   signal PATTERN   : std_logic_vector(3 downto 0);
20: begin
```

```
21:      process (CLK, RESET)
22:
23:        begin
24:          if RESET    = '0' then
25:            DIRECTION <= '0';
26:            PATTERN   <= "1000";
27:          elsif CLK'event and CLK = '1' then
28:            if DIRECTION = '0' then
29:              PATTERN <= '0' & PATTERN(3 downto 1);
30:            else
31:              PATTERN <= PATTERN(2 downto 0) & '0';
32:            end if;
33:            if PATTERN    = "0010" then
34:              DIRECTION   <= '1';
35:            elsif PATTERN = "0100" then
36:              DIRECTION   <= '0';
37:            end if;
38:          end if;
39:       end process;
40:
41:      Q <= PATTERN;
42:   end Behavioral;
```

功能模擬 (function simulation)

5-21　原始程式的內容如下：

```
 1: ------------------------------------------
 2: --          8 Bits data shift right       --
 3: --      Filename : SHIFT_RIGHT_8BITS.vhd  --
 4: ------------------------------------------
 5:
 6: library IEEE;
 7: use IEEE.STD_LOGIC_1164.ALL;
 8: use IEEE.STD_LOGIC_ARITH.ALL;
 9: use IEEE.STD_LOGIC_UNSIGNED.ALL;
10:
11: entity SHIFT_RIGHT_8BITS is
12:     Port (CLK   : in  STD_LOGIC;
13:           RESET : in  STD_LOGIC;
14:           DIN   : in  STD_LOGIC;
15:           Q     : out STD_LOGIC_VECTOR(7 downto 0));
16: end SHIFT_RIGHT_8BITS;
17:
18: architecture Behavioral of SHIFT_RIGHT_8BITS is
19:   signal REG : STD_LOGIC_VECTOR(7 downto 0);
20: begin
21:   process(CLK, RESET)
22:
23:     begin
24:       if RESET = '0' then
25:         REG <= (others => '0');
26:       elsif CLK'event and CLK = '1' then
27:         REG <= DIN & REG(7 downto 1);
28:       end if;
29:   end process;
30:
31:   Q <= REG;
32: end Behavioral;
```

功能模擬 (function simulation)：

5-23　原始程式的內容如下：

```
 1: ---------------------------
 2: --    Excess_3 gray code   --
 3: --   to decimal decoder    --
 4: -- Filename : SN7444.vhd  --
 5: ---------------------------
 6:
 7: library IEEE;
 8: use IEEE.STD_LOGIC_1164.ALL;
 9: use IEEE.STD_LOGIC_ARITH.ALL;
10: use IEEE.STD_LOGIC_UNSIGNED.ALL;
11:
12: entity SN7444 is
13:     Port (EX3G : in  STD_LOGIC_VECTOR(3 downto 0);
14:           Y    : out STD_LOGIC_VECTOR(9 downto 0));
15: end SN7444;
16:
17: architecture Decoder of SN7444 is
18:
19: begin
20:   with EX3G select
```

```
21:        Y <= "1111111110" when "0010", -- EX_3_Gray 0
22:             "1111111101" when "0110", -- EX_3_Gray 1
23:             "1111111011" when "0111", -- EX_3_Gray 2
24:             "1111110111" when "0101", -- EX_3_Gray 3
25:             "1111101111" when "0100", -- EX_3_Gray 4
26:             "1111011111" when "1100", -- EX_3_Gray 5
27:             "1110111111" when "1101", -- EX_3_Gray 6
28:             "1101111111" when "1111", -- EX_3_Gray 7
29:             "1011111111" when "1110", -- EX_3_Gray 8
30:             "0111111111" when "1010", -- EX_3_Gray 9
31:             "1111111111" when others;
32: end Decoder;
```

功能模擬 (function simulation)：

加 3 格雷碼對十進制解碼內容

5-25　原始程式的內容如下：

```
 1:  ---------------------------------
 2:  --   8 tO 1 multiplexer with    --
 3:  --       output complement      --
 4:  --    Filename : SN74151.vhd    --
 5:  ---------------------------------
 6:
 7:  library IEEE;
 8:  use IEEE.STD_LOGIC_1164.ALL;
 9:  use IEEE.STD_LOGIC_ARITH.ALL;
10:  use IEEE.STD_LOGIC_UNSIGNED.ALL;
11:
12:  entity SN74151 is
13:      Port (D : in  STD_LOGIC_VECTOR(7 downto 0);
14:             S : in  STD_LOGIC_VECTOR(2 downto 0);
15:             G : in  STD_LOGIC;
16:             Y : out STD_LOGIC;
17:             W : out STD_LOGIC);
18:  end SN74151;
19:
20:  architecture Multiplexer8_1 of SN74151 is
21:    signal TEMP : std_logic;
22:  begin
23:    TEMP <= D(0) when (G = '0' and S = o"0") else
24:            D(1) when (G = '0' and S = o"1") else
25:            D(2) when (G = '0' and S = o"2") else
26:            D(3) when (G = '0' and S = o"3") else
27:            D(4) when (G = '0' and S = o"4") else
28:            D(5) when (G = '0' and S = o"5") else
29:            D(6) when (G = '0' and S = o"6") else
30:            D(7) when (G = '0' and S = o"7") else
31:            '0';
32:    Y <= TEMP;
33:    W <= not TEMP;
34:  end Multiplexer8_1;
```

功能模擬 (function simulation)：

5-27　原始程式的內容如下：

```
 1: --------------------------------------
 2: --   2 tO 1 data selector(4 Bits)  --
 3: --        Filename : SN74257.vhd      --
 4: --------------------------------------
 5:
 6: library IEEE;
 7: use IEEE.STD_LOGIC_1164.ALL;
 8: use IEEE.STD_LOGIC_ARITH.ALL;
 9: use IEEE.STD_LOGIC_UNSIGNED.ALL;
10:
11: entity SN74257 is
12:     Port (S : in  STD_LOGIC;
13:           G : in  STD_LOGIC;
```

```
14:              A : in  STD_LOGIC_VECTOR(3 downto 0);
15:              B : in  STD_LOGIC_VECTOR(3 downto 0);
16:              Y : out STD_LOGIC_VECTOR(3 downto 0));
17: end SN74257;
18:
19: architecture Multiplexer2_1 of SN74257 is
20:
21: begin
22:   Y <= A when (G = '0' and S = '0') else
23:        B when (G = '0' and S = '1') else
24:        "ZZZZ";
25: end Multiplexer2_1;
```

功能模擬 (function simulation)：

階層式、模組化與參數化電路設計

6-1 結構化與模組化

一個優良的程式結構必須具備容易閱讀、容易偵錯、容易發展、容易維護……等特性，希望擁有上述特性的程式,它所使用的語言必須是一種具有結構化 (structure) 特性的語言,也就是它所撰寫出來的程式為一種:

1. 由上往下執行 (top down)。
2. 模組化 (module)。

所謂的模組化就是,我們可以將一個大程式分割成無數個彼此之間都不會相互影響的獨立小程式,有了這種特性,軟體工程師就可以將一個很大的軟體系統,細分成為數可觀的小程式後,交給不同的工程師們同時進行程式設計工作,以期達到分工的效果。

VHDL 語言就是這樣的語言,為了要達到快速的產品設計與量產來滿足市場的需求,硬體工程師可以將一個大型的硬體控制電路,分割成無數個小型獨立的小電路後,同時交給不同的設計師去設計、模擬及測試，一旦每個硬體電路都設計且測試完成後，再將它們一一的連接成一個大型電路，舉個例子來說，如果我們要設計一個很龐大而複雜的硬體電路，於先期作業上我們先將它規劃成如下的階層式結構：

當上述的階層式結構被規劃出來後，我們可以將它們交給一群設計師同時進行電路的設計、測試、偵錯，最後即可將整個複雜的硬體電路在很短的時間內完成，甚至我們可以將這些完成的控制電路當成元件 (component)，分門別類的建立出一套元件資料庫系統供設計師往後使用。底下我們就開始來討論於 VHDL 語言內，有關階層化、結構化及模組化的設計，系統到底提供了那些敘述結構供我們使用。

⊙ 6-2　元件 component

正如前面所討論的，為了能夠以分工方式來完成龐大硬體電路的設計，於 VHDL 語言內系統提供了元件 (component) 的敘述結構，工程師們可以將時常使用到的控制電路，如多工器 (multiplexer)，解碼器 (decoder)、解多工器 (demultiplexer)、計數器 (counter)、移位暫存器 (shift register)……等建立成一個元件庫系統，以方便往後設計電路需要時，將它們以元件方式叫用。前面我們曾經提過，於 VHDL 語言中，用來描述架構 (architecture) 的敘述風格可以分成三大類：

1. 資料流描述 (data flow description)。
2. 行為模式描述 (behavior description)。
3. 結構描述 (structure description)。

資料流與行為模式描述，我們分別在第四章和第五章內已經詳細的討論過，剩下的結構描述，就是將一個完整的硬體控制電路當成一些相互連接的元件 (component) 集合，從前面的敘述可以知道，提供這種描述，其目的是為了達到電路分工設計，以期產品能快速且貼近市場的需求。採用結構描述，以元件方式來完成一個完整且複雜的控制電路時，其主要的步驟為：

1. 元件的設計與宣告。
2. 元件之間的連線對應。

元件設計與宣告

要取用元件，首先必須先設計元件，而其設計流程與前面我們所設計的電路相同，也就是把它當成是一個獨立的控制電路來設計，其內部包括有 library 宣告、單體 entity、架構 architecture……等，一旦程式設計完畢後就可以進行模擬、偵錯……等，直到確定電路正確為止。當元件設計完成之後我們即可進行該元件的叫用；取用元件的第一件事情就是宣告所要使用的元件，而其宣告地點可以在架構 (architecture) 內或者在套件 (PACKAGE) 內，而其基本語法如下：

```
component 元件名稱
    Port  (訊號名稱1 : 工作模式  資料型態;
           訊號名稱2 : 工作模式  資料型態;
                        :
           訊號名稱n : 工作模式  資料型態);
end component;
```

1. component、port( )、end component：皆為保留字，不可以更改或省略。
2. 元件名稱：所要宣告元件的名稱，其名稱必須與元件程式的單體 (entity) 及檔案名稱相同，而且必須符合識別字的要求 (參閱後面範例)。
3. port ( )：所宣告元件內部 port 的對外接腳，其宣告方式與前面有關 port 的敘述相同，要特別注意的是，在 port ( ) 內部的敘述，不論是訊號數量、工作模式或資料型態，都必須與元件程式內單體 entity 的宣告一致，但名稱可以不同 (參閱後面的範例)。

元件連線對應

一旦元件設計完成且宣告完畢之後，接下來就是如何叫用元件，並將它與主電路進行連線，於 VHDL 語言中，用來描述叫用元件與主電路之間的連線對應 (mapping) 方式有下列兩種：

1. 名稱對應　mapping by name。
2. 位置對應　mapping by position。

名稱對應　mapping by name

所謂名稱對應 (mapping by name)，就是主電路與被叫用元件之間的連線是以接腳名稱做對應，也就是以接腳的名稱來指定那一隻接腳接到那一隻接腳，此種對應關係與接腳的排放位置無關，而其基本語法如下：

```
標名：元件名稱
     Port map (訊號名稱 1 ⇒ 訊號名稱 1,
              訊號名稱 2 ⇒ 訊號名稱 2,
                         ⋮
              訊號名稱 n ⇒ 訊號名稱 n);
```

1. 標名：元件的標名，必須符合識別字的要求。
2. 元件名稱：所要叫用元件的名稱。
3. port map ( )：為保留字，括號內部的敘述就是用來描述被叫用元件的接腳名稱，與主電路的接腳或訊號名稱的連線關係，其中左邊的訊號名稱為被叫用元件的接腳名稱，右邊的訊號名稱為主電路的接腳或訊號名稱，兩者中間以對應符號 "⇒" 相連接。
4. 詳細狀況請參閱後面的範例。

範例一	檔名：MULTIPLEXER8_1_COMPONENT_NAME

利用元件的結構，並以名稱對應的連線方式，設計一個 1 位元 8 對 1 多工器 (由兩個 1 位元 4 對 1 多工器與一個 1 位元 2 對 1 多工器所組合而成)，其方塊圖與內部結構圖如下：

1. 方塊圖：　　　　2. 內部結構圖：

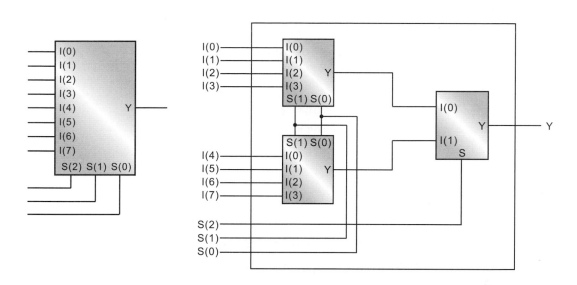

由上面的方塊圖可以發現到，它是由兩個 4 對 1 及一個 2 對 1 的多工器所組合而成，因此我們只要設計這兩個元件，並直接叫用 4 對 1 多工器兩次，2 對 1 多工器一次後進行連線即可。

<步驟一> 建立一個新的 project

　　　　(名稱自訂，此處為 MULTIPLEXER8_1_ COMPONENT_NAME)。

<步驟二> 設計一個 1 位元 4 對 1 的多工器，經合成、模擬，確定無誤後存檔 (檔名自訂，此處為 MULTIPLEXER4_1)，其內容如下：

```
 1: ---------------------------------------
 2: --    Multiplexer4_1 for component  --
 3: --    Filename : MULTIPLEXER4_1.vhd --
 4: ---------------------------------------
 5:
 6: library IEEE;
 7: use IEEE.std_logic_1164.ALL;
 8: use IEEE.std_logic_ARITH.ALL;
 9: use IEEE.std_logic_UNSIGNED.ALL;
10:
11: entity MULTIPLEXER4_1 is
```

```
12:        Port (I : in  STD_LOGIC_VECTOR(0 to 3);
13:              S : in  STD_LOGIC_VECTOR(1 downto 0);
14:              Y : out STD_LOGIC);
15:  end MULTIPLEXER4_1;
16:
17:  architecture Data_flow of MULTIPLEXER4_1 is
18:
19:  begin
20:    Y <= I(0) when S = "00" else
21:         I(1) when S = "01" else
22:         I(2) when S = "10" else
23:         I(3) ;
24:  end Data_flow;
```

<步驟三> 設計一個 1 位元 2 對 1 的多工器，經合成、模擬，確定無誤後存檔 (檔名自
訂，此處為 MULTIPLEXER2_1)，其內容如下：

```
 1:  ---------------------------------------
 2:  --    Multiplexer2_1 for component  --
 3:  --    Filename : MULTIPLEXER2_1.vhd --
 4:  ---------------------------------------
 5:
 6:  library IEEE;
 7:  use IEEE.std_logic_1164.ALL;
 8:  use IEEE.std_logic_ARITH.ALL;
 9:  use IEEE.std_logic_UNSIGNED.ALL;
10:
11:  entity MULTIPLEXER2_1 is
12:       Port (I : in  STD_LOGIC_VECTOR(0 to 1);
13:             S : in  STD_LOGIC;
14:             Y : out STD_LOGIC);
15:  end MULTIPLEXER2_1;
16:
17:  architecture Data_flow of MULTIPLEXER2_1 is
18:
19:  begin
20:    Y <= I(0) when S = '0' else
21:         I(1);
22:  end Data_flow;
```

<步驟四> 設計一個 1 位元 8 對 1 多工器的主電路，同時宣告兩個被叫用元件 (4 對 1
　　　　與 2 對 1 多工器)，並以名稱對應的連線方式叫用 4 對 1 多工器 2 次，2 對 1
　　　　多工器 1 次後存檔 (檔名自訂，此處為 MULTIPLEXER8_1)，其內容如下：

```
 1: ---------------------------------------
 2: --          8 to 1 multiplexer        --
 3: --       using component by name      --
 4: --   Filename : MULTIPLEXER8_1.vhd    --
 5: ---------------------------------------
 6:
 7: library IEEE;
 8: use IEEE.std_logic_1164.ALL;
 9: use IEEE.std_logic_ARITH.ALL;
10: use IEEE.std_logic_UNSIGNED.ALL;
11:
12: entity MULTIPLEXER8_1 is
13:     Port (I : in  STD_LOGIC_VECTOR(0 to 7);
14:            S : in  STD_LOGIC_VECTOR(2 downto 0);
15:            Y : out STD_LOGIC);
16: end MULTIPLEXER8_1;
17:
18: architecture Data_flow of MULTIPLEXER8_1 is
19:
20:   component MULTIPLEXER4_1
21:     Port (I : in  STD_LOGIC_VECTOR(0 to 3);
22:            S : in  STD_LOGIC_VECTOR(1 downto 0);
23:            Y : out STD_LOGIC);
24:   end component;
25:
26:   component MULTIPLEXER2_1
27:     Port (I : in  STD_LOGIC_VECTOR(0 to 1);
28:            S : in  STD_LOGIC;
29:            Y : out STD_LOGIC);
30:   end component;
31:
32:   signal X : STD_LOGIC_VECTOR(1 downto 0);
33: begin
34: MUL4_A: MULTIPLEXER4_1
```

```
35:          Port map  (I => I(0 to 3),
36:                     S => S(1 downto 0),
37:                     Y => X(0));
38: MUL4_B: MULTIPLEXER4_1
39:          Port map  (I => I(4 to 7),
40:                     S => S(1 downto 0),
41:                     Y => X(1));
42: MUL2:   MULTIPLEXER2_1
43:          Port map  (I(0) => X(0),
44:                     I(1) => X(1),
45:                     S    => S(2),
46:                     Y    => Y);
47: end Data_flow;
```

重點說明：

1. 行號 1～10 的功能與前面相同。

2. 行號 12～16 為 8 對 1 多工器 (MULTIPLEXER8_1) 的外部接腳，其狀況如下：

3. 行號 20～24 宣告所要使用元件，4 對 1 多工器 (MULTIPLEXER4_1) 的外部
    接腳，其狀況如下：

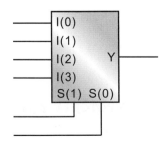

4. 行號 26～30 宣告所要使用元件，2 對 1 多工器 (MULTIPLEXER2_1) 的外部接腳，其狀況如下：

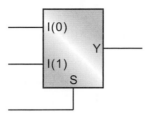

5. 行號 34～37 以標名為 MUL4_A，名稱對應的連線方式叫用 4 對 1 多工器 MULTIPLEXER4_1，其狀況如下：

6. 行號 38～41 以標名為 MUL4_B，名稱對應的連線方式叫用 4 對 1 多工器 MULTIPLEXER4_1，其狀況如下：

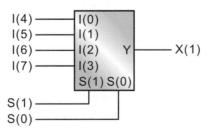

7. 行號 42～46 以標名為 MUL2，名稱對應的連線方式叫用 2 對 1 多工器 MULTIPLEXER2_1，其狀況如下：

合成後的完整電路如下：

功能模擬（function simulation）：

從上面功能模擬的輸入與輸出波形可以發現到，它們之間的對應關係與 8 對 1 多工器的動作完全相同，因此可以確定系統所合成的電路是正確的。

範例二	檔名：BCD_UP_COUNTER_SEVEN_SEGMENT_COMPONENT_NAME

利用元件的結構，設計一個 BCD 上算計數器與 BCD 對共陽極七段顯示的解碼器兩個元件，同時於主電路內叫用它們，並以名稱對應的連線方式進行兩個電路的整合，其方塊圖與內部結構圖如下：

1. 方塊圖：　　　　　　　　　　　　　　2. 內部結構圖：

<步驟一> 建立一個新的 project (名稱自訂，此處為 BCD_UP_COUNTER_SEVEN_
　　　　 SEGMENT_COMPONENT_NAME)。

<步驟二> 設計一個 1 位數 BCD 上算計數器，經合成、模擬，確定無誤後存檔 (檔名
　　　　 自訂，此處為 BCD_UP_COUNTER)，其內容如下：

```
1:  ----------------------------------------
2:  --    BCD up counter for component   --
3:  --          BCD_UP_COUNTER.vhd        --
4:  ----------------------------------------
5:
6:  library IEEE;
7:  use IEEE.STD_LOGIC_1164.ALL;
8:  use IEEE.STD_LOGIC_ARITH.ALL;
9:  use IEEE.STD_LOGIC_UNSIGNED.ALL;
```

```
10:
11: entity BCD_UP_COUNTER is
12:     Port (CLK    : in  STD_LOGIC;
13:           RESET : in  STD_LOGIC;
14:           BCD    : out STD_LOGIC_VECTOR(3 downto 0));
15: end BCD_UP_COUNTER;
16:
17: architecture Behavioral of BCD_UP_COUNTER is
18:   signal REG : STD_LOGIC_VECTOR(3 downto 0);
19: begin
20:   process(CLK, RESET)
21:
22:     begin
23:       if RESET = '0' then
24:         REG <= ( others => '0');
25:       elsif CLK'event and CLK = '1' then
26:         if REG = x"9" then
27:           REG <= x"0";
28:         else
29:           REG <= REG + 1;
30:         end if;
31:       end if;
32:   end process;
33:
34:   BCD <= REG;
35: end Behavioral;
```

<步驟三> 設計一個共陽極 BCD 對七段顯示解碼器，經合成、模擬，確定無誤後存檔
         (檔名自訂，此處為 BCD_SEGMENT_DECODER)，其內容如下：

```
1: ---------------------------------------------
2: --        BCD decoder for component      --
3: --   Filename : BCD_SEGMENT_DECODER.vhd --
4: ---------------------------------------------
5:
6: library IEEE;
7: use IEEE.STD_LOGIC_1164.ALL;
8: use IEEE.STD_LOGIC_ARITH.ALL;
9: use IEEE.STD_LOGIC_UNSIGNED.ALL;
```

```
10:
11: entity BCD_SEGMENT_DECODER is
12:     Port (BCD     : in  STD_LOGIC_VECTOR(3 downto 0);
13:           SEGMENT : out STD_LOGIC_VECTOR(6 downto 0));
14: end BCD_SEGMENT_DECODER;
15:
16: architecture Data_flow of BCD_SEGMENT_DECODER is
17:
18: begin
19:   with BCD select
20:     SEGMENT <= "1000000" when x"0",
21:                "1111001" when x"1",
22:                "0100100" when x"2",
23:                "0110000" when x"3",
24:                "0011001" when x"4",
25:                "0010010" when x"5",
26:                "0000010" when x"6",
27:                "1111000" when x"7",
28:                "0000000" when x"8",
29:                "0010000" when x"9",
30:                "1111111" when others;
31: end Data_flow;
```

<步驟四> 設計一個主電路，同時宣告兩個被叫用元件 (BCD 上算計數器與共陽極 BCD 對七段顯示解碼器)，並以名稱對應的連線方式個別叫用 1 次後存檔 (檔名自訂，此處為 BCD_UP_COUNTER_SEVEN_SEGMENT)，其內容如下：

```
 1: --------------------------------------------
 2: --    1 Digital up counter and decoder   --
 3: --        using component by name        --
 4: --    BCD_UP_COUNTER_SEVEN_SEGMENT.vhd    --
 5: --------------------------------------------
 6:
 7: library IEEE;
 8: use IEEE.STD_LOGIC_1164.ALL;
 9: use IEEE.STD_LOGIC_ARITH.ALL;
10: use IEEE.STD_LOGIC_UNSIGNED.ALL;
11:
12: entity BCD_UP_COUNTER_SEVEN_SEGMENT is
```

```
13:         Port (CLK      : in  STD_LOGIC;
14:               RESET   : in  STD_LOGIC;
15:               SEGMENT : out STD_LOGIC_VECTOR(6 downto 0));
16:  end BCD_UP_COUNTER_SEVEN_SEGMENT;
17:
18:  architecture Behavioral of BCD_UP_COUNTER_SEVEN_SEGMENT is
19:    signal BCD : STD_LOGIC_VECTOR(3 downto 0);
20:
21:    component BCD_UP_COUNTER
22:      Port (CLK   : in  STD_LOGIC;
23:            RESET : in  STD_LOGIC;
24:            BCD   : out STD_LOGIC_VECTOR(3 downto 0));
25:    end component;
26:
27:    component BCD_SEGMENT_DECODER
28:      Port (BCD     : in  STD_LOGIC_VECTOR(3 downto 0);
29:            SEGMENT : out STD_LOGIC_VECTOR(6 downto 0));
30:    end component;
31:
32:  begin
33:  COUNTER: BCD_UP_COUNTER
34:      Port map (CLK   => CLK,
35:                RESET => RESET,
36:                BCD   => BCD);
37:  DECODER: BCD_SEGMENT_DECODER
38:      Port map (BCD     => BCD,
39:                SEGMENT => SEGMENT);
40:  end Behavioral;
```

重點說明：

1. 行號 12～16 為主要電路 (BCD_UP_COUNTER_SEVEN_SEGMENT) 的外部接腳，其狀況如下：

2. 行號 21〜25 宣告所要使用元件，BCD 上算計數器 (BCD_UP_COUNTER) 的
   外部接腳，其狀況如下：

3. 行號 27〜30 宣告所要使用元件，共陽極 BCD 對七段顯示解碼器
   (BCD_SEGMENT_DECODER) 的外部接腳，其狀況如下：

4. 行號 33〜36 以標名為 COUNTER，名稱對應的連線方式叫用 BCD 上算計數器
   (BCD_UP_COUNTER)，其狀況如下：

5. 行號 37〜39 以標名為 DECODER，名稱對應的連線方式叫用共陽極 BCD 對七
   段顯示解碼器 (BCD_SEGMENT_DECODER)，其狀況如下：

合成之後的完整電路如下：

功能模擬 (function simulation)：

從上面功能模擬的輸入與輸出波形可以發現到，它們之間的對應關係與電路的動作狀
況完全相同，因此可以確定系統所合成的電路是正確的。

位置對應 mapping by position

所謂位置對應 (mapping by position) 就是主電路與被叫用元件之間的連線是以被叫用元件當初宣告時的接腳順序進行連線，而其基本語法如下：

> **標名：元件名稱 port map (訊號名稱 1，訊號名稱 2，……訊號名稱 n)；**

1. 標名：元件的標名，必須符合識別字的要求。
2. 元件名稱：所要叫用的元件名稱。
3. port map (　)：為保留字，括號內部的敘述就是用來描述被叫用元件與主電路之間的連線關係，而其兩者的對應關係是以被叫用元件當初宣告時的接腳順序作為對應關係。
4. 詳細狀況請參閱後面的範例。

範例一　　檔名：DEMULTIPLEXER1_4_COMPONENT_POSITION

利用元件的結構，並以位置對應的連線方式設計一個 1 位元 1 對 4 解多工器 (由三個 1 位元 1 對 2 解多工器組合而成)，其內部結構圖與真值表如下：

1. 內部結構圖：　　　　　　　　　　　2. 真值表：

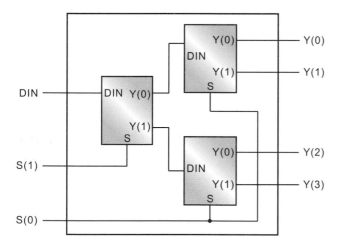

S(1)	S(0)	Y(0)	Y(1)	Y(2)	Y(3)
0	0	DIN	1	1	1
0	1	1	DIN	1	1
1	0	1	1	DIN	1
1	1	1	1	1	DIN

由上面的方塊圖可以發現到，它是由 3 個 1 對 2 的解多工器所組合而成，因此我們只要設計一個 1 對 2 解多工的元件，並直接叫用 3 次後進行連線即可。

<步驟一> 建立一個新的 project (名稱自訂，此處為 DEMULTIPLEXER1_4_
COMPONENT_POSITION)。

<步驟二> 設計一個 1 位元 1 對 2 解多工器，經合成、模擬，確定無誤後存檔 (檔名自
訂，此處為 DEMULTIPLEXER1_2)，其內容如下：

```
 1:  ---------------------------------------
 2:  --  Demultiplexer1_2 for component  --
 3:  -- Filename : DEMULTIPLEXER1_2.vhd --
 4:  ---------------------------------------
 5:
 6:  library IEEE;
 7:  use IEEE.std_logic_1164.ALL;
 8:  use IEEE.std_logic_ARITH.ALL;
 9:  use IEEE.std_logic_UNSIGNED.ALL;
10:
11:  entity DEMULTIPLEXER1_2 is
12:      Port (DIN : in  STD_LOGIC;
13:            S   : in  STD_LOGIC;
14:            Y   : out STD_LOGIC_VECTOR(0 to 1));
15:  end DEMULTIPLEXER1_2;
16:
17:  architecture Data_flow of DEMULTIPLEXER1_2 is
18:
19:  begin
20:    Y <= DIN & '1' when S = '0' else
21:         '1' & DIN;
22:  end Data_flow;
```

<步驟三> 設計一個 1 位元 1 對 4 解多工器的主要電路，同時宣告被叫用元件 (1 對 2
解多工器)，並以位置對應的連線方式叫用 3 次後存檔 (檔名自訂，此處為
DEMULTIPLEXER1_4)，其內容如下：

```
 1:  ---------------------------------------
 2:  --       1 to 4 demultiplexer        --
 3:  --    using component by position    --
 4:  -- Filename : DEMULTIPLEXER1_4.vhd --
 5:  ---------------------------------------
```

```
 6:
 7: library IEEE;
 8: use IEEE.std_logic_1164.ALL;
 9: use IEEE.std_logic_ARITH.ALL;
10: use IEEE.std_logic_UNSIGNED.ALL;
11:
12: entity DEMULTIPLEXER1_4 is
13:     Port (DIN : in  STD_LOGIC;
14:            S   : in  STD_LOGIC_VECTOR(1 downto 0);
15:            Y   : out STD_LOGIC_VECTOR(0 to 3));
16: end DEMULTIPLEXER1_4;
17:
18: architecture Data_flow of DEMULTIPLEXER1_4 is
19:
20:   component DEMULTIPLEXER1_2
21:     Port (DIN : in  STD_LOGIC;
22:            S   : in  STD_LOGIC;
23:            Y   : out STD_LOGIC_VECTOR(0 to 1));
24:   end component;
25:
26:   signal X : STD_LOGIC_VECTOR(0 to 1);
27: begin
28: DEMUL1_2_A: DEMULTIPLEXER1_2 Port map (DIN,S(1),X);
29: DEMUL1_2_B: DEMULTIPLEXER1_2 Port map (X(0),S(0),Y(0 to 1));
30: DEMUL1_2_C: DEMULTIPLEXER1_2 Port map (X(1),S(0),Y(2 to 3));
31: end Data_flow;
```

重點說明：

1. 行號 12～16 為主要電路 (DEMULTIPLEXER1_4) 的外部接腳，其狀況如下：

2. 行號 20～24 宣告所要使用元件 1 對 2 解多工器 (DEMULTIPLEXER1_2) 的外部接腳,其狀況如下:

3. 行號 28～30 分別以標名 DEMUL1_2A、DEMUL1_2B、DEMUL1_2C,位置對應的連線方式叫用 1 對 2 解多工器 (DEMULTIPLEXER1_2) 3 次,其狀況如下:

合成之後的完整電路如下:

功能模擬 (function simulation)：

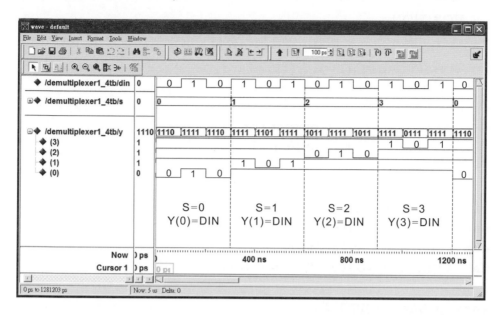

從上面功能模擬的輸入與輸出波形可以發現到，它們之間的對應關係與電路的動作狀況完全相同，因此可以確定系統所合成的電路是正確的。

範例二　　檔名：FULL_ADDER_COMPONENT_POSITION

利用元件的結構，設計一個 1 位元半加器與邏輯 OR 閘兩個元件，並於主電路內叫用它們，同時以位置對應的方式進行電路連線，以便完成一個 1 位元的全加器，其方塊圖與內部結構圖如下：

1. 方塊圖：

2. 內部結構圖：

由上面的方塊圖可以發現到，它是由 2 個 1 位元半加器，與一個兩輸入的 OR 閘所組合而成，因此我們只要設計上述兩個元件，並直接叫用半加器 2 次，邏輯 OR 閘 1 次後進行連線即可。

<步驟一> 建立一個新的 project (名稱自訂，此處為 FULL_ADDER_COMPONENT_ POSITION。)

<步驟二> 設計一個 1 位元半加器，經合成、模擬，確定無誤後存檔 (檔名自訂，此處 為 HALF_ADDER)，其內容如下：

```
 1: ------------------------------
 2: --    Half adder for component --
 3: -- Filename : HALF_ADDER.vhd --
 4: ------------------------------
 5:
 6: library IEEE;
 7: use IEEE.std_logic_1164.ALL;
 8: use IEEE.std_logic_ARITH.ALL;
 9: use IEEE.std_logic_UNSIGNED.ALL;
10:
11: entity HALF_ADDER is
12:     Port (X0 : in  STD_LOGIC;
13:           Y0 : in  STD_LOGIC;
14:           S0 : out STD_LOGIC;
15:           C1 : out STD_LOGIC);
16: end HALF_ADDER;
17:
18: architecture Data_flow of HALF_ADDER is
19:
20: begin
21:   S0 <= X0 xor Y0;
22:   C1 <= X0 and Y0;
23: end Data_flow;
```

<步驟三> 設計一個兩輸入的邏輯 OR 閘，經合成、模擬，確定無誤後存檔 (檔名自 訂，此處為 OR_GATE)，其內容如下：

```
 1: ------------------------------
 2: --     OR gate for component   --
 3: --     Filename : OR_GATE.vhd   --
 4: ------------------------------
 5:
 6: library IEEE;
```

```
 7:  use IEEE.std_logic_1164.ALL;
 8:  use IEEE.std_logic_ARITH.ALL;
 9:  use IEEE.std_logic_UNSIGNED.ALL;
10:
11:  entity OR_GATE is
12:      Port (A : in  STD_LOGIC;
13:             B : in  STD_LOGIC;
14:             F : out STD_LOGIC);
15:  end OR_GATE;
16:
17:  architecture Data_flow of OR_GATE is
18:
19:  begin
20:    F <= A or B;
21:  end Data_flow;
```

<步驟四> 設計一個 1 位元全加器的主要電路，同時宣告兩個被叫用元件 (半加器與
　　　　　OR 閘)，並以位置對應的連線方式叫用半加器 2 次，邏輯 OR 閘 1 次後存
　　　　　檔 (檔名自訂，此處為 FULL_ADDER)，其內容如下：

```
 1:  -------------------------------
 2:  --      1 bit full adder      --
 3:  --using component by position --
 4:  -- Filename : FULL_ADDER.vhd  --
 5:  -------------------------------
 6:
 7:  library IEEE;
 8:  use IEEE.std_logic_1164.ALL;
 9:  use IEEE.std_logic_ARITH.ALL;
10:  use IEEE.std_logic_UNSIGNED.ALL;
11:
12:  entity FULL_ADDER is
13:      Port (X0 : in  STD_LOGIC;
14:             Y0 : in  STD_LOGIC;
15:             C0 : in  STD_LOGIC;
16:             S0 : out STD_LOGIC;
17:             C1 : out STD_LOGIC);
18:  end FULL_ADDER;
```

```
19:
20: architecture Data_flow of FULL_ADDER is
21:    signal CT : STD_LOGIC;
22:    signal ST : STD_LOGIC;
23:    signal CA : STD_LOGIC;
24:
25:    component HALF_ADDER
26:        Port (X0 : in  STD_LOGIC;
27:              Y0 : in  STD_LOGIC;
28:              S0 : out STD_LOGIC;
29:              C1 : out STD_LOGIC);
30:    end component;
31:
32:    component OR_GATE
33:        Port (A : in  STD_LOGIC;
34:              B : in  STD_LOGIC;
35:              F : out STD_LOGIC);
36:    end component;
37:
38: begin
39: HA1 : HALF_ADDER  port map (X0, Y0, ST, CT);
40: HA2 : HALF_ADDER  port map (ST, C0, S0, CA);
41: OR1 : OR_GATE     port map (CA, CT, C1);
42: end Data_flow;
```

重點說明：

1.　行號 12～18 為主要電路 (FULL_ADDER) 的外部接腳，其狀況如下：

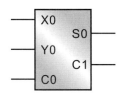

2.　行號 25～30 宣告所要使用元件，半加器 (HALF_ADDER) 的外部接腳，其狀況如下：

3. 行號 32～36 宣告所要使用元件，邏輯 OR 閘 (OR_GATE) 的外部接腳，其狀況如下：

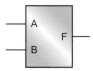

4. 行號 39～41 分別以標名 HA1，HA2 連續叫用半加器 2 次，以標名 OR1 叫用邏輯 OR 閘 1 次，並以位置對應的連線方式進行連接，其狀況如下：

合成之後的完整電路如下：

功能模擬 (function simulation)

從上面功能模擬的輸入與輸出波形可以看出，它們之間的對應關係與 1 位元全加器的動作完全相同，因此可以確定系統所合成的電路是正確的。

6-3 迴圈敘述 for

如同一般的高階語言，VHDL 語言也提供重覆的迴圈敘述 for (必須在 process 敘述內)，而其基本語法如下：

```
for 變數名稱 in 開始 to 結束 loop
    敘述區;
end loop;



for 變數名稱 in 開始 downto 結束 loop
    敘述區;
end loop;
```

1. for，in，to，downto，loop，end loop：皆為保留字，不可以改變或省略。
2. 變數名稱：所使用的變數名稱，可以由使用者指定，但必須符合識別字的限制，此處要特別強調，此變數名稱並不需要事先宣告，而它的有效範圍只在 for… end loop 的迴圈內，一旦離開迴圈範圍，它就會立刻消失無效。
3. 開始 … 結束：即變數的開始與結束值，而其兩者的關係當：

   (1) 開始值小於結束時，以 "to" 連接，如 1 to 5，且每執行一次時，變數內容會自動加 1。
   (2) 開始值大於結束時，以 "downto" 連接，如 5 downto 1，且每執行一次時，變數內容會自動減 1。

4. 敘述區：迴圈內部的敘述內容，它可以是單一敘述，也可以是多行敘述，每個敘述必須以 "；" 結束。
5. end loop：迴圈敘述的結束，系統執行到此處時，它就會去依狀況調整變數的內容 (加 1 或減 1)，之後再加以判斷，看看迴圈是否結束。

如果我們以流程圖來表示時,其狀況如下:

而其詳細特性的敘述與用法請參閱後面的範例。

範例一	檔名:FULL_ADDER_4BITS_FOR_STATEMENT

以 for 迴圈敘述,設計一個 4 位元的全加器。

1. 動作狀況:

```
                    C[0]
      X[3] X[2] X[1] X[0]
  +   Y[3] Y[2] Y[1] Y[0]
  ─────────────────────────
  C4  S[3] S[2] S[1] S[0]
```

2. 方塊圖:

從前面的範例我們知道,1 位元全加器的布林代數為:

$S(0) = X(0) \oplus Y(0) \oplus C0$

$C(1) = X(0)Y(0) + X(0)C0 + Y(0)C0$

依此類推,下一個位元為:

$S(1) = X(1) \oplus Y(1) \oplus C(1)$

$C(2) = X(1)Y(1) + X(1)C(1) + Y(1)C(1)$

因此其通式為:

$S(i) = X(i) \oplus Y(i) \oplus C(i)$

$C(i + 1) = X(i)Y(i) + X(i)C(i) + Y(i)C(i)$

原始程式 (source program)：

```
1:  ---------------------------------------
2:  --          4 bits full adder        --
3:  --        using for statement        --
4:  -- Filename : FULL_ADDER_4BITS.vhd --
5:  ---------------------------------------
6:
7:  library IEEE;
8:  use IEEE.STD_LOGIC_1164.ALL;
9:  use IEEE.STD_LOGIC_ARITH.ALL;
10: use IEEE.STD_LOGIC_UNSIGNED.ALL;
11:
12: entity FULL_ADDER_4BITS is
13:     Port (C0 : in  STD_LOGIC;
14:            X  : in  STD_LOGIC_VECTOR(3 downto 0);
15:            Y  : in  STD_LOGIC_VECTOR(3 downto 0);
16:            S  : out STD_LOGIC_VECTOR(3 downto 0);
17:            C4 : out STD_LOGIC);
18: end FULL_ADDER_4BITS;
19:
20: architecture Data_flow of FULL_ADDER_4BITS is
21:
22: begin
23:   process (X, Y, C0)
24:   variable carry : STD_LOGIC;
25:     begin
26:       carry := C0;
27:       for i in 0 to 3 loop
28:         S(i)  <= X(i) xor Y(i) xor carry;
29:         carry := (X(i) and Y(i)) or
30:                  (X(i) and carry)or
31:                  (Y(i) and carry);
32:       end loop;
33:       C4 <= carry;
34:   end process;
35:
36:  end Data_flow;
```

重點說明：

1. 行號 12～18 宣告 4 位元全加器的外部接腳，其狀況如下：

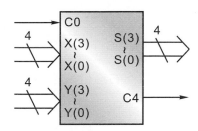

2. 行號 23～34 的架構是將 1 位元全加器，利用 for 迴圈敘述將它連續描述 4 次，
   其動作狀況為：

$$
\begin{array}{ccccl}
C3 & C2 & C1 & C0 & \leftarrow\ carry \\
X(3) & X(2) & X(1) & X(0) & \\
+\quad Y(3) & Y(2) & Y(1) & Y(0) & \\
\hline
C4\ \ S(3) & S(2) & S(1) & S(0) &
\end{array}
$$

而其布林代數如下：

$S(i) = X(i) \oplus Y(i) \oplus carry$

$carry = X(i)Y(i) + X(i)carry + Y(i)carry$

功能模擬 (function simulation)：

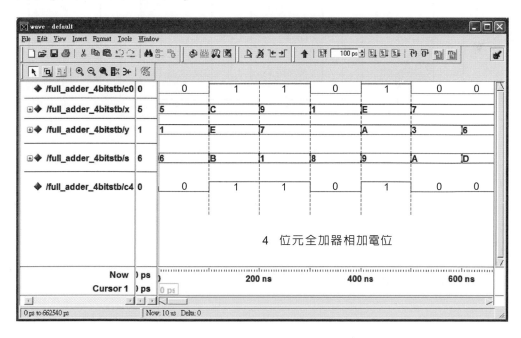

4 位元全加器相加電位

從上面功能模擬的輸入與輸出波形可以發現到，它們的對應關係與 4 位元全加器的動作狀況完全相同，因此可以確定系統所合成的電路是正確的。

| 範例二 | 檔名：SHIFT_RIGHT_4BITS_FOR_STATEMENT |

以 for 迴圈敘述，設計一個 4 位元的向右移位暫存器。

1. 方塊圖：

2. 真值表：

RESET	CLK	DIN	Q(0)	Q(1)	Q(2)	Q(3)
0	×	×	0	0	0	0
1	⌐	D1	D1	0	0	0
1	⌐	D2	D2	D1	0	0
1	⌐	D3	D3	D2	D1	0
1	⌐	D4	D4	D3	D2	D1

實際電路：

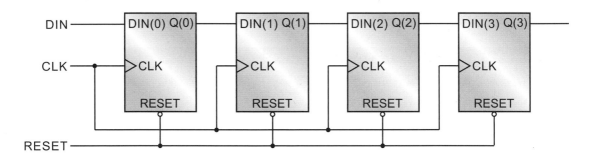

於上面的移位電路中，一個 CLK 過後，每個暫存器的輸出狀況如下：

$$Q(0) = DIN，Q(1) = Q(0)，Q(2) = Q(1)，Q(3) = Q(2)$$

以通式來表示時：

$$Q(0) = DIN，Q(i) = Q(i - 1)$$

原始程式 (source program)：

```
 1: ---------------------------------------------
 2: --       4 bits shift right register       --
 3: --         using for statement             --
 4: -- Filename : SHIFT_REGISTER_4BITS.vhd --
 5: ---------------------------------------------
 6:
 7:  library IEEE;
 8: use IEEE.STD_LOGIC_1164.ALL;
 9: use IEEE.STD_LOGIC_ARITH.ALL;
10: use IEEE.STD_LOGIC_UNSIGNED.ALL;
11:
12: entity SHIFT_REGISTER_4BITS is
13:     Port (CLK   : in  STD_LOGIC;
14:           DIN   : in  STD_LOGIC;
15:           RESET : in  STD_LOGIC;
16:           Q     : out STD_LOGIC_VECTOR(0 to 3));
17: end SHIFT_REGISTER_4BITS;
18:
19: architecture Behavioral of SHIFT_REGISTER_4BITS is
20:   signal REG : STD_LOGIC_VECTOR(0 to 3);
21: begin
22:   process (CLK, RESET)
23:
24:     begin
25:      if RESET = '0' then
26:        REG <= (others =>'0');
27:      elsif CLK'event and CLK = '1' then
28:        REG(0) <= DIN;
29:        for i in 1 to 3 loop
30:          REG(i) <= REG(i-1);
31:        end loop;
32:      end if;
33:    end process;
34:
35:   Q <= REG;
36: end Behavioral;
```

重點說明：

程式結構十分簡單，我們只是將 4 位元向右移位時，每個暫存器的輸出與輸入之間的
電位關係，以迴圈 for 的方式進行描述 (行號 28～31)，請自行參閱前面的說明。

功能模擬 (function simulation)：

從上面功能模擬的輸入與輸出波形可以發現到，它們的對應關係與 4 位元向右移位暫
存器的動作狀況完全相同，因此可以確定系統所合成的電路是正確的。

➡ 6-4　參數化元件

到目前為止我們所討論的電路或元件，於其單體 (entity) port 內所宣告的輸入與輸出
接腳數量都是固定不變的，但於實際的設計場合，往往為了能夠縮短產品的研發時間，
我們會將使用元件的位元數加以擴展，譬如將 2 位元計數器元件迅速擴展成 8 位元、
16 位元；將 2 位元同位產生器元件迅速擴展成 8 位元、16 位元；將 1 位元全加器元
件迅速擴展成 4 位元、8 位元、16 位元；……等，為了能夠滿足此種擴展需求，於單
體 port 內所宣告的輸入與輸出接腳數量就必須是可以設定的，像這種位元長度可以任
意擴展的元件我們就稱之為參數化元件，用來宣告參數化元件的基本語法如下：

```
entity 元件名稱 is
    generic (名稱    : 資料型態 := 初始值);
    port    (信號 A : 工作模式 資料型態;
             信號 B : 工作模式 資料型態;
                        ⋮
             信號 Z : 工作模式 資料型態);
end 元件名稱;
```

1. entity… end：單體的宣告，其代表意義與前面相同。

2. generic (　)：generic 為保留字，括號內的敘述中：

　　名稱：將來所要傳送的參數名稱。

　　資料型態：所要傳送參數的資料型態。

　　初始值：目前參數所預設的初值。

3. port (　)：元件的輸入與輸出接腳，陳述方式與前面相同。

而其詳細敘述與用法請參閱後面的範例。

範例一　　檔名：EVEN_PARITY_GENERATOR_GENERIC_STATEMENT

以 generic 敘述，設計一個 3 位元偶同位的參數化元件，以方便往後設計師以位元擴展方式叫用。

---

1. 方塊圖：

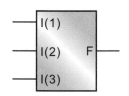

2. 布林代數：

$$F = I(1) \oplus I(2) \oplus I(3)$$

原始程式 (source program)：

```
1: ----------------------------------------
2: --   3 bits even parity generator   --
3: --      using generic statement      --
4: --    Filename : EVEN_PARITY.vhd    --
5: ----------------------------------------
6:
```

```
 7:  library IEEE;
 8:  use IEEE.STD_LOGIC_1164.ALL;
 9:  use IEEE.STD_LOGIC_ARITH.ALL;
10:  use IEEE.STD_LOGIC_UNSIGNED.ALL;
11:
12:  entity EVEN_PARITY is
13:      generic(number: integer range 1 to 32 := 3);
14:      Port (I : in  STD_LOGIC_VECTOR(1 to number);
15:            F : out STD_LOGIC);
16:  end EVEN_PARITY;
17:
18:  architecture Data_flow of EVEN_PARITY is
19:
20:  begin
21:    process (I)
22:    variable Y : STD_LOGIC;
23:      begin
24:      Y := '0';
25:      for j in I'left to I'right loop
26:       Y := Y xor I(j);
27:      end loop;
28:      F <= Y;
29:    end process;
30:
31:  end Data_flow;
```

重點說明：

1.　行號 1～10 的功能與前面相同。

2.　行號 12～16 宣告 3 位元偶同位參數化元件的外部接腳，其狀況如下：

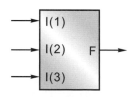

　　其中行號 13 宣告它是一個參數化元件，其參數物件為 number，資料型態為 1
～32 中間的整數，目前的長度為 3。

3. 行號 18~31 為程式的架構描述區，它與前面程式最大的不同點在於行號 25，
   由於在行號 14 中我們宣告 I 的範圍為 1~number (3)，而 number 是一個由外
   界傳來的參數值，我們無法確定將來會傳來多大的值，因此我們於行號 25~26
   的迴圈中宣告變數 J 的範圍為從 I 的左邊值 (目前為 1) 到 I 的右邊值 (目前為
   3)。

4. 於互斥或 XOR 閘的真值表中：

A	B	XOR
0	0	0
0	1	1
1	0	1
1	1	0

當 A = 0 時，F = B

當 A = 1 時，F = $\overline{B}$

因此於行號 24 中我們設定變數 Y 為 '0'，於迴圈內進行取偶同位的動作。

功能模擬 (function simulation)：

從上面功能模擬的輸入與輸出波形中可以發現到，它們的對應關係與 3 位元偶同位產
生器的動作完全相同，因此可以確定系統所合成的電路是正確的。

範例二　　檔名：BINARY_GRAY_CONVERT_GENERIC_STATEMENT

以 generic 敘述，設計一個將 3 位元二進碼轉換成格雷碼的參數化元件，以方便往
後設計師以位元擴展方式叫用。

1. 方塊圖：

2. 布林代數：

$$G(1) = B(2) \oplus B(1)$$
$$G(2) = B(3) \oplus B(2)$$
$$G(3) = B(3)$$

原始程式 (source program)：

```
 1: -------------------------------------
 2: --   3 bits binary to gray convert  --
 3: --      using generic statement     --
 4: --     Filename : BINARY_GRAY.vhd    --
 5: -------------------------------------
 6:
 7: library IEEE;
 8: use IEEE.STD_LOGIC_1164.ALL;
 9: use IEEE.STD_LOGIC_ARITH.ALL;
10: use IEEE.STD_LOGIC_UNSIGNED.ALL;
11:
12: entity BINARY_GRAY is
13:     generic(number: integer range 1 to 32 := 3);
14:     Port   (B : in  STD_LOGIC_VECTOR(number downto 1);
15:             G : out STD_LOGIC_VECTOR(number downto 1));
16: end BINARY_GRAY;
17:
18: architecture Data_flow of BINARY_GRAY is
19:
20: begin
21:   process (B)
22:
23:     begin
24:       for i in B'right to B'left - 1 loop
25:        G(i) <= B(i+1) xor B(i);
26:       end loop;
27:       G(number) <= B(number);
28:   end process;
29:
30: end Data_flow;
```

重點說明：

將 3 位元二進制轉換成格雷碼的流程為：

也就是：

$G(1) = B(2) \oplus B(1)$

$G(2) = B(3) \oplus B(2)$

$G(3) = B(3)$

以通式方式來表示時：

$G(i) = B(i + 1) \oplus B(i)$

$G(3) = B(3)$

因此我們以行號 24～27 來實現上面的流程。

功能模擬 (function simulation)：

從上面功能模擬的輸入與輸出波形可以發現到，它們的對應關係與 3 位元二進制轉換成格雷碼的動作完全相同，因此可以確定系統所合成的電路是正確的。

參數化元件的擴展

討論完如何建立一個參數化元件之後，我們進一步的談談如何叫用，並擴展已經建立完成的參數化元件，於前面的元件 (component) 單元內我們曾經提過，叫用元件進行連線的方式可以分成名稱對應 (mapping by name) 與位置對應 (mapping by position) 兩種，因此當設計師在叫用這些參數化元件並傳送所要擴展的參數時，也可以分成上述兩種方式。以名稱對應方式叫用並傳送參數給參數化元件的基本語法為：

```
標名 : 元件名稱
    generic map (參數值)
    port map (訊號 A ⇒ 訊號 N,
              訊號 B ⇒ 訊號 O,
                  ⋮
              訊號 M ⇒ 訊號 Z);
```

1. 標名：元件的標名，必須符合識別字的要求。

2. 元件名稱：所要叫用參數化元件的名稱。

3. generic map ( )：保留字，不可以更改或省略，括號內的參數值就是要傳送給參數化元件的參數值。

4. port map ( )：保留字，不可以更改或省略，括號內的敘述是主電路與被叫用元件的接腳對應關係，其代表意義與前面名稱對應的敘述相同。

以位置對應方式叫用並傳送參數給參數化元件的基本語法為：

```
標名 : 元件名稱
    generic map (參數值)
    port map (訊號 A,
              訊號 B,
                  ⋮
              訊號 Z);
```

其代表意義與前面的敘述相似，請讀者自行參閱，在此不重覆敘述，它們的詳細特性與用法請參閱底下的範例。

| 範例一 | 檔名：EVEN_PARITY_GENERATOR_32BITS_GENERIC_MAPPING |

以名稱對應的連線方式，叫用前面範例一所建立的 3 位元偶同位產生器參數化元件，並將它擴展成 32 位元偶同位產生器。

<步驟一> 建立一個新的 project (名稱自訂，此處為 EVEN_PARITY_GENERATOR_32BITS_GENERIC_MAPPING。)

<步驟二> 設計一個 3 位元偶同位產生器參數化元件，經合成、模擬，確定無誤後存檔 (檔名自訂，此處為 EVEN_PARITY)，其內容如下 (與前面範例一完全相同)：

```
1:  -------------------------------------
2:  --    3 bits even parity generator  --
3:  --       using generic statement    --
4:  --     Filename : EVEN_PARITY.vhd    --
5:  -------------------------------------
6:
7:  library IEEE;
8:  use IEEE.STD_LOGIC_1164.ALL;
9:  use IEEE.STD_LOGIC_ARITH.ALL;
10: use IEEE.STD_LOGIC_UNSIGNED.ALL;
11:
12: entity EVEN_PARITY is
13:   generic(number: integer range 1 to 32 := 3);
14:     Port (I : in  STD_LOGIC_VECTOR(1 to number);
15:            F : out STD_LOGIC);
16: end EVEN_PARITY;
17:
18: architecture Data_flow of EVEN_PARITY is
19:
20: begin
21:   process (I)
22:   variable Y : STD_LOGIC;
23:     begin
24:     Y := '0';
25:     for j in I'left to I'right loop
26:       Y := Y xor I(j);
27:     end loop;
28:     F <= Y;
```

```
29:    end process;
30:
31: end Data_flow;
```

<步驟三> 設計一個 32 位元偶同位產生器的主電路，宣告被叫用參數化元件 (3 位元
       偶同位產生器)，同時以名稱對應的連線方式叫用 1 次，並傳送擴展參數後
       存檔 (檔名自訂，此處為 EVEN_PARITY_32BITS)，其內容如下：

```
 1: -------------------------------------------
 2: --      32 bits even parity generator     --
 3: --      using generic mapping statement    --
 4: --   Filename : EVEN_PARITY_32BITS.vhd    --
 5: -------------------------------------------
 6:
 7: library IEEE;
 8: use IEEE.STD_LOGIC_1164.ALL;
 9: use IEEE.STD_LOGIC_ARITH.ALL;
10: use IEEE.STD_LOGIC_UNSIGNED.ALL;
11:
12: entity EVEN_PARITY_32BITS is
13:     Port (I : in  STD_LOGIC_VECTOR(1 to 32);
14:           F : out STD_LOGIC);
15: end EVEN_PARITY_32BITS;
16:
17: architecture Data_flow of EVEN_PARITY_32BITS is
18:
19:   component EVEN_PARITY
20:     generic(number : integer range 1 to 32);
21:     Port (I : in  STD_LOGIC_VECTOR(1 to number);
22:           F : out STD_LOGIC);
23:   end component;
24:
25: begin
26: Parity: EVEN_PARITY
27:         generic map(32)
28:         Port map(I => I,
29:                  F => F);
30:   end Data_flow;
```

重點說明：

1. 行號 1～10 的功能與前面相同。

2. 行號 12～15 宣告 32 位元偶同位產生器的外部接腳，其狀況如下：

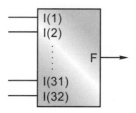

3. 行號 19～23 依次宣告所要叫用的參數化元件名稱為 EVEN_PARITY (行號 19)，參數值 number 的範圍為 1～32，外部接腳如下：

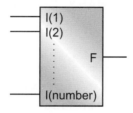

4. 行號 26～29 以名稱對應的連線方式叫用參數化元件 EVEN_PARITY，並傳送參數值 32 將它擴展成 32 位元。

功能模擬 (function simulation)：

從上面功能模擬的輸入與輸出波形可以發現到，它們之間的對應關係與 32 位元偶同位產生器的動作完全相同，因此我們可以確定系統所合成的電路是正確的。

範例二	檔名：BINARY_GRAY_CONVERT_8BITS_GENERIC_ MAPPING

以位置對應的連線方式，叫用前面範例二所建立的 3 位元二進碼轉格雷碼參數化元件，並將它擴展成 8 位元二進碼轉格雷碼電路。

<步驟一> 建立一個新的 project (名稱自訂，此處為 BINARY_GRAY_CONVERT_ 8BITS_GENERIC_MAPPING)。

<步驟二> 設計一個 3 位元二進碼轉格雷碼參數化元件，經合成、模擬，確定無誤後存檔 (檔名自訂，此處為 BINARY_GRAY)，其內容如下 (與前面範例二完全相同)：

```
 1: ---------------------------------------
 2: --  3 bits binary to gray convert  --
 3: --      using generic statement    --
 4: --    Filename : BINARY_GRAY.vhd    --
 5: ---------------------------------------
 6:
 7: library IEEE;
 8: use IEEE.STD_LOGIC_1164.ALL;
 9: use IEEE.STD_LOGIC_ARITH.ALL;
10: use IEEE.STD_LOGIC_UNSIGNED.ALL;
11:
12: entity BINARY_GRAY is
13:     generic(number: integer range 1 to 32 := 3);
14:     Port (B : in  STD_LOGIC_VECTOR(number downto 1);
15:           G : out STD_LOGIC_VECTOR(number downto 1));
16: end BINARY_GRAY;
17:
18: architecture Data_flow of BINARY_GRAY is
19:
20: begin
21:   process (B)
22:
23:     begin
24:       for i in B'right to B'left - 1 loop
```

```
25:          G(i) <= B(i+1) xor B(i);
26:        end loop;
27:        G(number) <= B(number);
28:     end process;
29:
30:  end Data_flow;
```

<步驟三> 設計一個 8 位元二進碼轉格雷碼的主電路,同時宣告被叫用參數化元件 (3
        位元二進碼轉格雷碼電路),以位置對應的連線方式叫用 1 次,並傳送擴展
        參數後存檔 (檔名自訂,此處為 BINARY_GRAY_8BITS),其內容如下:

```
 1:  -------------------------------------------
 2:  --        8 bits binary to gray convert     --
 3:  --      using generic mapping statement     --
 4:  --       Filename : BINARY_GRAY_8BITS.vhd    --
 5:  -------------------------------------------
 6:
 7:  library IEEE;
 8:  use IEEE.STD_LOGIC_1164.ALL;
 9:  use IEEE.STD_LOGIC_ARITH.ALL;
10:  use IEEE.STD_LOGIC_UNSIGNED.ALL;
11:
12:  entity BINARY_GRAY_8BITS is
13:      Port (B : in  STD_LOGIC_VECTOR(8 downto 1);
14:            G : out STD_LOGIC_VECTOR(8 downto 1));
15:  end BINARY_GRAY_8BITS;
16:
17:  architecture Data_flow of BINARY_GRAY_8BITS is
18:
19:    component BINARY_GRAY
20:      generic(number : integer range 1 to 32);
21:      Port (B : in  STD_LOGIC_VECTOR(number downto 1);
22:            G : out STD_LOGIC_VECTOR(number downto 1));
23:    end component;
24:
25:  begin
26:  Convert: BINARY_GRAY
27:           generic map(8)
28:           Port map(B, G);
29:  end Data_flow;
```

重點說明：

程式結構與範例一相似，唯一不同點為此處是以位置對應的連線進行叫用，詳細說明請參閱前面的敘述。

功能模擬（function simulation）：

從上面功能模擬的輸入與輸出波形可以發現到，它們之間的對應關係與 8 位元二進碼轉格雷碼的動作狀況完全相同，因此我們可以確定系統所合成的電路是正確的。

6-5 參數化重覆性元件

當我們在設計控制電路時，往往會遇到很多相似的元件，譬如客戶要求設計一個 32 位元的 CPU 時，我們就必須設計一個 32 位元的全加器、32 位元向左、向右移位暫存器…等。另一個客戶要求設計一個 64 位元的 CPU 時，我們就必須設計一個 64 位元的全加器、64 位元向左、向右移位暫存器…等，為了滿足不同客戶的需求與縮短產品的設計時間，我們可以設計 1 位元的全加器元件、1 個 D 型正反器元件，再將它們視需要擴展成客戶所要求的位元數，這種元件我們稱之為參數化重覆性元件，居於增加設計程式的可變性，於 VHDL 語言內提供下面兩種重覆性元件生成敘述供我們使用：

1. 重覆性生成敘述 for… generate。
2. 條件式生成敘述 if… generate。

重覆性生成敘述 for … generate

重覆性生成敘述就是用來重覆產生相同元件，而其基本語法依元件叫用時的連線方式可以分成下面兩種：

名稱對應方式：

```
標名 : for 變數 in 開始 to 結束 generate
       元件標名 : 元件名稱
                    Port map (訊號 A ⇒ 訊號 N,
                              訊號 B ⇒ 訊號 O,
                                     ⋮
                              訊號 M ⇒ 訊號 Z);
       end generate;
```

位置對應方式：

```
標名 : for 變數 in 開始 to 結束 generate
       元件標名 : 元件名稱
                    Port map (訊號名稱 1, 訊號名稱 2, …… 訊號名稱 n);
       end generate;
```

1.　迴圈敘述 for … end 的特性與前面的敘述相同，後面加入 generate 表示它是一個元件生成敘述。

2.　元件連線的對應關係與前面的敘述完全相同，請讀者自行參閱前面的說明。

請注意！雖然它是一個迴圈敘述，但本身為共時性 (concurrent) 的敘述，因此它不可以放在 process 敘述內。

條件式生成敘述 if … generate

條件式生成敘述，顧名思義它是依 if 後面的條件來決定到底要不要產生相同的元件，其基本語法如下：

```
標名 : if 條件式 generate
       元件標名 : 元件名稱
                    Port map (元件連線對應關係,
                                     ⋮
                              元件連線對應關係);
       end generate;
```

於上面的敘述中，當 if 後面的條件成立時，則處理底下的敘述；不成立時則不處理，與前面 if 敘述相同，它的後面也可以加入 else 敘述以增加其彈性，至於後面元件連線時的對應關係與前面的敘述完全相同，它可以是名稱對應，也可以是位置對應，而它們詳細的特性與用法請參閱後面的範例。

範例一	檔名：FULL_ADDER_4BITS_FOR_GENERATE_STATEMENT

以重複性生成敘述 for… generate，並以位置對應的連線方式，設計一個 4 位元的全加器。

1. 動作狀況：

```
                    Cin
      X(3) X(2) X(1) X(0)
  +   Y(3) Y(2) Y(1) Y(0)
  ─────────────────────────
  Cout S(3) S(2) S(1) S(0)
```

2. 方塊圖：

<步驟一> 建立一個新的 project (名稱自訂，此處為 FULL_ADDER_4BITS_FOR_ GENERATE_STATEMENT)

<步驟二> 設計一個 1 位元全加器，經合成、模擬，確定無誤後存檔 (檔名自訂，此處為 FULL_ADDER)，其內容如下：

```
 1: ---------------------------------------
 2: --  1 bit full adder for component  --
 3: --       Filename : FULL_ADDER.vhd     --
 4: ---------------------------------------
 5:
 6: library IEEE;
 7: use IEEE.STD_LOGIC_1164.ALL;
 8: use IEEE.STD_LOGIC_ARITH.ALL;
 9: use IEEE.STD_LOGIC_UNSIGNED.ALL;
10:
11: entity FULL_ADDER is
12:     Port (Cin  : in  STD_LOGIC;
13:            X    : in  STD_LOGIC;
```

```
14:              Y    : in  STD_LOGIC;
15:              S    : out STD_LOGIC;
16:              Cout : out STD_LOGIC);
17: end FULL_ADDER;
18:
19: architecture Data_flow of FULL_ADDER is
20:
21: begin
22:   S     <= X xor Y xor Cin;
23:   Cout <= (X and Y) or (X and Cin) or (Y and Cin);
24: end Data_flow;
```

<步驟三> 設計一個 4 位元全加器的主電路，同時宣告被叫用元件 (1 位元全加器)，並以位置對應的連線方式叫用後存檔 (檔名自訂，此處為 FULL_ADDER_4BITS)，其內容如下：

```
 1: ---------------------------------------
 2: --        4 bits full adder        --
 3: --      for generate statement     --
 4: -- Filename : FULL_ADDER_4BITS.vhd --
 5: ---------------------------------------
 6:
 7: library IEEE;
 8: use IEEE.STD_LOGIC_1164.ALL;
 9: use IEEE.STD_LOGIC_ARITH.ALL;
10: use IEEE.STD_LOGIC_UNSIGNED.ALL;
11:
12: entity FULL_ADDER_4BITS is
13:     Port (Cin  : in  STD_LOGIC;
14:           X    : in  STD_LOGIC_VECTOR(3 downto 0);
15:           Y    : in  STD_LOGIC_VECTOR(3 downto 0);
16:           S    : out STD_LOGIC_VECTOR(3 downto 0);
17:           Cout : out STD_LOGIC);
18: end FULL_ADDER_4BITS;
19:
20: architecture Data_flow of FULL_ADDER_4BITS is
21:   component FULL_ADDER
22:       Port (Cin  : in  STD_LOGIC;
23:             X    : in  STD_LOGIC;
```

```
24:              Y    : in  STD_LOGIC;
25:              S    : out STD_LOGIC;
26:              Cout : out STD_LOGIC);
27:    end component;
28:    signal TEMP : STD_LOGIC_VECTOR(4 downto 0);
29: begin
30:    TEMP(0) <= Cin;
31: AA:for i in 0 to 3 generate
32:      FA: FULL_ADDER
33:          port map( TEMP(i), X(i), Y(i), S(i), TEMP(i+1));
34:      end generate AA;
35:    Cout <= TEMP(4);
36: end Data_flow;
```

重點說明：

1. 行號 12～18 宣告 4 位元全加器的外部接腳，其狀況如下：

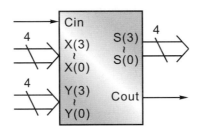

2. 行號 21～27 宣告所要叫用 1 位元全加器元件 (FULL_ADDER) 之外部接腳，其狀況如下：

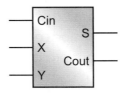

3. 行號 30～35 以元件生成敘述，以及位置對應的連線方式連續叫用 1 位元全加器元件 4 次，以便完成一個 4 位元全加器電路。

功能模擬 (function simulation)：

4 位元全加器相加電位

從上面功能模擬的輸入與輸出波形可以發現到，它們之間的對應關係與 4 位元全加器的動作狀況完全相同，因此可以確定系統所合成的電路是正確的。

範例二	檔名：DEMULTIPLEXER1_4_FOR_GENERATE_STATEMENT

以重複性生成敘述 for… generate，並以位置對應的連線方式，設計一個 1 對 4 解多工器。

1.　電路結構：

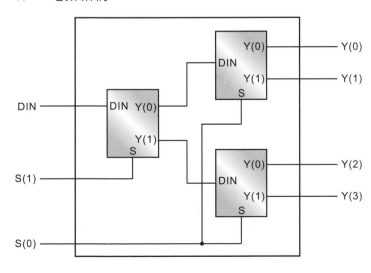

2.　真值表：

S(1)	S(0)	Y(0)	Y(1)	Y(2)	Y(3)
0	0	DIN	1	1	1
0	1	1	DIN	1	1
1	0	1	1	DIN	1
1	1	1	1	1	DIN

<步驟一> 建立一個新的 project (名稱自訂，此處為 DEMULTIPLEXER1_4_FOR_
        GENERATE_STATEMENT)。

<步驟二> 設計一個 1 對 2 解多工器，經合成、模擬，確定無誤後存檔 (檔名自訂，此
        處為 DEMULTIPLEXER1_2)，其內容如下：

```
 1: ----------------------------------------
 2: --  Demultiplexer1_2 for component --
 3: -- Filename : DEMULTIPLEXER1_2.vhd --
 4: ----------------------------------------
 5:
 6: library IEEE;
 7: use IEEE.std_logic_1164.ALL;
 8: use IEEE.std_logic_ARITH.ALL;
 9: use IEEE.std_logic_UNSIGNED.ALL;
10:
11: entity DEMULTIPLEXER1_2 is
12:     Port (DIN : in  STD_LOGIC;
13:            S   : in  STD_LOGIC;
14:            Y   : out STD_LOGIC_VECTOR(0 to 1));
15: end DEMULTIPLEXER1_2;
16:
17: architecture Data_flow of DEMULTIPLEXER1_2 is
18:
19: begin
20:   Y <= DIN & '1' when S = '0' else
21:        '1' & DIN;
22: end Data_flow;
```

<步驟三> 設計一個 1 對 4 解多工器的主電路，同時宣告被叫用元件 (1 對 2 解多工
        器)，並以位置對應的連線方式叫用 3 次後存檔 (檔名自訂，此處為
        DEMULTIPLEXER1_4)，其內容如下：

```
 1: ----------------------------------------
 2: --      1 to 4 demultiplexer      --
 3: --      for generate statement    --
 4: -- Filename : DEMULTIPLEXER1_4.vhd --
 5: ----------------------------------------
```

```
 6:
 7: library IEEE;
 8: use IEEE.std_logic_1164.ALL;
 9: use IEEE.std_logic_ARITH.ALL;
10: use IEEE.std_logic_UNSIGNED.ALL;
11:
12: entity DEMULTIPLEXER1_4 is
13:     Port (DIN : in  STD_LOGIC;
14:           S   : in  STD_LOGIC_VECTOR(1 downto 0);
15:           Y   : out STD_LOGIC_VECTOR(0 to 3));
16: end DEMULTIPLEXER1_4;
17:
18: architecture Data_flow of DEMULTIPLEXER1_4 is
19:   component DEMULTIPLEXER1_2
20:       Port (DIN : in  STD_LOGIC;
21:             S   : in  STD_LOGIC;
22:             Y   : out STD_LOGIC_VECTOR(0 to 1));
23:   end component;
24:   signal X : STD_LOGIC_VECTOR(0 to 1);
25: begin
26:
27: DEMUL1: DEMULTIPLEXER1_2
28:         port map(DIN,S(1),X);
29: LOP   : for i in 0 to 1 generate
30:           DEMUL2 : DEMULTIPLEXER1_2
31:           Port map (X(i), S(0), Y(2 * i to 2 * i + 1));
32:         end generate LOP;
33: end Data_flow;
```

重點說明：

程式結構與範例一相似，請自行參閱前面的說明，於行號 31 內輸出端

Y(2 ∗ i to 2 ∗ i + 1)，當 i 的內容：

　　i = 0 時　Y(2 ∗ 0 to 2 ∗ 0 + 1)，即 Y(0)，Y(1)

　　i = 1 時　Y(2 ∗ 1 to 2 ∗ 1 + 1)，即 Y(2)，Y(3)

整個電路結構與接腳的對應關係為：

功能模擬 (function simulation)：

從上面功能模擬的輸入與輸出波形可以發現到，它們之間的對應關係與 1 對 4 解多工器的動作狀況完全相同，因此可以確定系統所合成的電路是正確的。

範例三　　檔名：SHIFT_RIGHT_8BITS_FOR_GENERATE_STATEMENT

以 if… generate 與 for… generate 敘述，設計一個被叫用的 D 型正反器元件，與參數化向右移位元件 (叫用 D 型正反器元件)，最後再設計一個主電路 (叫用參數化向右移位元件) 將它擴展成 8 位元向右移位暫存器。

<步驟一> 建立一個新的 project (名稱自訂，此處為 SHIFT_RIGHT_8BITS_FOR_ GENERATE_STATEMENT)。

<步驟二> 設計一個 D 型正反器，經合成、模擬，確定無誤後存檔 (檔名自訂，此處為 DFF)，其內容如下：

```
 1: ----------------------------------
 2: -- D Filp Flop for component  --
 3: --      Filename : DFF.vhd      --
 4: ----------------------------------
 5:
 6: library IEEE;
 7: use IEEE.std_logic_1164.ALL;
 8: use IEEE.std_logic_ARITH.ALL;
 9: use IEEE.std_logic_UNSIGNED.ALL;
10:
11: entity DFF is
12:     Port (DIN   : in  STD_LOGIC;
13:           CLK   : in  STD_LOGIC;
14:           RESET : in  STD_LOGIC;
15:           Q     : out STD_LOGIC);
16: end DFF;
17:
18: architecture DFF_arch of DFF is
19:
20: begin
21:   process (CLK, RESET)
22:
23:     begin
24:       if RESET = '0' then
25:         Q <= '0';
26:       elsif CLK'event and CLK = '1' then
27:         Q <= DIN;
```

```
28:       end if;
29:    end process;
30:
31:  end DFF_arch;
```

<步驟三> 設計一個 1 位元向右移位參數化元件 (叫用 *D* 型正反器 (DFF))，經合成、
模擬，確定無誤後存檔 (檔名自訂，此處為 SHIFT)，其內容如下：

```
1:  ---------------------------------------
2:  --       Shift right component for    --
3:  --    generate statement (generic)    --
4:  --          Filename : SHIFT.vhd       --
5:  ---------------------------------------
6:
7:  library IEEE;
8:  use IEEE.std_logic_1164.ALL;
9:  use IEEE.std_logic_ARITH.ALL;
10: use IEEE.std_logic_UNSIGNED.ALL;
11:
12: entity SHIFT is
13:   generic(number : integer range 1 to 31 := 1);
14:     Port (DIN    : in  STD_LOGIC;
15:           CLK    : in  STD_LOGIC;
16:           RESET  : in  STD_LOGIC;
17:           Q      : out STD_LOGIC_VECTOR (0 to number - 1));
18: end SHIFT;
19:
20: architecture SHIFT_arch of SHIFT is
21:   signal REG : std_logic_vector(1 to number);
22:
23:   component DFF
24:       Port (DIN   : in  STD_LOGIC;
25:             CLK   : in  STD_LOGIC;
26:             RESET : in  STD_LOGIC;
27:             Q     : out STD_LOGIC);
28:   end component;
29:
30: begin
```

```
31:    LOP:  for i in 0 to number-1 generate
32:    FIRST:  if i = 0 generate
33:    DFF0:     DFF Port map (DIN,CLK,RESET,REG(i+1));
34:          end generate;
35:    OTHER:  if i > 0 and i < number  generate
36:    DFFO:     DFF Port map (REG(i),CLK,RESET,REG(i+1));
37:          end generate;
38:        end generate LOP;
39:        Q <= REG;
40: end SHIFT_arch;
```

<步驟四> 設計一個 8 位元向右移位的主電路，同時宣告被叫用元件 (1 位元向右移位
         參數化元件)，並將它擴展成 8 位元後存檔 (檔名自訂，此處為
         SHIFT_RIGHT_8BITS)，其內容如下：

```
 1: ------------------------------------------
 2: --       8 bit shift right register      --
 3: --          for generate statement       --
 4: --     Filename : SHIFT_RIGHT_8BITS.vhd   --
 5: ------------------------------------------
 6:
 7: library IEEE;
 8: use IEEE.std_logic_1164.ALL;
 9: use IEEE.std_logic_ARITH.ALL;
10: use IEEE.std_logic_UNSIGNED.ALL;
11:
12: entity SHIFT_RIGHT_8BITS is
13:     Port (DIN   : in  STD_LOGIC;
14:           CLK   : in  STD_LOGIC;
15:           RESET : in  STD_LOGIC;
16:           Q     : out STD_LOGIC_VECTOR (0 to 7));
17: end SHIFT_RIGHT_8BITS;
18:
19: architecture SHIFT_RIGHT_8BITS_arch of SHIFT_RIGHT_8BITS is
20:
21:   component SHIFT
22:     generic(number : integer range 1 to 31);
23:     Port (DIN : in STD_LOGIC;
```

```
24:            CLK    : in  STD_LOGIC;
25:            RESET  : in  STD_LOGIC;
26:            Q      : out STD_LOGIC_VECTOR (0 to number-1));
27:    end component SHIFT;
28:
29:  begin
30:  SR:SHIFT
31:     generic map(8)
32:     Port map(DIN, CLK, RESET, Q);
33:  end SHIFT_RIGHT_8BITS_arch;
```

重點說明：

程式結構與前面範例相似，請自行參閱。

功能模擬 (function simulation)：

從上面功能模擬的輸入與輸出波形可以發現到，它們的對應關係與 8 位元向右移位暫
存器的動作狀況完全相同，因此可以確定系統所合成的電路是正確的。

6-6　函數 function

當我們使用高階語言設計一個很大的系統時，往往會使用到功能相類似的片段程式，為了方便設計師處理這些類似的片段程式，於高階語言系統會提供副程式或函數的呼叫結構供我們使用，於 VHDL 語言系統也不例外，為了要達到分工與結構化的電路設計，系統也提供我們函數 (function) 與程序 (procedure) 的結構讓設計師使用，於本小節內我們先來討論函數 (function) 敘述的特性與用法。

設計師在進行硬體電路的規劃時，可以將時常使用或者重覆使用的電路獨立出來，以函數敘述進行設計、測試，並確認電路無誤後即可儲存起來，以便往後自己或同伴叫用，於 VHDL 語言中函數敘述可以區分成宣告部分與主體部分。

函數的宣告部分

將控制電路以函數敘述進行設計與叫用時，其宣告部分 (通常放置在套件 package 內部) 的基本語法如下：

```
function 名稱 (輸入參數 1 ： 資料型態;
               輸入參數 2 ： 資料型態;
                      ⋮
               輸入參數 n ： 資料型態)
return 輸出參數的資料型態;
```

而其代表意義如下：

從上面的方塊圖結構可以看出，一個函數可以擁有很多的輸入訊號，但它只能有一個輸出的回復訊號，也就是說函數的目的是將很多的輸入訊號處理之後，再回傳一個處理結果 (譬如將兩組輸入資料經函數運算後，回復一組運算的結果)，底下我們就舉兩個在 VHDL 語言的 Library 系統內所宣告函數的內容來說明：

範例一

```
function "+" (L : UNSIGNED ; R : UNSIGNED)
return UNSIGNED；
```

其代表意義如下：

呼叫 "+" 函數時，必須傳入兩組不帶符號的資料 (即被加數與加數) 給參數 L 與 R，此兩筆資料經函數執行加法運算後，回傳一筆不帶符號的資料 (和)，顯然它是一個執行兩筆不帶符號相加的電路。

範例二

```
function maximum (L, R : INTEGER)
return INTEGER;
```

其代表意義為：

呼叫 maximum 函數時，必須傳入兩組整數資料 (所要比較的資料) 給參數 L 與 R，此兩筆整數資料經函數執行比較運算後，回傳一筆較大的整數資料，顯然它是一個執行兩筆整數資料的比較電路。

函數的主體部分

將硬體電路以函數敘述進行設計與叫用時，其主體部分的基本語法如下：

```
function 名稱 (輸入參數1 ：資料型態；
              輸入參數2 ：資料型態；
                  ⋮
```

```
                    輸入參數 n ： 資料型態)
    return 輸出參數的資料型態 is
        區域變數宣告區；
begin
    函數敘述區；
    return 輸出參數名稱；
end 參數名稱；
```

於上面函數主體的語法中：

1. 最前面 function… return 的宣告方式與前面函數宣告部分完全相同，只不過必須在後面加入保留字 is。

2. 區域變數宣告區：用來宣告於本函數內所需要用到的資料物件。

3. begin… return：本函數的敘述區域，我們可以將所要設計的函數元件，以行為模式 (behavior) 的方式在此描述 (通常為順序性敘述)。

底下我們就舉兩個在 VHDL 語言的 Library 系統內所描述函數主體的內容來說明。

範 例一

```
function "ABS" (L : SIGNED) return SIGNED is
begin
        if (L(L'left) = '0' or L (L'left) = 'L') then
            return L;
        else
            return 0 - L;
        end if;
end;
```

---

1. 其代表意義如下：

呼叫函數 "ABS" 時，必須傳入一筆帶符號的資料給參數 L，此筆資料經 ABS 函數處理後回傳一筆帶符號的資料 (取絕對值後)。

2. begin… end 為本函數的主體敘述，它是將傳進來的帶符號資料做個判斷，如果資料為：

　　正值時：將其原封不動的回傳。

　　負值時：取 2 的補數 (0－L) 後再回傳。

3. 本函數為一個將帶符號資料取絕對值的電路。

範例二

```
function maximum (L, R : INTEGER) return INTEGER is
begin
  if L > R then
    return L;
  else
    return R;
  end if;
end;
```

1. 其代表意義如下：

呼叫函數 maximum 時，傳入兩筆整數資料 (所要比較的資料) 給參數 L 與 R，此兩筆資料經函數比較後，回傳一筆比較大的整數資料。

2. begin… end 為本函數的主體敘述，它是將傳進來的兩筆整數資料做比較，如果：

　　資料 L > 資料 R 時，則回傳 L 資料 (較大者)。

　　資料 L <= 資料 R 時，則回傳 R 資料 (較大者)。

3. 本函數為一個從兩筆整數值中找尋較大值的電路。

由前面的討論我們可以知道，函數 (function) 的敘述可以分成宣告部分與主體部分，此處要強調的是，如果函數的主體部分是定義在叫用它的單體 (entity) 或架構 (architecture) 內部時，此即表示此函數只有自己要使用 (也許是要重覆使用)，在這種情況之下，函數的宣告部分就可以省略，但是如果所定義函數是放在套件 (package) 內供大家共同叫用時，函數宣告部分就必須存在 (譬如於 VHDL 系統的 Library 所提供

的函數就必須宣告，讀者可以自行參閱)，底下我們就舉兩個分別將函數主體定義在單
體與架構的範例來說明。

| 範例一 | 檔名：EVEN_PARITY_16BITS_GENERATOR_FUNCTION_ENTITY |

以函數敘述設計一個 8 位元偶同位產生器 (定義在單體 entity 內)，並連續叫用兩次
以完成一個 16 位元的偶同位產生器電路。

1. 方塊圖：

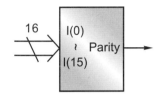

2. 布林代數：

$$Parity = I(0) \oplus I(1) \oplus I(2) \oplus I(3) \oplus$$
$$I(4) \oplus I(5) \oplus I(6) \oplus I(7) \oplus$$
$$I(8) \oplus I(9) \oplus I(10) \oplus I(11) \oplus$$
$$I(12) \oplus I(13) \oplus I(14) \oplus I(15)$$

原始程式 (source program)：

```
 1: --------------------------------------------
 2: --     16 bits even parity generator     --
 3: --        using function (in entity)     --
 4: --   Filename : EVEN_PARITY_16BITS.vhd   --
 5: --------------------------------------------
 6:
 7: library IEEE;
 8: use IEEE.std_logic_1164.ALL;
 9: use IEEE.std_logic_ARITH.ALL;
10: use IEEE.std_logic_UNSIGNED.ALL;
11:
12: entity EVEN_PARITY_16BITS is
13:     Port (I      : in  STD_LOGIC_VECTOR(0 to 15);
14:           Parity : out STD_LOGIC);
15:
16:   function EVEN_8(I : STD_LOGIC_VECTOR(0 to 7))
17:     return STD_LOGIC is
18:       variable PE : STD_LOGIC;
19:   begin
20:     PE := '0';
21:     for K in I'left to I'right loop
22:       PE := PE xor I(K);
23:     end loop;
```

```
24:      return PE;
25:    end EVEN_8;
26:
27:  end EVEN_PARITY_16BITS;
28:
29:  architecture Data_flow of EVEN_PARITY_16BITS is
30:
31:  begin
32:    Parity <= EVEN_8(I(0 to 7)) xor EVEN_8(I(8 to 15));
33:  end Data_flow;
```

重點說明：

1. 行號 1～10 的功能與前面相同。

2. 行號 12～14 為 16 位元偶同位產生器的外部接腳，其狀況如下：

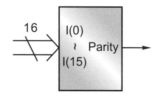

3. 行號 16～25 為 EVEN_8 函數的主體，行號 19～25 為函數的敘述區，而其處理方式為將電位 '0' 與 8 位元偶同位產生器的輸入 I(0)～I(7) 作 XOR 運算 (與 '0' 作 XOR 運算，其內容不變) (取偶同位)，並將其最後結果 (PE) 回傳。

4. 行號 29～33 呼叫 8 位元偶同位產生函數 EVEN_8 兩次，並將其結果作 XOR 運算，形成一個 16 位元偶同位產生器。

功能模擬 (function simulation)：

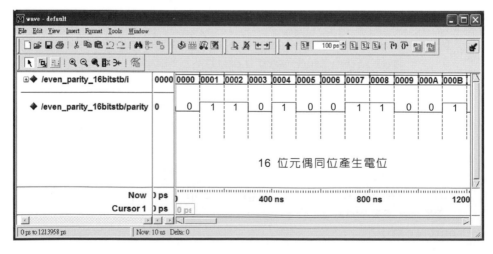

從上面功能模擬的輸入與輸出波形可以發現到，它們之間的對應關係與 16 位元偶同位
產生器完全相同，因此可以確定系統所合成的電路是正確的。

範例二	檔名：EVEN_PARITY_16BITS_GENERATOR_FUNCTION_ARCHITECTURE

設計一個與範例一相同的電路，並將被呼叫函數定義在架構 (architecture) 內。

原始程式 (source program)：

```
 1: -------------------------------------------
 2: --      16 bits even parity generator      --
 3: --    using function (in architecture)    --
 4: --    Filename : EVEN_PARITY_16BITS.vhd   --
 5: -------------------------------------------
 6:
 7: library IEEE;
 8: use IEEE.std_logic_1164.ALL;
 9: use IEEE.std_logic_ARITH.ALL;
10: use IEEE.std_logic_UNSIGNED.ALL;
11:
12: entity EVEN_PARITY_16BITS is
13:      Port (I      : in  STD_LOGIC_VECTOR(0 to 15);
14:            Parity : out STD_LOGIC);
15: end EVEN_PARITY_16BITS;
16:
17: architecture Data_flow of EVEN_PARITY_16BITS is
18:
19:   function EVEN_8( I : STD_LOGIC_VECTOR(0 to 7))
20:     return STD_LOGIC is
21:       variable PE: STD_LOGIC;
22:   begin
23:     PE := '0';
24:     for K in I'left to I'right loop
25:       PE := PE xor I(K);
26:     end loop;
27:     return PE;
28:   end EVEN_8;
29:
```

```
30:  begin
31:    Parity <= EVEN_8(I(0 to 7)) xor EVEN_8(I(8 to 15));
32:  end Data_flow;
```

重點說明：

與範例一相似，不同之處為本範例是將 EVEN_8 函數的主體放置在架構 (architecture)
內，請讀者自行參閱前面的說明。

功能模擬 (function simulation)：

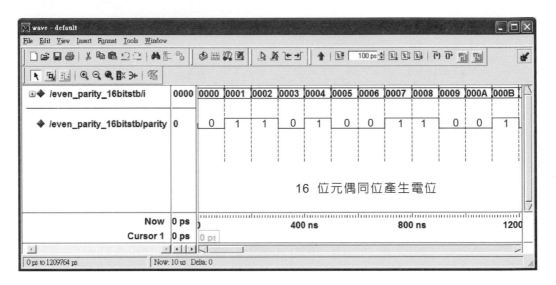

6-7　程序 procedure

程序 (procedure) 的用途與函數相似，它們的目的都是為了重覆使用某一個電路；或
者達到並行、分工設計，兩者最大的不同在於函數內的參數只能為輸入，且回傳物件
只能一組；而程序內的參數可以是輸入、輸出或輸入輸出，且它的回傳物件沒有限制
只能一組。與函數相同，程序的使用可以區分成宣告部分與主體部分。

程序的宣告部分

將控制電路以程序敘述進行設計與叫用時，其宣告部分 (通常放在套件 package 內部)
的基本語法如下：

```
procedure 名稱
            (參數物件 名稱 : 模式 資料型態;
             參數物件 名稱 : 模式 資料型態;
                            ⋮
             參數物件 名稱 : 模式 資料型態);
```

而其代表意義如下：

從上面的方塊圖結構可以看出，一個程序的參數可以擁有輸入 (in)、輸入輸出 (inout)，而其回傳的輸出參數可以沒有、一個或多個，這些參數的物件可以是常數 (constant)、訊號 (signal) 或變數 (variable)，當我們在宣告時，如果沒有指定參數物件，則於輸入 (in) 時，其機定值為常數，於輸出 (out) 或輸入輸出 (inout) 時，其機定值為變數 (variable)。

範例一	解釋下面程序宣告所代表的意義：

```
procedure HALF_ADDER
          ( signal X0 : in std_logic;
            signal Y0 : in std_logic;
            signal S0 : out std_logic;
            signal C1 : out std_logic);
```

其方塊圖如下：

當呼叫此程序時，必須傳入訊號給參數物件 X0 與 Y0，此兩組訊號經 HALF_ADDER 程序處理後，回傳 S0 及 C1 兩組輸出訊號。

範例二 | 解釋下面程序宣告所代表的意義：

```
procedure DEMUL1_2
        ( signal DIN : in std_logic;
          signal S   : in std_logic;
          signal Y   : out std_logic_vector (0 to 1));
```

其方塊圖如下：

當呼叫此程序時，必須傳入訊號給參數物件 DIN 與 S，此兩組訊號經 DEMUL1_2 處理後，回傳 Y(0)及 Y(1)兩組輸出訊號。

程序的主體部分

將硬體電路以程序敘述進行設計時，其主體部分的基本語法如下：

```
procedure 名稱
    (參數物件 名稱 : 模式 資料型態;
     參數物件 名稱 : 模式 資料型態;
                    ⋮
     參數物件 名稱 : 模式 資料型態
     ) is
        區域物件宣告區;
begin
    程序敘述區;
end 名稱;
```

於上面程序主體的語法中：

1. 最前面 procedure…is 中間的宣告方式與先前有關程序宣告部分相似，只是在最後面加入保留字 is。

2. 區域物件宣告區：用來宣告於本程序內所需要用到的資料物件。

3. begin⋯ end 名稱：本程序的敘述區，我們可以將所要設計的元件以行為模式方式在此描述 (通常為順序性敘述)。

底下我們就舉兩個分別將程序主體，定義在單體與架構的範例來說明。

範例一　檔名：DEMULTIPLEXER1_4_PROCEDURE_ENTITY

以程序敘述設計一個 1 對 2 解多工器 (定義在單體 entity 內)，並連續叫用 3 次以完成一個 1 對 4 解多工器電路。

---

1. 方塊圖：

2. 真值表：

S(1)	S(0)	Y(0)	Y(1)	Y(2)	Y(3)
0	0	DIN	1	1	1
0	1	1	DIN	1	1
1	0	1	1	DIN	1
1	1	1	1	1	DIN

原始程式 (source program)：

```
 1: ---------------------------------------
 2: --      1 to 4 Demultiplexer        --
 3: --   using procedure (in entity)    --
 4: -- Filename : DEMULTIPLEXER1_4.vhd --
 5: ---------------------------------------
 6:
 7: library IEEE;
 8: use IEEE.std_logic_1164.ALL;
 9: use IEEE.std_logic_ARITH.ALL;
10: use IEEE.std_logic_UNSIGNED.ALL;
11:
12: entity DEMULTIPLEXER1_4 is
13:     Port (DIN : in  STD_LOGIC;
14:           S   : in  STD_LOGIC_VECTOR(1 downto 0);
15:           Y   : out STD_LOGIC_VECTOR(0 to 3));
16:
```

```
17:    procedure DEMUL1_2
18:           (signal DIN : in  STD_LOGIC;
19:            signal S   : in  STD_LOGIC;
20:            signal Y   : out STD_LOGIC_VECTOR(0 to 1)) is
21:    begin
22:      case S is
23:        when '0'    => Y <= DIN & '1';
24:        when others => Y <= '1' & DIN;
25:      end case;
26:    end DEMUL1_2;
27:
28: end DEMULTIPLEXER1_4;
29:
30: architecture Data_flow of DEMULTIPLEXER1_4 is
31:    signal X : STD_LOGIC_VECTOR(0 to 1);
32: begin
33:    DEMUL1_2(DIN, S(1), X);
34:    DEMUL1_2(X(0), S(0), Y(0 to 1));
35:    DEMUL1_2(X(1), S(0), Y(2 to 3));
36: end Data_flow;
```

重點說明：

1. 行號 1～10 的功能與前面相同。

2. 行號 12～15 為 1 對 4 解多工器的外部接腳，其狀況如下：

3. 行號 17～26 為 1 對 2 解多工器 DEMUL1_2 程序的主體，行號 21～26 為程序的敘述區。

4. 行號 33～35 叫用 DEMUL1_2 程序 3 次，並將它們連接成一個 1 對 4 的解多工器，其狀況如下：

功能模擬 (function simulation)：

從上面功能模擬的輸入與輸出波形可以發現到，它們之間的對應關係與 1 對 4 解多工器的真值表完全相同，因此可以確定系統所合成的電路是正確的。

範例二	檔名：DEMULTIPLEXER1_4_PROCEDURE_ARCHITECTURE
設計一個與範例一相同的電路，並將被叫用程序定義在架構 (architecture) 內。	

原始程式 (source program)：

```
 1: ----------------------------------------
 2: --    1 to 4 Demultiplexer using    --
 3: --    procedure (in architecture)   --
 4: -- Filename : DEMULTIPLEXER1_4.vhd --
 5: ----------------------------------------
 6:
 7: library IEEE;
 8: use IEEE.std_logic_1164.ALL;
 9: use IEEE.std_logic_ARITH.ALL;
10: use IEEE.std_logic_UNSIGNED.ALL;
11:
12: entity DEMULTIPLEXER1_4 is
13:     Port (DIN : in  STD_LOGIC;
14:             S   : in  STD_LOGIC_VECTOR(1 downto 0);
15:             Y   : out STD_LOGIC_VECTOR(0 to 3));
16: end DEMULTIPLEXER1_4;
17:
18: architecture Data_flow of DEMULTIPLEXER1_4 is
19:   signal X : STD_LOGIC_VECTOR(0 to 1);
20:
21:   procedure DEMUL1_2
22:             (signal DIN : in  STD_LOGIC;
23:              signal S   : in  STD_LOGIC;
24:              signal Y   : out STD_LOGIC_VECTOR(0 to 1)) is
25:   begin
26:     case S is
27:       when '0'     => Y <= DIN & '1';
28:       when others => Y <= '1' & DIN;
29:     end case;
30:   end DEMUL1_2;
31:
32: begin
33:   DEMUL1_2(DIN, S(1), X);
34:   DEMUL1_2(X(0), S(0), Y(0 to 1));
35:   DEMUL1_2(X(1), S(0), Y(2 to 3));
36: end Data_flow;
```

重點說明：

與範例一相似，不同之處為本範例是將 DEMUL1_2 程序主體放置在架構 (architecture) 內，請讀者自行參閱前面的說明。

功能模擬 (function simulation)：

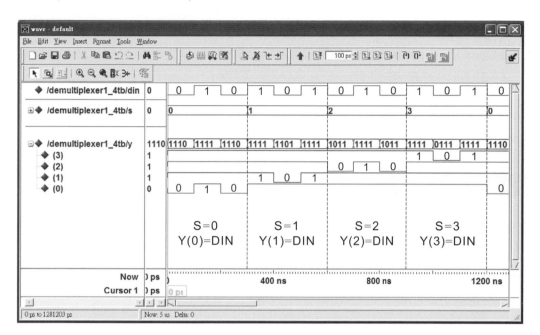

6-8　Moore 與 Mealy 狀態機

在大專的數位邏輯設計課程中，時常會提到有限狀態機器 (Finite State Machine) 簡稱為 FSM，它是在有限的狀態之下，以目前電路所記錄的狀態為準，一旦外加時脈及輸入訊號來臨時，它會以目前的狀態及輸入訊號的變化狀況為依據，產生下一次的狀態及輸出電位。有限狀態機依其工作特性可以區分為下面兩種：

1. Moore Machine：此種狀態機器的輸出電位只與目前所記錄的狀態有關，與輸入訊號無立即的關係。

2. Mealy Machine：此種狀態機器的輸出電位不只與目前所記錄的狀態有關，而且與輸入訊號有立即的關係。

比較兩種機器後會發現到，Mealy Machine 可以使用較少的狀態來完成一個序向控制電路，但由於它的輸出會受到輸入電位的影響，因此在輸出端容易產生 glitch。於 VHDL

語言系統中，我們只要將所要設計控制電路的動作狀況以狀態圖 (state diagram) 方式繪出，系統就可以將它轉換成硬體電路，甚至可以轉換成 VHDL 的描述語言，於本章節內我們就來討論如何以 VHDL 語言來描述有限狀態機器。當設計師要使用 VHDL 語言來描述狀態機器時，首先必須以列舉方式的資料型態 (enumerate type) 來定義電路內可能出現的所有狀態，而其基本語法如下：

```
type STATE_TYPE is ( state0, state1,……,staten);
signal present_state : STATE_TYPE;
signal next_state    : STATE_TYPE;
```

接下來即可利用 process、if… then… else、case… is… when 等行為模式的敘述來指定輸入、輸出及各種狀態之間的變化關係。

Moore 有限狀態機器

於 Moore 有限狀態機器中，它的輸出只與目前所記錄的狀態有關，與輸入訊號並無立即的關係，在設計過程我們先將所要設計電路的動作狀況以狀態圖繪出 (請自行參閱邏輯設計的書籍或本人所出版的 "最新數位邏輯電路設計" ，限於篇幅在此不作陳述)，之後再依其動作的方式與順序，以 VHDL 語言的行為模式加以描述即可。

範例一	檔名：MOORE_MACHINE_PARITY_DETECTOR

以 Moore Machine 設計一個從一連串的輸入訊號 X 中，偵測出同位狀況的同位偵測器。

方塊圖：

動作狀況：

從 X 端輸入一連串 0 與 1 的訊號中，當高電位 '1' 的數量為：

偶數個時，輸出端 Z 為低電位 '0'。

奇數個時，輸出端 Z 為高電位 '1'。

<步驟一> 繪出電路的狀態圖 (圖形說明請參閱本人所寫的 "最新數位邏輯電路設計一書")：

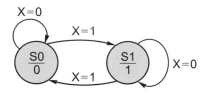

<步驟二> 整理出狀態表：

目前狀態 PS	下一個狀態		輸出 Z
	X = 0	X = 1	
S0	S0	S1	0
S1	S1	S0	1

<步驟三> 將上述的狀態變化與輸出狀況以 VHDL 語言加以描述，其原始程式的內容如下：

```vhdl
 1: --------------------------------------
 2: -- Parity detector (moore machine) --
 3: --     Z = '0' for even parity      --
 4: --     Z = '1' for odd  parity      --
 5: -- Filename : PARITY_DETECTOR.vhd --
 6: --------------------------------------
 7:
 8: library IEEE;
 9: use IEEE.std_logic_1164.ALL;
10: use IEEE.std_logic_ARITH.ALL;
11: use IEEE.std_logic_UNSIGNED.ALL;
12:
13: entity PARITY_DETECTOR is
14: Port (CLK        : in  STD_LOGIC;
15:           RESET : in  STD_LOGIC;
16:          X     : in  STD_LOGIC;
17:          Z     : out STD_LOGIC);
18: end PARITY_DETECTOR;
19:
20: architecture Behavior_arch of PARITY_DETECTOR is
21:   type State is (S1, S0);
```

```
22:    signal Present_State : State;
23:    signal Next_State : State;
24: begin
25:    process (CLK, RESET)
26:
27:     begin
28:       if RESET ='0' then
29:         Present_State <= S0;
30:       elsif CLK'event and CLK = '1' then
31:         Present_State <= Next_State;
32:       end if;
33:    end process;
34:
35:    process (Present_State, X)
36:
37:     begin
38:       case Present_State is
39:         when S0 =>
40:           if X ='0' then
41:             Next_State <= S0;
42:           else
43:             Next_State <= S1;
44:           end if;
45:           Z <= '0';
46:         when S1 =>
47:           if X ='0' then
48:             Next_State <= S1;
49:           else
50:             Next_State <= S0;
51:           end if;
52:           Z <= '1';
53:       end case;
54:    end process;
55:
56: end Behavior_arch;
```

重點說明：

1. 行號 1～11 的功能與前面相同。

2. 行號 13～18 為電路的外部接腳,其狀況如下:

3. 行號 21～23 以列舉方式的資料型態,定義電路內可能出現的所有狀態。

4. 行號 25～54 將狀態表的動作狀況,以 VHDL 語言的行為模式依順序描述出來。

功能模擬 (function simulation):

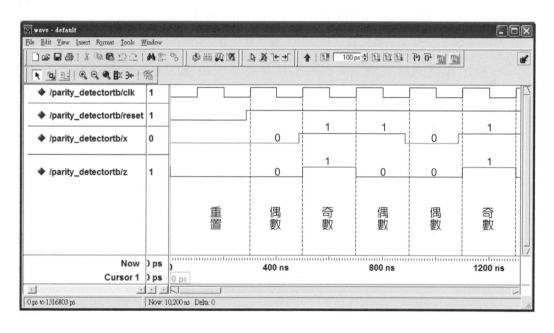

從上面功能模擬的輸入與輸出波形之間的對應關係可以發現到,它與我們所要求的動作狀況完全相同,因此可以確定系統所合成的電路是正確的。

範例二	檔名:MOORE_MACHINE_DETECT_101_SIGNAL
以 Moore Machine 設計一個從一連串的輸入訊號 X 中,偵測出連續的 "101" 訊號。	

方塊圖：

動作狀況：

從 X 端輸入一連串 0 與 1 的訊號中：

偵測到 "101" 時，輸出端 Z 為高電位 '1'。

沒有偵測到 "101" 時，輸出端 Z 為低電位 '0'。

訊號輸入 X：1 1 0 0 1 0 1 1 0 0 1 0 1 0 1 0 1 0 0

偵測輸出 Z：0 0 0 0 0 0 1 0 0 0 0 0 1 0 1 0 1 0 0

<步驟一> 繪出電路的狀態圖 (圖形說明請參閱本人所寫的 "最新數位邏輯電路設計
一書")：

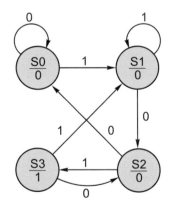

<步驟二> 整理出狀態表：

目前狀態	下一個狀態		輸出
PS	X = 0	X = 1	Z
S0	S0	S1	0
S1	S2	S1	0
S2	S0	S3	0
S3	S2	S1	1

<步驟三> 將上述的狀態變化與輸出狀況，以 VHDL 語言的行為模式加以描述，其原始
　　　　　程式的内容如下：

```
 1: -------------------------------------
 2: --       Detect "101" from series    --
 3: --    input signal (moore machine)   --
 4: --        Filename : DETECT_101.vhd  --
 5: -------------------------------------
 6:
 7: library IEEE;
 8: use IEEE.std_logic_1164.ALL;
 9: use IEEE.std_logic_ARITH.ALL;
10: use IEEE.std_logic_UNSIGNED.ALL;
11:
12: entity DETECT_101 is
13:     Port (CLK    : in  STD_LOGIC;
14:            RESET  : in  STD_LOGIC;
15:            X      : in  STD_LOGIC;
16:            Z      : out STD_LOGIC);
17: end DETECT_101;
18:
19: architecture Behavior_arch of DETECT_101 is
20:   type   State is (S3, S2, S1, S0);
21:   signal Present_State : State;
22:   signal Next_State : State;
23: begin
24:   process (CLK, RESET)
25:
26:     begin
27:       if RESET ='0' then
28:         Present_State <= S0;
29:       elsif CLK'event and CLK = '1' then
30:         Present_State <= Next_State;
31:       end if;
32:   end process;
33:
34:   process (X, Present_State)
35:
36:     begin
```

```
37:        case Present_State is
38:          when S0 =>
39:            if X ='0' then
40:              Next_State <= S0;
41:            else
42:              Next_State <= S1;
43:            end if;
44:            Z <= '0';
45:          when S1 =>
46:            if X ='0' then
47:              Next_State <= S2;
48:            else
49:              Next_State <= S1;
50:            end if;
51:            Z <= '0';
52:          when S2 =>
53:            if X ='0' then
54:              Next_State <= S0;
55:            else
56:              Next_State <= S3;
57:            end if;
58:            Z <= '0';
59:          when S3 =>
60:            if X ='0' then
61:              Next_State <= S2;
62:            else
63:              Next_State <= S1;
64:            end if;
65:            Z <= '1';
66:        end case;
67:    end process;
68:
69: end Behavior_arch;
```

重點說明：

程式架構與範例一相似，請讀者自行參閱前面所述，在此不重覆說明。

功能模擬 (function simulation)：

從上面功能模擬輸入與輸出波形的對應關係可以發現到，它與我們所要求的動作狀況完全相同，因此可以確定系統所合成的電路是正確的。

Mealy 有限狀態機器

於 Mealy 有限狀態機器中，它的輸出不只與目前所記錄的狀態有關，它還跟輸入訊號有著立即的關係，於 VHDL 語言中，Mealy machine 的設計方式與前面所討論的 Moore machine 相似，我們先將所要設計電路的動作狀況以狀態圖繪出，然後再以列舉方式定義出電路內可能出現的所有狀態，之後再依其動作的方式與順序，以 VHDL 語言的行為模式加以描述即可。

範例一　　檔名：MEALY_MACHINE_DETECT_101_SIGNAL

以 Mealy Machine 設計一個，從一連串的輸入訊號 X 中，偵測出連續的 "101" 訊號。(讀者可以將它與前面的範例二做個比較，就可以知道 Moore 與 Mealy Machine 之間的差別)

方塊圖：

動作狀況：

從 X 端輸入一連串 0 與 1 的訊號中：

偵測到 "101" 時，輸出端 Z 為高電位 '1'。

沒有偵測到 "101" 時，輸出端 Z 為低電位 '0'。

<步驟一> 繪出電路的狀態圖 (圖形說明請參閱本人所寫的 "最新數位邏輯電路設計
　　　　一書")：

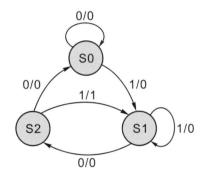

<步驟二> 整理出狀態表：

目前狀態 PS	下一個狀態	
	X = 0	X = 1
S0	S0，0	S1，0
S1	S2，0	S1，0
S2	S0，0	S1，1

<步驟三> 將上述的狀態變化與輸出狀況，以 VHDL 語言的行為模式加以描述，其原始
　　　　程式的內容如下：

```
 1: ---------------------------------------
 2: --        Detect "101" from series    --
 3: --     input signal (mealy machine)   --
 4: --       Filename : DETECT_101.vhd    --
 5: ---------------------------------------
 6:
 7: library IEEE;
 8: use IEEE.std_logic_1164.ALL;
 9: use IEEE.std_logic_ARITH.ALL;
10: use IEEE.std_logic_UNSIGNED.ALL;
11:
12: entity DETECT_101 is
13:     Port (CLK    : in  STD_LOGIC;
14:           RESET  : in  STD_LOGIC;
15:           X      : in  STD_LOGIC;
16:           Z      : out STD_LOGIC);
17: end DETECT_101;
18:
19: architecture Behavior_arch of DETECT_101 is
20:   type   State is (S2, S1, S0);
21:   signal Present_State : State;
22:   signal Next_State : State;
23: begin
24:   process (CLK, RESET)
25:
26:     begin
27:       if RESET ='0' then
28:         Present_State <= S0;
29:       elsif CLK'event and CLK = '1' then
30:         Present_State <= Next_State;
31:       end if;
32:   end process;
33:
34:   process (X, Present_State)
35:
36:     begin
37:       case Present_State is
38:         when S0 =>
39:           if X ='0' then
```

```
40:          Next_State <= S0;
41:          Z <= '0';
42:        else
43:          Next_State <= S1;
44:          Z <= '0';
45:        end if;
46:      when S1 =>
47:        if X ='0' then
48:          Next_State <= S2;
49:          Z <= '0';
50:        else
51:          Next_State <= S1;
52:          Z <= '0';
53:        end if;
54:      when S2 =>
55:        if X ='0' then
56:          Next_State <= S0;
57:          Z <= '0';
58:        else
59:          Next_State <= S1;
60:          Z <= '1';
61:        end if;
62:    end case;
63:   end process;
64:
65: end Behavior_arch;
```

重點說明：

程式架構與 Moore machine 的範例相似，唯一不同點為其輸出 Z 會隨著狀態與輸入訊號 X 而改變，因此於每一個判斷式內都會改變輸出端 Z 的電位，我們以行號 37～45 的敘述來分析，當目前的狀態 present_state 處在 S0 時，輸入訊號 X 的電位：

1. X = 0 時：下一個狀態 Next_State 停留在 S0 (行號 40)，且輸出訊號 Z 為低電位 '0' (行號 41)。

2. X = 1 時：下一個狀態 Next_State 前進到 S1 (行號 43)，且輸出訊號 Z 為低電位 '0' (行號 44)。

功能模擬 (function simulation)：

從上面功能模擬的輸入與輸出波形可以發現到，它們的對應關係與我們所要求的動作狀況完全相同，因此可以確定系統所合成的電路是正確的。

範例二	檔名：MEALY_MACHINE_3BITS_EVEN_PARITY_GENERATOR

以 Mealy Machine 設計一個，當輸入端 X 連續輸入 3 個位元後，於輸出端 Z 就會自動產生前面 3 個位元的偶同位訊號。

方塊圖：

動作狀況：

　　從輸入端 X 連續輸入 3 個位元後，如果 3 位元中 '1' 的數量為：

　　　　奇數個，則 Z 輸出高電位 '1'。

　　　　偶數個，則 Z 輸出低電位 '0'。

其輸入與輸出電位的對應關係如下：

X 輸入電位：

| 1 | 0 | 0 | 1 | 1 | 1 | 0 | 0 | 1 | 1 | 1 | 1 | 1 | 0 | 1 | 0 |

Z   Z   Z   Z

<步驟一> 繪出電路的狀態圖 (圖形說明請參閱本人所寫的 "最新數位邏輯電路設計
一書")：

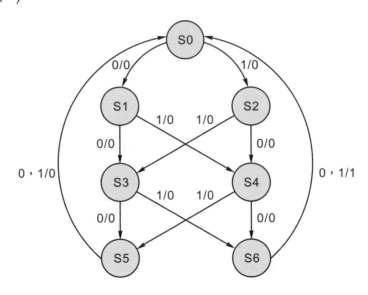

<步驟二> 整理出狀態表：

目前狀態 PS	下一個狀態	
	X = 0	X = 1
S0	S1，0	S2，0
S1	S3，0	S4，0
S2	S4，0	S3，0
S3	S5，0	S6，0
S4	S6，0	S5，0
S5	S0，0	S0，0
S6	S0，1	S0，1

<步驟三> 將上述的狀態變化與輸出狀況，以 VHDL 語言的行為模式加以描述，其原始
程式的內容如下：

```
 1: ------------------------------------------
 2: --    3 bits even parity generator from   --
 3: --       series signal (mealy machine)    --
 4: --      Filename : PARITY_GENERATOR.vhd   --
 5: ------------------------------------------
 6:
 7: library IEEE;
 8: use IEEE.std_logic_1164.ALL;
 9: use IEEE.std_logic_ARITH.ALL;
10: use IEEE.std_logic_UNSIGNED.ALL;
11:
12: entity PARITY_GENERATOR is
13:     Port (CLK     : in  STD_LOGIC;
14:            RESET  : in  STD_LOGIC;
15:            X      : in  STD_LOGIC;
16:            Z      : out STD_LOGIC);
17: end PARITY_GENERATOR;
18:
19: architecture Behavior_arch of PARITY_GENERATOR is
20:   type   State is (S6, S5, S4, S3, S2, S1, S0);
21:   signal Present_State : State;
22:   signal Next_State : State;
23: begin
24:   process (CLK, RESET)
25:
26:     begin
27:       if RESET ='0' then
28:         Present_State <= S0;
29:       elsif CLK'event and CLK = '0' then
30:         Present_State <= Next_State;
31:       end if;
32:   end process;
33:
34:   process (X, Present_State)
35:
36:     begin
37:       case Present_State is
38:         when S0 =>
39:           if X ='0' then
40:             Next_State <= S1;
41:             Z <= '0';
42:           else
```

```
43:              Next_State <= S2;
44:                Z <= '0';
45:              end if;
46:            when S1 =>
47:              if X ='0' then
48:                Next_State <= S3;
49:                Z <= '0';
50:              else
51:                Next_State <= S4;
52:                Z <= '0';
53:              end if;
54:            when S2 =>
55:              if X ='0' then
56:                Next_State <= S4;
57:                Z <= '0';
58:              else
59:                Next_State <= S3;
60:                Z <= '0';
61:              end if;
62:            when S3 =>
63:              if X ='0' then
64:                Next_State <= S5;
65:                Z <= '0';
66:              else
67:                Next_State <= S6;
68:                Z <= '0';
69:              end if;
70:            when S4 =>
71:              if X ='0' then
72:                Next_State <= S6;
73:                Z <= '0';
74:              else
75:                Next_State <= S5;
76:                Z <= '0';
77:              end if;
78:            when S5 =>
79:              if X ='0' then
80:                Next_State <= S0;
81:                Z <= '0';
82:              else
83:                Next_State <= S0;
84:                Z <= '0';
```

```
85:           end if;
86:         when S6 =>
87:           if X ='0' then
88:             Next_State <= S0;
89:              Z <= '1';
90:           else
91:             Next_State <= S0;
92:              Z <= '1';
93:           end if;
94:       end case;
95:     end process;
96:
97:   end Behavior_arch;
```

重點說明：

程式架構與前面範例相似，請讀者自行參閱，在此不再敘述。

功能模擬 (function simulation)：

從上面功能模擬輸入與輸出波形的對應關係可以發現到，它與我們所要求的動作狀況
完全相同，因此可以確定系統所合成的電路是正確的。

自我練習與評量

6-1 利用元件結構，並以名稱對應的連線方式，設計一個具有共陽極七段顯示解碼器的兩位數計數器 (計數範圍為 00～59)，也就是時鐘的秒數或分數，其方塊圖與內部結構圖如下：

1. 方塊圖：

2. 內部結構圖：

6-2 將上題 6-1 的元件連線方式改成位置對應方式。

6-3 利用元件結構，並以名稱對應的連線方式，設計四個共用輸出電路的控制電路，它們分別為 0～9 上算計數器、F～0 下算計數器、4 位元向右旋轉記錄器、4 位元向左旋轉記錄器，其方塊圖與內部結構圖如下：

1. 方塊圖：   2. 內部結構圖：

6-4 將上題 6-3 的元件連線方式改成位置對應方式。

6-5　以迴圈 for 的敘述，設計一個 8 位元奇同位產生器，其方塊圖與布林代數如下：

　　1.　方塊圖：

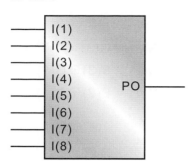

　　2.　布林代數：

$$P0 = \overline{I(1) \oplus I(2) \oplus I(3) \oplus I(4) \oplus} \\ \overline{I(5) \oplus I(6) \oplus I(7) \oplus I(8)}$$

6-6　以迴圈 for 的敘述，設計一個將 8 位元二進制碼轉成格雷碼的電路，其方塊圖與布林代數如下：

　　1.　方塊圖：

　　2.　布林代數：

$G(1) = B(2) \oplus B(1)$

$G(2) = B(3) \oplus B(2)$

$G(3) = B(4) \oplus B(3)$

$G(4) = B(5) \oplus B(4)$

$G(5) = B(6) \oplus B(5)$

$G(6) = B(7) \oplus B(6)$

$G(7) = B(8) \oplus B(7)$

$G(8) = B(8)$

6-7　以迴圈 for 的敘述，設計一個將 8 位元格雷碼轉換成二進制碼的電路，其方塊圖與布林代數如下：

　　1.　方塊圖：

　　2.　布林代數：

$B(8) = G(8)$

$B(7) = B(8) \oplus G(7)$

$B(6) = B(7) \oplus G(6)$

$B(5) = B(6) \oplus G(5)$

$B(4) = B(5) \oplus G(4)$

$B(3) = B(4) \oplus G(3)$

$B(2) = B(3) \oplus G(2)$

$B(1) = B(2) \oplus G(1)$

6-8　以 generic 敘述,設計一個將 3 位元的格雷碼轉換成二進制碼的參數化元件,以方便往後設計師以位元擴展方式叫用,其方塊圖與布林代數如下:

1.　方塊圖:

2.　布林代數:

$$B(3) = G(3)$$
$$B(2) = B(3) \oplus G(2)$$
$$B(1) = B(2) \oplus G(1)$$

6-9　以位置對應的連線方式,叫用前面 6-8 題所建立的 3 位元格雷碼與二進碼轉換器的參數化元件,並將它擴展成 8 位元的轉換器。

6-10　以 for… generate 敘述,設計一個低態動作 4 對 16 解碼器 (以整數方式),其方塊圖與動作狀況如下:

1.　方塊圖:

2.　動作狀況:

當 A(i) = Y(i) 時輸出為 '0',
否則輸出為 '1'。

6-11　以 for… generate、if… generate 敘述,4 對 1 多工器,2 對 1 多工器為元件,並以名稱對應的連線方式,設計一個 8 對 1 的多工器,其方塊圖與內部結構圖如下:

1.　方塊圖:　　　　2.　內部結構圖:

 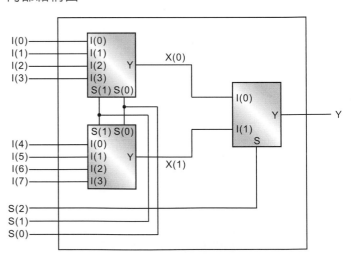

6-12　以函數敘述，設計一個 4 對 1 多工器與一個 2 對 1 多工器，並連續呼叫 4 對 1 多工器 2 次，2 對 1 多工器 1 次，以完成一個 8 對 1 多工器 (將函數定義在單體內)。

6-13　設計一個與 6-12 相同的電路，並將被呼叫的函數定義在架構內。

6-14　以函數敘述，設計一個 1 對 2 解多工器，並連續呼叫 3 次，以完成一個 1 對 4 解多工器 (將函數定義在單體內)。

6-15　設計一個與 6-14 相同的電路，並將被呼叫的函數定義在架構內。

6-16　以函數敘述，設計一個 8 位元偶同位產生器 (定義在單體 entity 內)，並連續叫用 2 次以完成一個 16 位元奇同位產生器電路。

6-17　設計一個與 6-16 相同的電路，並將被呼叫的函數定義在架構內。

6-18　以程序敘述，設計一個 16 位元奇同位產生器 (將程序主體定義在單體內)。

6-19　設計一個與 6-18 相同的電路，並將被呼叫的程序定義在架構內。

6-20　以程序敘述，設計一個 1 位元半加器與邏輯或閘 (程序定義在單體內)，並連續叫用半加器 2 次、邏輯或閘 1 次，以完成一個 1 位元全加器。

6-21　設計一個與 6-20 相同的電路，並將被呼叫的程序定義在架構內。

6-22　以 Moore machine 設計一個，當輸入端 X 連續出現 2 個低電位 '0' 以後，才開始輸出同位位元的電路 (偶同位 Z 輸出為 '0'，奇同位 Z 輸出為 '1')，其輸入與輸出電位的對應關係、方塊圖與狀態圖如下：

X 輸入電位：1 0 1 1 0 1 1 0 1 0 0 1 1 0 1 0 1 1 0
Z 輸出電位：Z Z Z Z Z Z Z Z Z 0 1 0 0 1 1 0 1 1

1.　方塊圖：

2.　狀態圖：

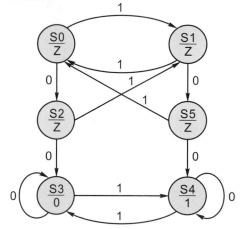

6-23 以 Mealy machine 設計一個從輸入端 X 偵測出以 4 位元為一組,當其電位為
"0101" 或 "1001" 時,輸出端 Z 為高電位 '1',否則為低電位 '0',其輸入與輸出
電位的對應關係、方塊圖與狀態圖如下:

X 輸入電位:	0000	0101	0111	1111	1001	0101	1111
Y 輸出電位:	0000	0001	0000	0000	0001	0001	0000

1. 方塊圖:

2. 狀態圖:

第六章　自我練習與評量解答

6-1　電路的設計流程如下：

<步驟一>　建立一個新的 project (名稱自訂，此處為 PRACTICE_6_1)。

<步驟二>　設計一個兩位數 00～59 的計數器，經合成、模擬，確定無誤後存檔 (檔名自訂，此處為 BCD_UP_COUNTER)，其內容如下：

```
 1: ---------------------------------------
 2: --       2 Digital BCD up counter     --
 3: --       (00-59) for component        --
 4: --    Filename : BCD_UP_COUNTER.vhd   --
 5: ---------------------------------------
 6:
 7: library IEEE;
 8:   use IEEE.STD_LOGIC_1164.ALL;
 9: use IEEE.STD_LOGIC_ARITH.ALL;
10: use IEEE.STD_LOGIC_UNSIGNED.ALL;
11:
12: entity BCD_UP_COUNTER is
13:     Port (CLK    : in  STD_LOGIC;
14:           RESET  : in  STD_LOGIC;
15:           Q      : out STD_LOGIC_VECTOR(7 downto 0));
16: end BCD_UP_COUNTER;
17:
18: architecture Behavioral of BCD_UP_COUNTER is
19:   signal REG : STD_LOGIC_VECTOR(7 downto 0);
20: begin
21:   process(CLK, RESET)
22:
23:     begin
24:       if RESET = '0' then
25:         REG <= (others => '0');
26:       elsif CLK'event and CLK = '1' then
27:         if REG(3 downto 0) = x"9" then
28:           REG(3 downto 0) <= x"0";
29:           REG(7 downto 4) <= REG(7 downto 4) + 1;
30:         else
31:           REG(3 downto 0) <= REG(3 downto 0) + 1;
```

```
32:          end if;
33:          if REG = x"59" then
34:            REG <= x"00";
35:          end if;
36:       end if;
37:     end process;
38:
39:     Q <= REG;
40:  end Behavioral;
```

<步驟三> 設計一個共陽極 BCD 對七段顯示解碼器，經合成、模擬，確定無誤後存檔
         (檔名自訂，此處為 DECODER)，其內容如下：

```
 1:  ----------------------------------------
 2:  --      BCD to seven segment decoder   --
 3:  --          (CA) for component         --
 4:  --        Filename : DECODER.vhd        --
 5:  ----------------------------------------
 6:
 7:  library IEEE;
 8:  use IEEE.STD_LOGIC_1164.ALL;
 9:  use IEEE.STD_LOGIC_ARITH.ALL;
10:  use IEEE.STD_LOGIC_UNSIGNED.ALL;
11:
12:  entity DECODER is
13:      Port (BCD      : in  STD_LOGIC_VECTOR(3 downto 0);
14:            SEGMENT  : out STD_LOGIC_VECTOR(7 downto 0));
15:  end DECODER;
16:
17:  architecture Data_flow of DECODER is
18:
19:  begin
20:    with BCD select
21:      SEGMENT <= "01000000" when x"0",
22:                 "01111001" when x"1",
23:                 "00100100" when x"2",
24:                 "00110000" when x"3",
25:                 "00011001" when x"4",
26:                 "00010010" when x"5",
```

```
27:                     "00000010" when x"6",
28:                     "01111000" when x"7",
29:                     "00000000" when x"8",
30:                     "00010000" when x"9",
31:                     "01111111" when others;
32:  end Data_flow;
```

<步驟四> 設計一個主電路，叫用兩位數 00～59 計數器一次，共陽極 BCD 對七段顯
示解碼器 2 次，並以名稱對應方式進行連線後存檔 (檔名自訂，此處為
COUNTER_DECODER_2DIGS)，其內容如下：

```
 1:  ------------------------------------------
 2:  --   BCD up counter and decoder 2digs    --
 3:  --        using component by name        --
 4:  -- Filename : COUNETR_DECODER_2DIGS.vhd --
 5:  ------------------------------------------
 6:
 7:  library IEEE;
 8:  use IEEE.STD_LOGIC_1164.ALL;
 9:  use IEEE.STD_LOGIC_ARITH.ALL;
10:  use IEEE.STD_LOGIC_UNSIGNED.ALL;
11:
12:  entity COUNTER_DECODER_2DIGS is
13:      Port (CLK      : in  STD_LOGIC;
14:            RESET    : in  STD_LOGIC;
15:            SEGMENT  : out STD_LOGIC_VECTOR (15 downto 0));
16:  end COUNTER_DECODER_2DIGS;
17:
18:  architecture Behavioral of COUNTER_DECODER_2DIGS is
19:
20:    component BCD_UP_COUNTER
21:        Port (CLK   : in  STD_LOGIC;
22:              RESET : in  STD_LOGIC;
23:              Q     : out STD_LOGIC_VECTOR(7 downto 0));
24:    end component;
25:
26:    component DECODER
27:        Port (BCD    : in STD_LOGIC_VECTOR(3 downto 0);
```

```
28:         SEGMENT : out STD_LOGIC_VECTOR(7 downto 0));
29:    end component;
30:
31:    signal REG : STD_LOGIC_VECTOR(7 downto 0);
32:  begin
33:
34:  COUNTER : BCD_UP_COUNTER
35:          Port map (CLK   => CLK,
36:                     RESET => RESET,
37:                     Q     => REG);
38:  SEGMENT1: DECODER
39:          Port map(BCD     => REG(3 downto 0),
40:                    SEGMENT => SEGMENT(7 downto 0));
41:  SEGMENT2: DECODER
42:          Port map(BCD     => REG(7 downto 4),
43:                    SEGMENT => SEGMENT(15 downto 8));
44:  end Behavioral;
```

功能模擬 (function simulation)：

而其連線狀況如下：

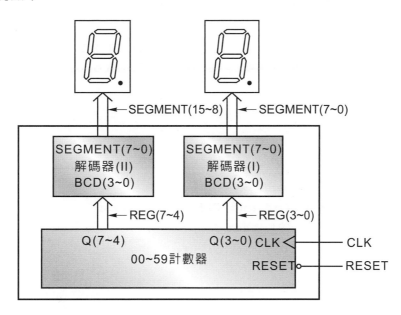

6-3　電路的設計流程如下：

<步驟一> 建立一個新的 project (名稱自訂，此處為 PRACTICE_6_3)。

<步驟二> 設計一個 0～9 上算計數器，經合成、模擬，確定無誤後存檔 (檔名自訂，此處為 BCD_UP_COUNTER)，其內容如下：

```
 1: ----------------------------------------
 2: --          1 digital BCD up          --
 3: --      counter  for component        --
 4: --   Filename : BCD_UP_COUNTER.vhd    --
 5: ----------------------------------------
 6:
 7: library IEEE;
 8: use IEEE.STD_LOGIC_1164.ALL;
 9: use IEEE.STD_LOGIC_ARITH.ALL;
10: use IEEE.STD_LOGIC_UNSIGNED.ALL;
11:
12: entity BCD_UP_COUNTER is
13:     Port (CLK   : in  STD_LOGIC;
14:           RESET : in  STD_LOGIC;
```

```
15:               Q       : out STD_LOGIC_VECTOR(3 downto 0));
16: end BCD_UP_COUNTER;
17:
18: architecture Behavioral of BCD_UP_COUNTER is
19:   signal REG : STD_LOGIC_VECTOR(3 downto 0);
20: begin
21:   process(CLK, RESET)
22:
23:     begin
24:       if RESET = '0' then
25:         REG <= (others => '0');
26:       elsif CLK'event and CLK = '1' then
27:         if REG = x"9" then
28:           REG <= x"0";
29:         else
30:           REG <= REG + 1;
31:         end if;
32:       end if;
33:   end process;
34:
35:   Q <= REG;
36: end Behavioral;
```

<步驟三> 設計一個 F～0 下算二進制計數器，經合成、模擬，確定無誤後存檔 (檔名
自訂，此處為 BINARY_DOWN_COUNTER)，其內容如下：

```
 1: --------------------------------------------
 2: --         4 bits binary down            --
 3: --         counter for component         --
 4: --   Filename : BINARY_DOWN_COUNTER.vhd  --
 5: --------------------------------------------
 6:
 7: library IEEE;
 8: use IEEE.STD_LOGIC_1164.ALL;
 9: use IEEE.STD_LOGIC_ARITH.ALL;
10: use IEEE.STD_LOGIC_UNSIGNED.ALL;
11:
12: entity BINARY_DOWN_COUNTER is
13:     Port (CLK    : in  STD_LOGIC;
```

```
14:              RESET  : in  STD_LOGIC;
15:              Q      : out STD_LOGIC_VECTOR(3 downto 0));
16: end BINARY_DOWN_COUNTER;
17:
18: architecture Behavioral of BINARY_DOWN_COUNTER is
19:   signal REG : STD_LOGIC_VECTOR(3 downto 0);
20: begin
21:   process(CLK, RESET)
22:
23:     begin
24:       if RESET = '0' then
25:         REG <= (others => '0');
26:       elsif CLK'event and CLK = '1' then
27:         REG <= REG - 1;
28:       end if;
29:   end process;
30:
31:   Q <= REG;
32: end Behavioral;
```

<步驟四> 設計一個 4 位元向右旋轉記錄器，經合成、模擬，確定無誤後存檔 (檔名自
        訂，此處為 ROTATE_RIGHT_4BITS)，其內容如下：

```
 1: ----------------------------------------------
 2: --           4 bits data rotate          --
 3: --           right for component         --
 4: --    Filename : ROTATE_RIGHT_4BITS.vhd  --
 5: ----------------------------------------------
 6:
 7: library IEEE;
 8: use IEEE.STD_LOGIC_1164.ALL;
 9: use IEEE.STD_LOGIC_ARITH.ALL;
10: use IEEE.STD_LOGIC_UNSIGNED.ALL;
11:
12: entity ROTATE_RIGHT_4BITS is
13:     Port (CLK    : in  STD_LOGIC;
14:           RESET  : in  STD_LOGIC;
15:           Q      : out STD_LOGIC_VECTOR(3 downto 0));
16: end ROTATE_RIGHT_4BITS;
```

```
17:
18:  architecture Behavioral of ROTATE_RIGHT_4BITS is
19:    signal REG : STD_LOGIC_VECTOR(3 downto 0);
20:  begin
21:   process(CLK, RESET)
22:
23:     begin
24:       if RESET = '0' then
25:         REG <= "1000";
26:       elsif CLK'event and CLK = '1' then
27:         REG <= REG(0) & REG(3 downto 1);
28:       end if;
29:    end process;
30:
31:    Q <= REG;
32:  end Behavioral;
```

<步驟五> 設計一個 4 位元向左旋轉移位記錄器，經合成、模擬，確定無誤後存檔 (檔名自訂，此處為 ROTATE_LEFT_4BITS)，其內容如下：

```
 1:  -------------------------------------------
 2:  --          4 bits data rotate         --
 3:  --          left for component         --
 4:  --    Filename : ROTATE_LEFT_4BITS.vhd  --
 5:  -------------------------------------------
 6:
 7:  library IEEE;
 8:  use IEEE.STD_LOGIC_1164.ALL;
 9:  use IEEE.STD_LOGIC_ARITH.ALL;
10:  use IEEE.STD_LOGIC_UNSIGNED.ALL;
11:
12:  entity ROTATE_LEFT_4BITS is
13:      Port (CLK    : in  STD_LOGIC;
14:            RESET  : in  STD_LOGIC;
15:            Q      : out STD_LOGIC_VECTOR(3 downto 0));
16:  end ROTATE_LEFT_4BITS;
17:
18:  architecture Behavioral of ROTATE_LEFT_4BITS is
19:    signal REG : STD_LOGIC_VECTOR(3 downto 0);
```

```
20:  begin
21:    process(CLK, RESET)
22:
23:      begin
24:        if RESET = '0' then
25:          REG <= "0001";
26:        elsif CLK'event and CLK = '1' then
27:          REG <= REG(2 downto 0) & REG(3);
28:        end if;
29:    end process;
30:
31:    Q <= REG;
32:  end Behavioral;
```

<步驟六> 設計一個主電路，叫用 0～9 上算計數器；F～0 二進制下算計數器；4 位元
向左旋轉記錄器，4 位元向右旋轉記錄器等元件一次，並以名稱對應的連線
方式，將它們經由一組 4 對 1 多工器選擇其中一組輸出後存檔（檔名自訂，
此處為 MULTIPLE_DISPLAY），其內容如下：

```
 1:  ---------------------------------------
 2:  --          Multiple_display         --
 3:  --     using component by name       --
 4:  -- Filename : MULTIPLE_DISPLAY.vhd   --
 5:  ---------------------------------------
 6:
 7:  library IEEE;
 8:  use IEEE.STD_LOGIC_1164.ALL;
 9:  use IEEE.STD_LOGIC_ARITH.ALL;
10:  use IEEE.STD_LOGIC_UNSIGNED.ALL;
11:
12:  entity MULTIPLE_DISPLAY is
13:      Port (CLK   : in  STD_LOGIC;
14:            RESET : in  STD_LOGIC;
15:            SEL   : in  STD_LOGIC_VECTOR(1 downto 0);
16:            Q     : out STD_LOGIC_VECTOR(3 downto 0));
17:  end MULTIPLE_DISPLAY;
18:
19:  architecture Behavioral of MULTIPLE_DISPLAY is
```

```
20:
21:    component BCD_UP_COUNTER
22:        Port (CLK   : in  STD_LOGIC;
23:              RESET : in  STD_LOGIC;
24:              Q     : out STD_LOGIC_VECTOR(3 downto 0));
25:    end component;
26:
27:    component BINARY_DOWN_COUNTER
28:        Port (CLK   : in  STD_LOGIC;
29:              RESET : in  STD_LOGIC;
30:              Q     : out STD_LOGIC_VECTOR(3 downto 0));
31:    end component;
32:
33:    component ROTATE_RIGHT_4BITS
34:        Port (CLK   : in  STD_LOGIC;
35:              RESET : in  STD_LOGIC;
36:              Q     : out STD_LOGIC_VECTOR(3 downto 0));
37:    end component;
38:
39:    component ROTATE_LEFT_4BITS
40:        Port (CLK   : in  STD_LOGIC;
41:              RESET : in  STD_LOGIC;
42:              Q     : out STD_LOGIC_VECTOR(3 downto 0));
43:    end component;
44:
45:    signal up_counter   : STD_LOGIC_VECTOR(3 DOWNTO 0);
46:    signal down_counter : STD_LOGIC_VECTOR(3 DOWNTO 0);
47:    signal rotate_right : STD_LOGIC_VECTOR(3 DOWNTO 0);
48:    signal rotate_left  : STD_LOGIC_VECTOR(3 DOWNTO 0);
49:
50: begin
51:
52: UP   : BCD_UP_COUNTER
53:        port map (CLK   => CLK,
54:                  RESET => RESET,
55:                  Q     => up_counter);
56: DOWN : BINARY_DOWN_COUNTER
57:        port map (CLK   => CLK,
58:                  RESET => RESET,
```

```
59:                        Q        => down_counter);
60:  RIGHT: ROTATE_RIGHT_4BITS
61:        port map (CLK    => CLK,
62:                  RESET  => RESET,
63:                  Q      => rotate_right);
64:  LEFT : ROTATE_LEFT_4BITS
65:        port map (CLK    => CLK,
66:                  RESET  => RESET,
67:                  Q      => rotate_left);
68:
69:   with SEL select
70:     Q <= up_counter    when "00",
71:          down_counter  when "01",
72:          rotate_right   when "10",
73:          rotate_left   when others;
74:  end Behavioral;
```

功能模擬 (function simulation)：

而其連線狀況如下：

6-5 原始程式的內容如下：

```
 1: ---------------------------------------
 2: --   8 bits odd parity generator    --
 3: --        using for statement       --
 4: -- Filename : ODD_PARITY_8BITS.vhd --
 5: ---------------------------------------
 6:
 7: library IEEE;
 8: use IEEE.STD_LOGIC_1164.ALL;
 9: use IEEE.STD_LOGIC_ARITH.ALL;
10: use IEEE.STD_LOGIC_UNSIGNED.ALL;
11:
12: entity ODD_PARITY_8BITS is
13:     Port (I  : in  STD_LOGIC_VECTOR(1 to 8);
14:           PO : out STD_LOGIC);
15: end ODD_PARITY_8BITS;
16:
```

```
17:  architecture Data_flow of ODD_PARITY_8BITS is
18:
19:  begin
20:    process (I)
21:    variable temp : STD_LOGIC;
22:      begin
23:        temp := '1';
24:        for k in i'range loop
25:          temp := temp xor I(k);
26:        end loop;
27:        PO <= temp;
28:    end process;
29:
30:  end Data_flow;
```

功能模擬 (function simulation)：

6-7　原始程式的內容如下：

```
1:  --------------------------------
2:  --   Convert gray into binary   --
3:  --      using for statement     --
4:  -- Filename : GRAY_BINARY.vhd --
5:  --------------------------------
```

```
 6:
 7: library IEEE;
 8: use IEEE.STD_LOGIC_1164.ALL;
 9: use IEEE.STD_LOGIC_ARITH.ALL;
10: use IEEE.STD_LOGIC_UNSIGNED.ALL;
11:
12: entity GRAY_BINARY is
13:     Port (G : in  STD_LOGIC_VECTOR(8 downto 1);
14:           B : out STD_LOGIC_VECTOR(8 downto 1));
15: end GRAY_BINARY;
16:
17: architecture Data_flow of GRAY_BINARY is
18:   signal TEMP : STD_LOGIC_VECTOR(8 downto 1);
19: begin
20:   process (G, TEMP)
21:
22:     begin
23:       TEMP(8) <= G(8);
24:       for i in 7 downto 1 loop
25:         TEMP(i) <= TEMP(i + 1) xor G(i);
26:       end loop;
27:       B <= TEMP;
28:   end process;
29:
30: end Data_flow;
```

功能模擬 (function simulation)：

格雷碼與二進碼的轉換內容

6-9　電路的設計流程如下：

<步驟一>　建立一個新的 project，名稱自訂，此處為 PRACTICE_6_9。

<步驟二>　設計上面練習 6-8 的電路 (可直接加入)，其內容與前面完全相同，請自行
　　　　　參閱。

<步驟三>　設計一個 8 位元格雷碼轉換成二進碼的主要電路，並以名稱對應的連線方
　　　　　式叫用前面所設計的參數化元件，同時傳送擴展參數，其內容如下：

```
 1: ----------------------------------------
 2: --      8 bits gray to binary convert    --
 3: --      using generic mapping statement  --
 4: --    Filename : GRAY_BINARY_8BITS.vhd   --
 5: ----------------------------------------
 6:
 7: library IEEE;
 8: use IEEE.STD_LOGIC_1164.ALL;
 9: use IEEE.STD_LOGIC_ARITH.ALL;
10: use IEEE.STD_LOGIC_UNSIGNED.ALL;
11:
12: entity GRAY_BINARY_8BITS is
13:     Port (G : in  STD_LOGIC_VECTOR(8 downto 1);
14:            B : out STD_LOGIC_VECTOR(8 downto 1));
15: end GRAY_BINARY_8BITS;
16:
17: architecture Data_flow of GRAY_BINARY_8BITS is
18:
19:   component GRAY_BINARY
20:     generic(number : integer range 1 to 32);
21:       Port (G : in  STD_LOGIC_VECTOR(number downto 1);
22:              B : out STD_LOGIC_VECTOR(number downto 1));
23:   end component;
24:
25: begin
26: Convert: GRAY_BINARY
27:         generic map(8)
28:         Port map(G, B);
29: end Data_flow;
```

功能模擬 (function simulation)：

8 位元格雷碼與二進碼的轉換內容

6-11　電路設計流程如下：

<步驟一> 建立一個新 project，名稱自訂，此處為 PRACTICE_6_11。

<步驟二> 設計一個 4 對 1 多工器，經合成、模擬，確定無誤後存檔，其內容如下：

```
 1: ---------------------------------------
 2: --    Multiplexer4_1 for component  --
 3: --    Filename : MULTIPLEXER4_1.vhd --
 4: ---------------------------------------
 5:
 6: library IEEE;
 7: use IEEE.std_logic_1164.ALL;
 8: use IEEE.std_logic_ARITH.ALL;
 9: use IEEE.std_logic_UNSIGNED.ALL;
10:
11: entity MULTIPLEXER4_1 is
12:     Port (I : in  STD_LOGIC_VECTOR(0 to 3);
13:           S : in  STD_LOGIC_VECTOR(1 downto 0);
14:           Y : out STD_LOGIC);
15: end MULTIPLEXER4_1;
16:
17: architecture Data_flow of MULTIPLEXER4_1 is
```

```
18:
19: begin
20:   Y <= I(0) when  S = "00" else
21:         I(1) when  S = "01" else
22:         I(2) when  S = "10" else
23:          I(3) ;
24: end Data_flow;
```

<步驟三> 設計一個 2 對 1 多工器，經合成、模擬，確定無誤後存檔，其內容如下：

```
 1: ---------------------------------------
 2: --     Multiplexer2_1 for component  --
 3: --   Filename : MULTIPLEXER2_1.vhd --
 4: ---------------------------------------
 5:
 6: library IEEE;
 7: use IEEE.std_logic_1164.ALL;
 8: use IEEE.std_logic_ARITH.ALL;
 9: use IEEE.std_logic_UNSIGNED.ALL;
10:
11: entity MULTIPLEXER2_1 is
12:     Port (I : in  STD_LOGIC_VECTOR(0 to 1);
13:           S : in  STD_LOGIC;
14:           Y : out STD_LOGIC);
15: end MULTIPLEXER2_1;
16:
17: architecture Data_flow of MULTIPLEXER2_1 is
18:
19: begin
20:   Y <= I(0) when S = '0' else
21:        I(1);
22: end Data_flow;
```

<步驟四> 設計一個 8 對 1 多工器的主要電路，並以名稱對應的連線方式叫用前面 4
          對 1 多工器 2 次、2 對 1 多工器 1 次，其內容如下：

```
 1: ---------------------------------------
 2: --        8 to 1 multiplexer        --
 3: --       for generate statement      --
```

```
 4:  --    Filename : MULTIPLEXER8_1.vhd --
 5:  ----------------------------------------
 6:
 7:  library IEEE;
 8:  use IEEE.std_logic_1164.ALL;
 9:  use IEEE.std_logic_ARITH.ALL;
10:  use IEEE.std_logic_UNSIGNED.ALL;
11:
12:  entity MULTIPLEXER8_1 is
13:      Port (I : in  STD_LOGIC_VECTOR(0 to 7);
14:             S : in  STD_LOGIC_VECTOR(2 downto 0);
15:             Y : out STD_LOGIC);
16:  end MULTIPLEXER8_1;
17:
18:  architecture Data_flow of MULTIPLEXER8_1 is
19:
20:    component MULTIPLEXER4_1
21:        Port (I : in  STD_LOGIC_VECTOR(0 to 3);
22:               S : in  STD_LOGIC_VECTOR(1 downto 0);
23:               Y : out STD_LOGIC);
24:    end component;
25:    component MULTIPLEXER2_1
26:        Port (I : in  STD_LOGIC_VECTOR(0 to 1);
27:               S : in  STD_LOGIC;
28:               Y : out STD_LOGIC);
29:    end component;
30:    signal X : STD_LOGIC_VECTOR(1 downto 0);
31:  begin
32:
33:  LOP: for k in 0 to 2 generate
34:  first:  if k < 2 generate
35:    MUL1:  MULTIPLEXER4_1
36:              Port map ( I(0) => I(4 * k),
37:                         I(1) => I(4 * k + 1),
38:                         I(2) => I(4 * k + 2),
39:                         I(3) => I(4 * k + 3),
40:                         S    => S(1 downto 0),
41:                         Y    => X(k));
42:        end generate;
```

```
43:    second: if k = 2 generate
44:      MU12:  MULTIPLEXER2_1
45:              Port map ( I(0) => X(0),
46:                         I(1) => X(1),
47:                         S    => S(2),
48:                         Y    => Y);
49:           end generate;
50:         end generate LOP;
51:  end Data_flow;
```

功能模擬 (function simulation)：

6-13 原始程式的內容如下：

```
1:  ----------------------------------------
2:  --       8 to 1 Multiplexer using      --
3:  --      function (in architecture)     --
4:  --    Filename : MULTIPLEXER8_1.vhd    --
5:  ----------------------------------------
```

```
 6:
 7:  library IEEE;
 8:  use IEEE.std_logic_1164.ALL;
 9:  use IEEE.std_logic_ARITH.ALL;
10:  use IEEE.std_logic_UNSIGNED.ALL;
11:
12:  entity MULTIPLEXER8_1 is
13:      Port (I : in  STD_LOGIC_VECTOR(0 to 7);
14:             S : in  STD_LOGIC_VECTOR(2 downto 0);
15:             Y : out STD_LOGIC);
16:  end MULTIPLEXER8_1;
17:
18:  architecture Data_flow of MULTIPLEXER8_1 is
19:    signal result: STD_LOGIC_VECTOR(0 to 1);
20:
21:    function MUL4_1(I : STD_LOGIC_VECTOR(0 to 3);
22:                    S : STD_LOGIC_VECTOR(1 downto 0))
23:      return STD_LOGIC is
24:        variable F : STD_LOGIC;
25:    begin
26:      case S is
27:        when "00"   => F := I(0);
28:        when "01"   => F := I(1);
29:        when "10"   => F := I(2);
30:        when others => F := I(3);
31:      end case;
32:      return F;
33:    end MUL4_1;
34:
35:    function MUL2_1(I : STD_LOGIC_VECTOR(0 to 1);
36:                    S : STD_LOGIC)
37:      return STD_LOGIC is
38:        variable F : STD_LOGIC;
39:    begin
40:      case S is
41:        when '0'    => F := I(0);
42:        when others => F := I(1);
43:      end case;
44:      return F;
```

```
45:    end MUL2_1;
46:
47: begin
48:   result(1) <= MUL4_1(I(4 to 7), S(1 downto 0));
49:   result(0) <= MUL4_1(I(0 to 3), S(1 downto 0));
50:   Y         <= MUL2_1(result,S(2));
51: end data_flow;
```

功能模擬 (function simulation)：

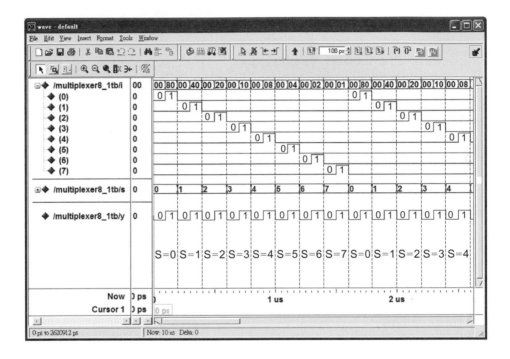

6-15　原始程式的內容如下：

```
1: ----------------------------------------
2: --      1 to 4 Demultiplexer          --
3: -- using function(in architecture) --
4: -- Filename : DEMULTIPLEXER1_4.vhd --
5: ----------------------------------------
6:
7: library IEEE;
8: use IEEE.std_logic_1164.ALL;
9: use IEEE.std_logic_ARITH.ALL;
```

```
10:  use IEEE.std_logic_UNSIGNED.ALL;
11:
12:  entity DEMULTIPLEXER1_4 is
13:  Port (DIN : in  STD_LOGIC;
14:        S   : in  STD_LOGIC_VECTOR(1 downto 0);
15:        Y   : out STD_LOGIC_VECTOR(0 to 3));
16:  end DEMULTIPLEXER1_4;
17:
18:  architecture Data_flow of DEMULTIPLEXER1_4 is
19:    signal X : STD_LOGIC_VECTOR(0 to 1);
20:
21:    function DEMUL2_1( D : STD_LOGIC;
22:                       S : STD_LOGIC)
23:      return STD_LOGIC_VECTOR is
24:        variable  F : STD_LOGIC_VECTOR(0 to 1);
25:    begin
26:      case S is
27:        when '0'     => F := D & '1';
28:        when others => F := '1' & D;
29:      end case;
30:      return F;
31:    end DEMUL2_1;
32:
33:  begin
34:    X            <= DEMUL2_1 (DIN,S(1));
35:    Y(0 to 1) <= DEMUL2_1 (X(0),S(0));
36:    Y(2 to 3) <= DEMUL2_1 (X(1),S(0));
37:  end Data_flow;
```

功能模擬 (function simulation)：

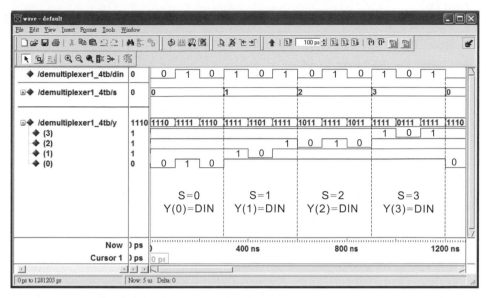

6-17　原始程式的內容如下：

```
 1: ------------------------------------------
 2: --       16 bits odd parity generator     --
 3: --     using function (in architecture)    --
 4: --     Filename : ODD_PARITY_16BITS.vhd    --
 5: ------------------------------------------
 6:
 7: library IEEE;
 8: use IEEE.std_logic_1164.ALL;
 9: use IEEE.std_logic_ARITH.ALL;
10: use IEEE.std_logic_UNSIGNED.ALL;
11:
12: entity ODD_PARITY_16BITS is
13:     Port (I      : in  STD_LOGIC_VECTOR(0 to 15);
14:           Parity : out STD_LOGIC);
15: end ODD_PARITY_16BITS;
16:
17: architecture Data_flow of ODD_PARITY_16BITS is
18:
19:   function EVEN_8( I : STD_LOGIC_VECTOR(0 to 7))
20:     return STD_LOGIC is
```

```
21:        variable PE: STD_LOGIC;
22:     begin
23:       PE := '0';
24:       for K in I'left to I'right loop
25:         PE := PE xor I(K);
26:       end loop;
27:       return PE;
28:     end EVEN_8;
29:
30:   begin
31:     Parity <= not(EVEN_8(I(0 to 7)) xor EVEN_8(I(8 to 15)));
32:   end Data_flow;
```

功能模擬 (function simulation)：

6-19 原始程式的內容如下：

```
1:  ---------------------------------------------
2:  --      16 bits odd parity generator     --
3:  --     using procedure(in architecture)  --
4:  --      Filename : ODD_PARITY_16BITS.vhd  --
5:  ---------------------------------------------
6:
7:  library IEEE;
```

```
 8:  use IEEE.std_logic_1164.ALL;
 9:  use IEEE.std_logic_ARITH.ALL;
10:  use IEEE.std_logic_UNSIGNED.ALL;
11:
12:  entity ODD_PARITY_16BITS is
13:      Port (I      : in  STD_LOGIC_VECTOR(0 to 15);
14:            Parity : out STD_LOGIC);
15:  end ODD_PARITY_16BITS;
16:
17:  architecture Data_flow of ODD_PARITY_16BITS is
18:
19:      procedure odd(signal I : in  STD_LOGIC_VECTOR(0 to 15);
20:                    signal P : out STD_LOGIC) is
21:        variable PO : STD_LOGIC;
22:      begin
23:        PO := '1';
24:        for K in i'range loop
25:          PO := PO xor I(K);
26:        end loop;
27:        P <= PO;
28:      end odd;
29:
30:  begin
31:    odd(I, Parity);
32:  end Data_flow;
```

功能模擬 (function simulation)：

6-21 原始程式的內容如下：

```
1:  ----------------------------------------
2:  --        1 bit full adder using      --
3:  --    procedure (in architecture)     --
4:  --      Filename : FULL_ADDER.vhd      --
5:  ----------------------------------------
6:
7:  library IEEE;
8:  use IEEE.std_logic_1164.ALL;
9:  use IEEE.std_logic_ARITH.ALL;
10: use IEEE.std_logic_UNSIGNED.ALL;
11:
12: entity FULL_ADDER is
13:     Port (X0 : in  STD_LOGIC;
14:           Y0 : in  STD_LOGIC;
15:           C0 : in  STD_LOGIC;
16:           S0 : out STD_LOGIC;
17:           C1 : out STD_LOGIC);
18: end FULL_ADDER;
19:
20: architecture Data_flow of FULL_ADDER is
21:   signal CT : STD_LOGIC;
22:   signal ST : STD_LOGIC;
23:   signal CA : STD_LOGIC;
24:
25:   procedure HALF_ADDER
26:             (signal X0 : in  STD_LOGIC;
27:              signal Y0 : in  STD_LOGIC;
28:              signal S0 : out STD_LOGIC;
29:              signal C1 : out STD_LOGIC) is
30:   begin
31:     S0 <= X0 xor Y0;
32:     C1 <= X0 and Y0;
33:   end HALF_ADDER;
34:
35:   procedure OR_GATE
36:             (signal A : in  STD_LOGIC;
37:              signal B : in  STD_LOGIC;
```

```
38:                   signal F : out STD_LOGIC) is
39:    begin
40:      F <= A or B;
41:    end OR_GATE;
42:
43:  begin
44:    HALF_ADDER(X0, Y0, ST, CT);
45:    HALF_ADDER(ST, C0, S0, CA);
46:    OR_GATE(CA, CT, C1);
47:  end Data_flow;
```

功能模擬 (function simulation)：

1 位元全加器相加內容

6-23　原始程式的內容如下：

```
1:  ---------------------------------------------
2:  --       Detect "0101" or "1001" signal    --
3:  --     from series data (mealy machine)     --
4:  --        Filename : DATA_DETECTOR.vhd      --
5:  ---------------------------------------------
6:
7:  library IEEE;
```

```
 8: use IEEE.std_logic_1164.ALL;
 9: use IEEE.std_logic_ARITH.ALL;
10: use IEEE.std_logic_UNSIGNED.ALL;
11:
12: entity DATA_DETECTOR is
13:     Port (CLK    : in  STD_LOGIC;
14:           RESET  : in  STD_LOGIC;
15:           X      : in  STD_LOGIC;
16:           Z      : out STD_LOGIC);
17: end DATA_DETECTOR;
18:
19: architecture Behavior_arch of DATA_DETECTOR is
20:   type   State is (S6, S5, S4, S3, S2, S1, S0);
21:   signal Present_State : State;
22:   signal Next_State : State;
23: begin
24:   process (CLK, RESET)
25:
26:     begin
27:       if RESET ='0' then
28:         Present_State <= S0;
29:       elsif CLK'event and CLK = '0' then
30:         Present_State <= Next_State;
31:       end if;
32:   end process;
33:
34:   process (X, Present_State)
35:
36:     begin
37:       case Present_State is
38:         when S0 =>
39:           if X ='0' then
40:             Next_State <= S1;
41:             Z <= '0';
42:           else
43:             Next_State <= S2;
44:             Z <= '0';
45:           end if;
46:         when S1 =>
```

```
47:           if X ='0' then
48:             Next_State <= S5;
49:             Z <= '0';
50:           else
51:             Next_State <= S3;
52:             Z <= '0';
53:           end if;
54:         when S2 =>
55:           if X ='0' then
56:             Next_State <= S3;
57:             Z <= '0';
58:           else
59:             Next_State <= S5;
60:             Z <= '0';
61:           end if;
62:         when S3 =>
63:           if X ='0' then
64:             Next_State <= S4;
65:             Z <= '0';
66:           else
67:             Next_State <= S6;
68:             Z <= '0';
69:           end if;
70:         when S4 =>
71:           if X ='0' then
72:             Next_State <= S0;
73:             Z <= '0';
74:           else
75:             Next_State <= S0;
76:             Z <= '1';
77:           end if;
78:         when S5 =>
79:           if X ='0' then
80:             Next_State <= S6;
81:             Z <= '0';
82:           else
83:             Next_State <= S6;
84:             Z <= '0';
85:           end if;
86:         when S6 =>
```

```
87:             if X ='0' then
88:               Next_State <= S0;
89:               Z <= '0';
90:             else
91:               Next_State <= S0;
92:               Z <= '0';
93:             end if;
94:        end case;
95:    end process;
96:
97:  end Behavior_arch;
```

功能模擬 (function simulation)：

標準套件內容　standard

```
1:     package STANDARD is
2:
3:-- predefined enumeration types:
4:     type BOOLEAN is (FALSE, TRUE);
5:     type BIT is ('0', '1');
6:     type CHARACTER is (
7:        NUL,   SOH,   STX,   ETX,   EOT,   ENQ,   ACK,   BEL,
8:        BS ,   HT ,   LF ,   VT ,   FF ,   CR ,   SO ,   SI ,
9:        DLE,   DC1,   DC2,   DC3,   DC4,   NAK,   SYN,   ETB,
10:       CAN,   EM ,   SUB,   ESC,   FSP,   GSP,   RSP,   USP
11:
12:       ' ',   '!',   '"',   '#',   '$',   '%',   '&',   ''',
13:       '(',   ')',   '*',   '+',   ',',   '-',   '.',   '/',
14:       '0',   '1',   '2',   '3',   '4',   '5',   '6',   '7',
15:       '8',   '9',   ':',   ';',   '<',   '=',   '>',   '?',
16:
17:       '@',   'A',   'B',   'C',   'D',   'E',   'F',   'G',
18:       'H',   'I',   'J',   'K',   'L',   'M',   'N',   'O',
19:       'P',   'Q',   'R',   'S',   'T',   'U',   'V',   'W',
20:       'X',   'Y',   'Z',   '[',   '\',   ']',   '^',   '_',
21:
22:       '`',   'a',   'b',   'c',   'd',   'e',   'f',   'g',
23:       'h',   'i',   'j',   'k',   'l',   'm',   'n',   'o',
24:       'p',   'q',   'r',   's',   't',   'u',   'v',   'w',
```

```
25:        'x',      'y',      'z',      '{',      '|',      '}',      '~',      DEL,
26:
27:        C128,     C129,     C130,     C131,     C132,     C133,     C134,     C135,
28:        C136,     C137,     C138,     C139,     C140,     C141,     C142,     C143,
29:        C144,     C145,     C146,     C147,     C148,     C149,     C150,     C151,
30:        C152,     C153,     C154,     C155,     C156,     C157,     C158,     C159,
31:
32:        '?,       '?,       '?,       '?,       '?,       '?,       '?,       '?,
33:        '?,       '?,       '?,       '?,       '?,       '?,       '?,       '?,
34:        '?,       '?,       '?,       '?,       '?,       '?,       '?,       '?,
35:        '?,       '?,       '?,       '?,       '?,       '?,       '?,       '?,
36:        '?,       '?,       '?,       '?,       '?,       '?,       '?,       '?,
37:        '?,       '?,       '?,       '?,       '?,       '?,       '?,       '?,
38:        '?,       '',       '?,       '?,       '?,       '?,       '?,       '?,
39:        '',       '?,       '?,       '?,       '?,       '?,       '?,       '?,
40:        '?,       '?,       '?,       '?,       '?,       '?,       '?,       '?,
41:        '?,       '?,       '?,       '?,       '?,       '?,       '?,       '?,
42:        '?,       '?,       '?,       '?,       '?,       '?,       '?,       '?,
43:        '?,       '?,       '?,       '?,       '?,       '?,       '?,       ' ' );
44:
45:    type SEVERITY_LEVEL is (NOTE, WARNING, ERROR, FAILURE);
46:    type FILE_OPEN_KIND is (READ_MODE,WRITE_MODE,APPEND_MODE);
47:    type FILE_OPEN_STATUS is (OPEN_OK, STATUS_ERROR, NAME_ERROR, MODE_ERROR);
48:
49:-- predefined numeric types:
50:    type INTEGER is range -2147483647 to 2147483647;
51:    type REAL is range -1.7014111e+308 to 1.7014111e+308;
52:
53:-- predefined type TIME:
54:    type TIME is range -2147483647 to 2147483647
55:        -- this declaration is for the convenience of the parser.  Internally
56:        -- the parser treats it as if the range were:
57:        -- range -9223372036854775807 to 9223372036854775807
58:    Units
59:      fs;                  -- femtosecond
60:      ps     = 1000 fs;  -- picosecond
61:      ns     = 1000 ps;  -- nanosecond
62:      us     = 1000 ns;  -- microsecond
63:      ms     = 1000 us;  -- millisecond
64:      sec    = 1000 ms;  -- second
65:      min    =   60 sec; -- minute
66:      hr     =   60 min; -- hour
67:    end units;
68:
69:    subtype DELAY_LENGTH is TIME range 0 fs to TIME'HIGH;
70:-- function that returns the current simulation time:
71:    function NOW return DELAY_LENGTH;
72:
73:-- predefined numeric subtypes:
```

```
74:        subtype NATURAL is INTEGER range 0 to INTEGER'HIGH;
75:        subtype POSITIVE is INTEGER range 1 to INTEGER'HIGH;
76:
77:-- predefined array types:
78:        type STRING is array (POSITIVE range <>) of CHARACTER;
79:        type BIT_VECTOR is array (NATURAL range <>) of BIT;
80:
81:        attribute FOREIGN: STRING;
82: end STANDARD;
```

標準邏輯套件內容 std_logic_1164

```
1:PACKAGE std_logic_1164 IS
2:  -----------------------------------------------------------------------
3:  --logic state system  (unresolved)
4:  -----------------------------------------------------------------------
5:  TYPE std_ulogic IS ('U',  -- Uninitialized
6:                      'X',  -- Forcing  Unknown
7:                      '0',  -- Forcing  0
8:                      '1',  -- Forcing  1
9:                      'Z',  -- High Impedance
10:                     'W',  -- Weak  Unknown
11:                     'L',  -- Weak   0
12:                     'H',  -- Weak   1
13:                     '-'   -- Don't care
14:                    );
15:
16:  -----------------------------------------------------------------------
17:  --unconstrained array of std_ulogic for use with the resolution function
18:  -----------------------------------------------------------------------
19:  TYPE std_ulogic_vector IS ARRAY ( NATURAL RANGE <> ) OF std_ulogic;
20:
21:  -----------------------------------------------------------------------
22:  --resolution function
23:  -----------------------------------------------------------------------
24:  FUNCTION resolved ( s : std_ulogic_vector ) RETURN std_ulogic;
25:
26:  -----------------------------------------------------------------------
27:  --*** industry standard logic type ***
28:  -----------------------------------------------------------------------
29:  SUBTYPE std_logic IS resolved std_ulogic;
30:
31:  -----------------------------------------------------------------------
32:  --unconstrained array of std_logic for use in declaring signal arrays
33:  -----------------------------------------------------------------------
34:  TYPE std_logic_vector IS ARRAY ( NATURAL RANGE <>) OF std_logic;
35:
36:  -----------------------------------------------------------------------
37:  --common subtypes
38:  -----------------------------------------------------------------------
39:  SUBTYPE X01  IS resolved std_ulogic RANGE 'X' TO '1'; -- ('X','0','1')
40:  SUBTYPE X01Z IS resolved std_ulogic RANGE 'X' TO 'Z';--('X','0','1','Z')
41:  SUBTYPE UX01  IS resolved std_ulogic RANGE 'U' TO '1';--('U','X','0','1')
```

```
42:   SUBTYPE UX01Z IS resolved std_ulogic RANGE 'U' TO 'Z';--('U','X','0','1','Z')
43:
44:   ----------------------------------------------------------------------
45:   --overloaded logical operators
46:   ----------------------------------------------------------------------
47:
48:   FUNCTION "and"  ( l : std_ulogic; r : std_ulogic ) RETURN UX01;
49:   FUNCTION "nand" ( l : std_ulogic; r : std_ulogic ) RETURN UX01;
50:   FUNCTION "or"   ( l : std_ulogic; r : std_ulogic ) RETURN UX01;
51:   FUNCTION "nor"  ( l : std_ulogic; r : std_ulogic ) RETURN UX01;
52:   FUNCTION "xor"  ( l : std_ulogic; r : std_ulogic ) RETURN UX01;
53:   FUNCTION "xnor" ( l : std_ulogic; r : std_ulogic ) RETURN Ux01;
54:   FUNCTION "not"  ( l : std_ulogic                 ) RETURN UX01;
55:
56:   ----------------------------------------------------------------------
57:   --vectorized overloaded logical operators
58:   ----------------------------------------------------------------------
59:   FUNCTION "and"  ( l, r : std_logic_vector  ) RETURN std_logic_vector;
60:   FUNCTION "and"  ( l, r : std_ulogic_vector ) RETURN std_ulogic_vector;
61:
62:   FUNCTION "nand" ( l, r : std_logic_vector  ) RETURN std_logic_vector;
63:   FUNCTION "nand" ( l, r : std_ulogic_vector ) RETURN std_ulogic_vector;
64:   FUNCTION "or"   ( l, r : std_logic_vector  ) RETURN std_logic_vector;
65:   FUNCTION "or"   ( l, r : std_ulogic_vector ) RETURN std_ulogic_vector;
66:
67:   FUNCTION "nor"  ( l, r : std_logic_vector  ) RETURN std_logic_vector;
68:   FUNCTION "nor"  ( l, r : std_ulogic_vector ) RETURN std_ulogic_vector;
69:
70:   FUNCTION "xor"  ( l, r : std_logic_vector  ) RETURN std_logic_vector;
71:   FUNCTION "xor"  ( l, r : std_ulogic_vector ) RETURN std_ulogic_vector;
72:
73:   FUNCTION "xnor" ( l, r : std_logic_vector  ) return std_logic_vector;
74:   FUNCTION "xnor" ( l, r : std_ulogic_vector ) return std_ulogic_vector;
75:
76:   FUNCTION "not"  ( l : std_logic_vector  ) RETURN std_logic_vector;
77:   FUNCTION "not"  ( l : std_ulogic_vector ) RETURN std_ulogic_vector;
78:
79:   ----------------------------------------------------------------------
80:   --conversion functions
81:   ----------------------------------------------------------------------
82:   FUNCTION To_bit       ( s : std_ulogic;        xmap : BIT := '0') RETURN BIT;
83:   FUNCTION To_bitvector ( s : std_logic_vector ; xmap : BIT := '0') RETURN
84:   BIT_VECTOR;
85:   FUNCTION To_bitvector ( s : std_ulogic_vector; xmap : BIT := '0') RETURN BIT_VECTOR;
86:   FUNCTION To_StdULogic ( b : BIT ) RETURN std_ulogic;
87:   FUNCTION To_StdLogicVector ( b : BIT_VECTOR ) RETURN std_logic_vector;
88:   FUNCTION To_StdLogicVector ( s : std_ulogic_vector ) RETURN std_logic_vector;
89:   FUNCTION To_StdULogicVector ( b : BIT_VECTOR ) RETURN std_ulogic_vector;
90:   FUNCTION To_StdULogicVector ( s :std_logic_vector )RETURNstd_ulogic_vector;
```

```
 91:
 92:  --------------------------------------------------------------------
 93:  --strength strippers and type convertors
 94:  --------------------------------------------------------------------
 95:
 96:  FUNCTION To_X01  ( s : std_logic_vector  ) RETURN  std_logic_vector;
 97:  FUNCTION To_X01  ( s : std_ulogic_vector ) RETURN  std_ulogic_vector;
 98:  FUNCTION To_X01  ( s : std_ulogic        ) RETURN  X01;
 99:  FUNCTION To_X01  ( b : BIT_VECTOR         ) RETURN  std_logic_vector;
100:  FUNCTION To_X01  ( b : BIT_VECTOR         ) RETURN  std_ulogic_vector;
101:  FUNCTION To_X01  ( b : BIT                ) RETURN  X01;
102:
103:  FUNCTION To_X01Z ( s : std_logic_vector  ) RETURN  std_logic_vector;
104:  FUNCTION To_X01Z ( s : std_ulogic_vector ) RETURN  std_ulogic_vector;
105:  FUNCTION To_X01Z ( s : std_ulogic        ) RETURN  X01Z;
106:  FUNCTION To_X01Z ( b : BIT_VECTOR         ) RETURN  std_logic_vector;
107:  FUNCTION To_X01Z ( b : BIT_VECTOR         ) RETURN  std_ulogic_vector;
108:  FUNCTION To_X01Z ( b : BIT                ) RETURN  X01Z;
109:
110:  FUNCTION To_UX01 ( s : std_logic_vector  ) RETURN  std_logic_vector;
111:  FUNCTION To_UX01 ( s : std_ulogic_vector ) RETURN  std_ulogic_vector;
112:  FUNCTION To_UX01 ( s : std_ulogic        ) RETURN  UX01;
113:  FUNCTION To_UX01 ( b : BIT_VECTOR         ) RETURN  std_logic_vector;
114:  FUNCTION To_UX01 ( b : BIT_VECTOR         ) RETURN  std_ulogic_vector;
115:  FUNCTION To_UX01 ( b : BIT                ) RETURN  UX01;
116:
117:  --------------------------------------------------------------------
118:  --edge detection
119:  --------------------------------------------------------------------
120:  FUNCTION rising_edge  (SIGNAL s : std_ulogic) RETURN BOOLEAN;
121:  FUNCTION falling_edge (SIGNAL s : std_ulogic) RETURN BOOLEAN;
122:
123:  --------------------------------------------------------------------
124:  --object contains an unknown
125:  --------------------------------------------------------------------
126:  FUNCTION Is_X ( s : std_ulogic_vector ) RETURN  BOOLEAN;
127:  FUNCTION Is_X ( s : std_logic_vector ) RETURN  BOOLEAN;
128:  FUNCTION Is_X ( s : std_ulogic        ) RETURN  BOOLEAN;
129:
130:END std_logic_1164;
131:
132:PACKAGE BODY std_logic_1164 IS
133:  --------------------------------------------------------------------
134:  --local types
135:  --------------------------------------------------------------------
136:  TYPE stdlogic_1d IS ARRAY (std_ulogic) OF std_ulogic;
137:  TYPE stdlogic_table IS ARRAY(std_ulogic, std_ulogic) OF std_ulogic;
138:  --------------------------------------------------------------------
139:  --resolution function
```

```
140:    ----------------------------------------------------------------
141:    CONSTANT resolution_table : stdlogic_table := (
142:    --       ----------------------------------------------------------------
143:    --      |  U    X    0    1    Z    W    L    H    -         |   |
144:    --       ----------------------------------------------------------------
145:           ( 'U', 'U', 'U', 'U', 'U', 'U', 'U', 'U', 'U' ), -- | U |
146:           ( 'U', 'X', 'X', 'X', 'X', 'X', 'X', 'X', 'X' ), -- | X |
147:           ( 'U', 'X', '0', 'X', '0', '0', '0', '0', 'X' ), -- | 0 |
148:           ( 'U', 'X', 'X', '1', '1', '1', '1', '1', 'X' ), -- | 1 |
149:           ( 'U', 'X', '0', '1', 'Z', 'W', 'L', 'H', 'X' ), -- | Z |
150:           ( 'U', 'X', '0', '1', 'W', 'W', 'W', 'W', 'X' ), -- | W |
151:           ( 'U', 'X', '0', '1', 'L', 'W', 'L', 'W', 'X' ), -- | L |
152:           ( 'U', 'X', '0', '1', 'H', 'W', 'W', 'H', 'X' ), -- | H |
153:           ( 'U', 'X', 'X', 'X', 'X', 'X', 'X', 'X', 'X' )  -- | - |
154:          );
155:
156:    FUNCTION resolved ( s : std_ulogic_vector ) RETURN std_ulogic IS
157:      VARIABLE result : std_ulogic := 'Z';  -- weakest state default
158:    BEGIN
159:      --the test for a single driver is essential otherwise the
160:      --loop would return 'X' for a single driver of '-' and that
161:      --would conflict with the value of a single driver unresolved
162:      --signal.
163:      IF    (s'LENGTH = 1) THEN    RETURN s(s'LOW);
164:      ELSE
165:        FOR i IN s'RANGE LOOP
166:          result := resolution_table(result, s(i));
167:        END LOOP;
168:      END IF;
169:      RETURN result;
170:    END resolved;
171:
172:    ----------------------------------------------------------------
173:    --tables for logical operations
174:    ----------------------------------------------------------------
175:
176:    truth table for "and" function
177:    CONSTANT and_table : stdlogic_table := (
178:    --       ----------------------------------------------------------------
179:    --      |  U    X    0    1    Z    W    L    H    -         |   |
180:    --       ----------------------------------------------------------------
181:           ( 'U', 'U', '0', 'U', 'U', 'U', '0', 'U', 'U' ), -- | U |
182:           ( 'U', 'X', '0', 'X', 'X', 'X', '0', 'X', 'X' ), -- | X |
183:           ( '0', '0', '0', '0', '0', '0', '0', '0', '0' ), -- | 0 |
184:           ( 'U', 'X', '0', '1', 'X', 'X', '0', '1', 'X' ), -- | 1 |
185:           ( 'U', 'X', '0', 'X', 'X', 'X', '0', 'X', 'X' ), -- | Z |
186:           ( 'U', 'X', '0', 'X', 'X', 'X', '0', 'X', 'X' ), -- | W |
187:           ( '0', '0', '0', '0', '0', '0', '0', '0', '0' ), -- | L |
188:           ( 'U', 'X', '0', '1', 'X', 'X', '0', '1', 'X' ), -- | H |
```

```
189:         ( 'U', 'X', '0', 'X', 'X', 'X', '0', 'X', 'X' )  -- | - |
190:         );
191:
192:  truth table for "or" function
193:  CONSTANT or_table : stdlogic_table := (
194:  --        ----------------------------------------------------------------
195:  --        | U    X    0    1    Z    W    L    H    -           |  |
196:  --        ----------------------------------------------------------------
197:         ( 'U', 'U', 'U', '1', 'U', 'U', 'U', '1', 'U' ),  -- | U |
198:         ( 'U', 'X', 'X', '1', 'X', 'X', 'X', '1', 'X' ),  -- | X |
199:         ( 'U', 'X', '0', '1', 'X', 'X', '0', '1', 'X' ),  -- | 0 |
200:         ( '1', '1', '1', '1', '1', '1', '1', '1', '1' ),  -- | 1 |
201:         ( 'U', 'X', 'X', '1', 'X', 'X', 'X', '1', 'X' ),  -- | Z |
202:         ( 'U', 'X', 'X', '1', 'X', 'X', 'X', '1', 'X' ),  -- | W |
203:         ( 'U', 'X', '0', '1', 'X', 'X', '0', '1', 'X' ),  -- | L |
204:         ( '1', '1', '1', '1', '1', '1', '1', '1', '1' ),  -- | H |
205:         ( 'U', 'X', 'X', '1', 'X', 'X', 'X', '1', 'X' )   -- | - |
206:         );
207:
208:  truth table for "xor" function
209:  CONSTANT xor_table : stdlogic_table := (
210:  --        -----------------------------------------------------------------
211:  --        | U    X    0    1    Z    W    L    H    -           |  |
212:  --        -----------------------------------------------------------------
213:         ( 'U', 'U', 'U', 'U', 'U', 'U', 'U', 'U', 'U' ),  -- | U |
214:         ( 'U', 'X', 'X', 'X', 'X', 'X', 'X', 'X', 'X' ),  -- | X |
215:         ( 'U', 'X', '0', '1', 'X', 'X', '0', '1', 'X' ),  -- | 0 |
216:         ( 'U', 'X', '1', '0', 'X', 'X', '1', '0', 'X' ),  -- | 1 |
217:         ( 'U', 'X', 'X', 'X', 'X', 'X', 'X', 'X', 'X' ),  -- | Z |
218:         ( 'U', 'X', 'X', 'X', 'X', 'X', 'X', 'X', 'X' ),  -- | W |
219:         ( 'U', 'X', '0', '1', 'X', 'X', '0', '1', 'X' ),  -- | L |
220:         ( 'U', 'X', '1', '0', 'X', 'X', '1', '0', 'X' ),  -- | H |
221:         ( 'U', 'X', 'X', 'X', 'X', 'X', 'X', 'X', 'X' )   -- | - |
222:         );
223:
224:  truth table for "not" function
225:  CONSTANT not_table: stdlogic_1d :=
226:  --   ------------------------------------------------------------------
227:  --   | U    X    0    1    Z    W    L    H    -                |
228:  --   ------------------------------------------------------------------
229:      ( 'U', 'X', '1', '0', 'X', 'X', '1', '0', 'X' );
230:
231:  --------------------------------------------------------------------------
232:  --overloaded logical operators ( with optimizing hints )
233:  --------------------------------------------------------------------------
234:
235:  FUNCTION "and"  ( l : std_ulogic; r : std_ulogic ) RETURN UX01 IS
236:  BEGIN
237:     RETURN (and_table(l, r));
```

```
238:  END "and";
239:
240:  FUNCTION "nand" ( l : std_ulogic; r : std_ulogic ) RETURN UX01 IS
241:  BEGIN
242:    RETURN (not_table ( and_table(l, r)));
243:  END "nand";
244:
245:  FUNCTION "or"   ( l : std_ulogic; r : std_ulogic ) RETURN UX01 IS
246:  BEGIN
247:    RETURN (or_table(l, r));
248:  END "or";
249:
250:  FUNCTION "nor"  ( l : std_ulogic; r : std_ulogic ) RETURN UX01 IS
251:  BEGIN
252:    RETURN  (not_table ( or_table( l, r )));
253:  END "nor";
254:
255:  FUNCTION "xor"  ( l : std_ulogic; r : std_ulogic ) RETURN UX01 IS
256:  BEGIN
257:    RETURN (xor_table(l, r));
258:  END "xor";
259:  function "xnor"  ( l : std_ulogic; r : std_ulogic ) return ux01 is
260:  begin
261:    return not_table(xor_table(l, r));
262:  end "xnor";
263:
264:  FUNCTION "not"  ( l : std_ulogic ) RETURN UX01 IS
265:  BEGIN
266:    RETURN (not_table(l));
267:  END "not";
268:
269:  ---------------------------------------------------------------------
270:  --and
271:  ---------------------------------------------------------------------
272:  FUNCTION "and"  ( l,r : std_logic_vector ) RETURN std_logic_vector IS
273:    ALIAS lv : std_logic_vector ( 1 TO l'LENGTH ) IS l;
274:    ALIAS rv : std_logic_vector ( 1 TO r'LENGTH ) IS r;
275:    VARIABLE result : std_logic_vector ( 1 TO l'LENGTH );
276:  BEGIN
277:    IF ( l'LENGTH /= r'LENGTH ) THEN
278:      ASSERT FALSE
279:      REPORT "arguments of overloaded 'and' operator are not of the same
280:      length"
281:      SEVERITY FAILURE;
282:    ELSE
283:      FOR i IN result'RANGE LOOP
284:        result(i) := and_table (lv(i), rv(i));
285:      END LOOP;
286:    END IF;
```

```
287:    RETURN result;
288: END "and";
289: -----------------------------------------------------------------------
290: FUNCTION "and" ( l,r : std_ulogic_vector ) RETURN std_ulogic_vector IS
291: ALIAS lv : std_ulogic_vector ( 1 TO l'LENGTH ) IS l;
292: ALIAS rv : std_ulogic_vector ( 1 TO r'LENGTH ) IS r;
293: VARIABLE result : std_ulogic_vector ( 1 TO l'LENGTH );
294: BEGIN
295:    IF ( l'LENGTH /= r'LENGTH ) THEN
296:      ASSERT FALSE
297:      REPORT "arguments of overloaded 'and' operator are not of the same
298:      length"
299:      SEVERITY FAILURE;
300:    ELSE
301:      FOR i IN result'RANGE LOOP
302:        result(i) := and_table (lv(i), rv(i));
303:      END LOOP;
304:    END IF;
305:    RETURN result;
306: END "and";
307: -----------------------------------------------------------------------
308: --nand
309: -----------------------------------------------------------------------
310: FUNCTION "nand" ( l,r : std_logic_vector ) RETURN std_logic_vector IS
311: ALIAS lv : std_logic_vector ( 1 TO l'LENGTH ) IS l;
312: ALIAS rv : std_logic_vector ( 1 TO r'LENGTH ) IS r;
313: VARIABLE result : std_logic_vector ( 1 TO l'LENGTH );
314: BEGIN
315:    IF ( l'LENGTH /= r'LENGTH ) THEN
316:      ASSERT FALSE
317:      REPORT "arguments of overloaded 'nand' operator are not of the same
318:      length"
319:      SEVERITY FAILURE;
320:    ELSE
321:      FOR i IN result'RANGE LOOP
322:        result(i) := not_table(and_table (lv(i), rv(i)));
323:      END LOOP;
324:    END IF;
325:    RETURN result;
326:
327: END "nand";
328: -----------------------------------------------------------------------
329: FUNCTION "nand" ( l,r : std_ulogic_vector ) RETURN std_ulogic_vector IS
330: ALIAS lv : std_ulogic_vector ( 1 TO l'LENGTH ) IS l;
331: ALIAS rv : std_ulogic_vector ( 1 TO r'LENGTH ) IS r;
332: VARIABLE result : std_ulogic_vector ( 1 TO l'LENGTH );
333: BEGIN
334:    IF ( l'LENGTH /= r'LENGTH ) THEN
335:      ASSERT FALSE
```

```
336:       REPORT "arguments of overloaded 'nand' operator are not of the same
337:       length"
338:       SEVERITY FAILURE;
339:    ELSE
340:      FOR i IN result'RANGE LOOP
341:        result(i) := not_table(and_table (lv(i), rv(i)));
342:      END LOOP;
343:    END IF;
344:    RETURN result;
345:  ------------------------------------------------------------------
346:  --edge detection
347:  ------------------------------------------------------------------
348:  FUNCTION rising_edge  (SIGNAL s : std_ulogic) RETURN BOOLEAN IS
349:  BEGIN
350:    RETURN (s'EVENT AND (To_X01(s) = '1') AND
351:            (To_X01(s'LAST_VALUE) = '0'));
352:    END;
353:
354:  FUNCTION falling_edge (SIGNAL s : std_ulogic) RETURN BOOLEAN IS
355:  BEGIN
356:    RETURN (s'EVENT AND (To_X01(s) = '0') AND
357:            (To_X01(s'LAST_VALUE) = '1'));
358:  END;
359:
360:END std_logic_1164;  END;
```

國家圖書館出版品預行編目資料

數位邏輯設計：使用 VHDL/劉紹漢編著.—二
版. — 新北市 ： 全華圖書，2017.02
　　面 ；　　公分
　　ISBN 978-957-21-9071-5（平裝附光碟片）
　　1.積體電路　2.VHDL（電腦硬體敘述語言）

448.62　　　　　　　　　　　　102012431

數位邏輯設計－使用 VHDL

（附範例光碟）

作者 / 劉紹漢

發行人 / 陳本源

執行編輯 / 李孟霞

出版者 / 全華圖書股份有限公司

郵政帳號 / 0100836-1 號

印刷者 / 宏懋打字印刷股份有限公司

圖書編號 / 06149017

二版四刷 / 2020 年 4 月

定價 / 新台幣 420 元

ISBN / 978-957-21-9071-5 (平裝附光碟)

全華圖書 / www.chwa.com.tw

全華網路書店 Open Tech / www.opentech.com.tw

若您對書籍內容、排版印刷有任何問題，歡迎來信指導 book@chwa.com.tw

臺北總公司(北區營業處)
地址：23671 新北市土城區忠義路 21 號
電話：(02) 2262-5666
傳真：(02) 6637-3695、6637-3696

中區營業處
地址：40256 臺中市南區樹義一巷 26 號
電話：(04) 2261-8485
傳真：(04) 3600-9806

南區營業處
地址：80769 高雄市三民區應安街 12 號
電話：(07) 381-1377
傳真：(07) 862-5562

歡迎加入

全華會員

● 會員享學
會員享購書折扣、紅利積點、生日禮金、不定期優惠活動…等。

● 如何加入會員
填妥讀者回函卡直接傳真 (02) 2262-0900 或寄回，將由專人協助登入會員資料，待收到
E-MAIL 通知後即可成為會員。

如何購買

全華書籍

1. 網路購書
全華網路書店「http://www.opentech.com.tw」，加入會員購書更便利，並享有紅利積點
回饋等各式優惠。

2. 全華門市、全省書局
歡迎至全華門市 (新北市土城區忠義路 21 號) 或全省各大書局、連鎖書店選購。

3. 來電訂購
(1) 訂購專線：(02) 2262-5666 轉 321-324
(2) 傳真專線：(02) 6637-3696
(3) 郵局劃撥（帳號：0100836-1 戶名：全華圖書股份有限公司）
※ 購書未滿一千元者，酌收運費 70 元。

OpenTech
全華網路書店

全華網路書店 www.opentech.com.tw
E-mail: service@chwa.com.tw

※ 本會員制如有變更則以最新修訂制度為準，造成不便請見諒。

書回函卡

填寫日期： ／ ／

姓名：

生日：西元　　　年　　　月　　　日　性別：□男 □女

電話：（　　）　　　　　　傳真：（　　）　　　　　手機：

e-mail：（必填）

註：數字零，請用 Φ 表示，數字1與英文 L 請另註明並書寫端正，謝謝。

通訊處：□□□□□

學歷：□博士 □碩士 □大學 □專科 □高中‧職

職業：□工程師 □教師 □學生 □軍‧公 □其他

學校／公司：　　　　　　　　　　　科系／部門：

‧需求書類：

□A.電子 □B.電機 □C.計算機工程 □D.資訊 □E.機械 □F.汽車 □I.工管 □J.土木
□K.化工 □L.設計 □M.商管 □N.日文 □O.美容 □P.休閒 □Q.餐飲 □B.其他

‧本次購買圖書為：　　　　　　　　　　　　書號：

‧您對本書的評價：

封面設計：□非常滿意 □滿意 □尚可 □需改善，請說明
內容表達：□非常滿意 □滿意 □尚可 □需改善，請說明
版面編排：□非常滿意 □滿意 □尚可 □需改善，請說明
印刷品質：□非常滿意 □滿意 □尚可 □需改善，請說明
書籍定價：□非常滿意 □滿意 □尚可 □需改善，請說明
整體評價：請說明

‧您在何處購買本書？

□書局 □網路書店 □書展 □團購 □其他

‧您購買本書的原因？（可複選）

□個人需要 □幫公司採購 □親友推薦 □老師指定之課本 □其他

‧您希望全華以何種方式提供出版訊息及特惠活動？

□電子報 □DM □廣告 （媒體名稱　　　　　　　　　　）

‧您是否上過全華網路書店？（www.opentech.com.tw）

□是 □否 您的建議

‧您希望全華出版那方面書籍？

‧您希望全華加強那些服務？

～感謝您提供寶貴意見，全華將秉持服務的熱忱，出版更多好書，以饗讀者。

全華網路書店 http://www.opentech.com.tw　客服信箱 service@chwa.com.tw

2011.03 修訂

親愛的讀者：

感謝您對全華圖書的支持與愛護，雖然我們很慎重的處理每一本書，但恐仍有疏漏之處，若您發現本書有任何錯誤，請填寫於勘誤表內寄回，我們將於再版時修正，您的批評與指教是我們進步的原動力，謝謝！

全華圖書　敬上

勘　誤　表

書　號		書　名		作　者
頁　數	行　數	錯誤或不當之詞句		建議修改之詞句

我有話要說： （其它之批評與建議，如封面、編排、內容、印刷品質等‧‧‧）